新 能 源 系 列

晶体硅光伏组件

第二版

沈 辉 徐建美 董 娴 编著

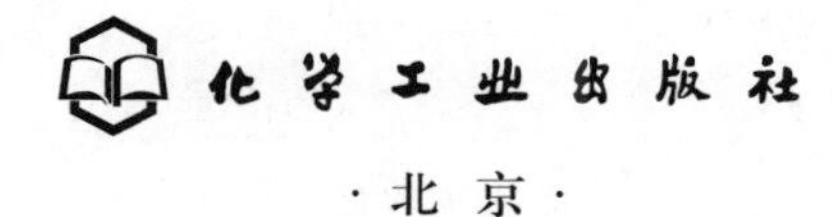

·北 京·

内容简介

本书共分 8 章，主要内容包括光伏组件结构与原理、光伏组件封装材料及配件、生产设备与检测仪器、光伏组件生产工艺、光伏组件认证标准与测试、光伏组件可靠性及回收利用、光伏组件技术发展等。

本书可以作为光伏产业技术人员的参考书，也可作为高等院校的教材和教学参考书，还可供光伏技术爱好者自学选用。

图书在版编目（CIP）数据

晶体硅光伏组件 / 沈辉，徐建美，董娴编著．—2 版．—北京：化学工业出版社，2024．2

（新能源系列）

ISBN 978-7-122-44915-3

Ⅰ．①晶… Ⅱ．①沈… ②徐… ③董… Ⅲ．①硅光电池 Ⅳ．①TM914．4

中国国家版本馆 CIP 数据核字（2024）第 020798 号

责任编辑：潘新文　　装帧设计：韩　飞

责任校对：宋　玮

出版发行：化学工业出版社

（北京市东城区青年湖南街 13 号　邮政编码 100011）

印　　装：三河市双峰印刷装订有限公司

787mm×1092mm　1/16　印张 14　字数 326 千字

2024 年 4 月北京第 2 版第 1 次印刷

购书咨询：010-64518888　　售后服务：010-64518899

网　　址：http://www.cip.com.cn

凡购买本书，如有缺损质量问题，本社销售中心负责调换。

定　　价：69.00 元

第二版前言

本书第一版于2019年初出版，近5年来光伏行业技术进步日新月异，光伏组件技术也发生了重大的变化和迭代，为了更好地反映晶体硅光伏组件的最新技术现状，特修订本书。

2018年，电池尺寸还是156mm×156mm，现在已经升级到182mm×182mm和210mm×210mm，因此组件的尺寸、版型设计和功率也发生了巨大的变化，单个组件功率从不到300W，逐步提高到400W、500W、600W，甚至达到700W，组件尺寸和电路排版也随之发生了变化。原来的很多组件技术，如双玻组件、半片电池组件、MBB多主栅组件，也从2018年的起步或者萌芽状态，逐步实现规模量产，并且在全行业广泛应用；还有一些新的材料和技术都在不断进步，行业的发展也越来越迅速。根据以上变化，我们对绪论、第1章、第2章、第3章、第4章、第7章和第8章内容进行了全面修订、完善。值得一提的是，2018年以来，国内光伏组件回收和处理技术取得了很大进展，因此我们对第7章中的光伏组件回收部分做了全面的修改和补充。

标准是一个行业健康有序发展的保证，也是行业技术迭代更新的重要产物，它凝聚了行业在发展过程中技术创新成果产业化的大量知识和技术结晶，也沉淀了技术应用过程中解决各种技术问题所积累的经验和教训；一个行业标准体系的完备性直接反映了行业成熟度水平，故行业从业人员，特别是技术人员，一定要充分重视标准，持续跟踪标准的动态，学习标准的内容。光伏行业的标准在最近5年进行了多次修订和更新，越来越全面和成熟。因此，本次修订中对第6章的光伏组件认证标准与测试做了较大的修改和补充。

这次修订除了更新相关内容，还对IEC的相关重要标准做了介绍；同时对IEC61215中每个实验项目的测试目的、测试条件和判断标准都做了基础的介绍；另外增加了IEC61730的内容，代替原来UL1703的内容，并对每个安全测试项目的测试目的、测试过程、测试条件和判断标准也做了基础的介绍。基于这2个标准，加上IEC/TS 62915的重测导则，读者就可以相对全面地了解晶体硅光伏组件设计鉴定和定型的性能要求和测试要求、安全鉴定的结构要求和测试要求，从而对光伏组件有全面的认识。

另外本次修订在每章后面增加了10个习题，可以兼作高校教材。

本次修订由徐建美主要负责，长三角太阳能光伏技术创新中心的高兵做了最后的审核。在修订过程中，得到了茅静、韩会丽、周伟、徐业、谈家彬、范喜燕、谢一帆、张磊、崔艳青、吕芳、冯志强、朱晓刚、周罡、邵亚辉、郭爱娟、施江峰等人的大力支持，在此表示真诚的感谢！

由于作者水平所限，本书修订之后还会存在一些不足之处，欢迎广大读者提出宝贵意见和建议，以便进一步完善。

沈　辉

2023 年 8 月 28 日

于长三角太阳能光伏技术创新中心

江阴天安数码城

第一版序

通过二十多年的奋发努力，我国的光伏产业已经成为具有国际竞争力的高科技产业之一。我国光伏产业的发展是通过政策支持、科技创新和规模化发展而实现成本快速降低，现在光伏发电成本是原来的十分之一。随着技术进步，光伏发电必将走入市场经济，实现平价上网。在这个发展过程中，技术革新和技术进步一如既往地发挥第一生产力的作用。目前我国的光伏发电能源所占电能的比例还不到3%，需要全体光伏技术人员继续努力。未来几十年光伏产业仍将处于一个快速而持续的发展阶段，我预计到2050年，我国光伏电力将会占社会总电能40%以上的份额，成为第一大电力能源，光伏发电的市场发展前景是广阔的。

要使光伏成为更有影响力的、造福更多人的能源，除了继续降低成本增加效益外，我们还要将光伏和大数据、物联网和人工智能等技术结合起来，创造出更加贴近用户生活的产品，让更多的人认识和接受光伏智慧能源。我国的光伏行业应该追求高质量的发展，用更少的资源投入，创造更高的价值，并且让所有的用户对于光伏绿色能源有更好的感受。我们坚信，大力发展太阳能发电是能源利用的最重要的发展方向，阳光加上人类的智慧将会改变人类的生活与生产方式，世界也会因此变得更加和谐、更加美好、更加文明，一个生态文明的新时代即将到来。

光伏发电最核心的部件就是光伏组件，光伏组件是光伏智慧能源的最重要基石。光伏发电的主流产品是晶体硅光伏组件，晶体硅光伏组件是最早进入光伏发电市场的，从20世纪60年代算起，晶体硅光伏组件已经有将近六十年的发展与应用历史。目前，关于晶体硅光伏组件的技术发展的技术参考书与教科书比较缺乏，特别是近些年光伏组件新技术的发展很快，更需要总结与分析，以利于行业技术的推广与应用。作为最早从事光伏产业的科技公司，天合光能以创新、品牌和全球化为导向，经历了行业波澜壮阔的发展，经受了行业跌宕起伏的考验，在我国光伏产业与技术突飞猛进发展过程中持续创新，勇立潮头，目前正在向“新能源物联网”的目标挺进。沈辉博士是一位非常令人尊敬的学者，他曾经对我说过，天合光能在晶体硅光伏组件的技术发展方面起到了很重要的作用，应该对晶体硅光伏组件的技术进行分析与总结，为行业的健康发展提供好的理论指导与技术参考，我深表赞同，并且给予支持，并请我公司的徐建美给予全力支持。由沈辉博士、徐建美女士、董娴女士编著的《晶体硅光伏组件》一书，对光伏组件的原理和结构、封装材料、组件生产工艺、生产装备与检测仪器、认证和可靠性、光伏组件的新技术新产品等都做了非常翔实的介绍，是一本比较全面地介绍光伏组件的教材与技术参考书，也希望能够对广大读者有较大的帮助。

高纪凡

2019. 1

于常州

第一版前言

经过多年的发展，我国光伏组件的产量已经牢牢占据世界第一的位置，而且国内光伏产业已经形成了一个完整的体系，包括生产装备、封装材料、生产技术与工艺、检测与认证标准体系等，并且具备了很强的创新能力和核心竞争力。

光伏组件是光伏电站中最核心的部件，是绿色环保的“直流发电机”，不管是技术还是成本，都对光伏电站的先进性起到决定性的作用。一直以来行业对光伏组件的要求主要是基于三点：

（1）高效率　这主要取决于太阳电池的效率，但是组件封装工艺的优化也有助于提升发电功率；

（2）稳定性　组件是在室外条件下应用的，因此组件的结构、封装材料与工艺对于组件稳定性的影响至关重要，组件能正常使用 30 年甚至更长，是行业一直以来追求的目标；

（3）低成本　电能是生活与生产的必需品，光伏发电要全面推广，一定要不断降低度电成本，实现平价上网。所以不断降低光伏组件成本，才能有利于光伏发电的推广和应用。

各种光伏组件中，晶体硅光伏组件的发展历史最久，是最早得到应用的光伏产品。国内外的大量实践案例表明，晶体硅组件正常使用可以达到 25 年甚至更久的时间。可以预见，在未来很长一段时间内，晶体硅组件仍将占据市场的主导地位。晶体硅电池生产技术还在不断发展与进步，光伏组件技术也将继续提升与不断完善。

本书主要包括组件结构与原理、封装材料与配件、组件生产工艺、生产装备与检测仪器、环境试验与检测认证、组件可靠性与回收利用及新技术发展等内容。全书由沈辉博士组织策划与统稿，并编写第 1、2 章；徐建美女士编写了第 3、4、5 章；董娴女士主要负责第 6、7、8 章的编写。全书部分插图的加工处理由黄嘉培完成。本书在编写过程得到了冯志强、张万辉、宋昊、刘超、梁学勤、陈奕峰、陈达明、韩会丽、张舒、沈慧、季志超、孙权、杨泽民、黄宏伟、茅静、闫萍、杨小武、邹驰骋等人的大力支持，在此表示真诚的感谢！

本书编写过程中，天合光能有限公司、国家光伏科学技术重点实验室、中山大学太阳能系统研究所、顺德中山大学太阳能研究院给予了大力支持，提供了很多非常有价值的资料，在此表示真诚的感谢！

本书可以作为高等院校相关专业的教材和教学参考书，也可作为广大光伏产业技术人员参考用书，还可供光伏技术爱好者自学选用。光伏组件技术还在不断发展之中，由于作者学术水平所限，本书会存在一些不足之处，欢迎广大读者提出宝贵意见和建议，以便再版时进一步完善。

沈　辉

2018. 12

于广州南国奥园

目　录

第1章

绪论

太阳能光伏发电系统中最重要的部件是太阳电池，而在光伏电站中得到实际应用的则是由太阳电池组成的光伏组件。太阳电池的工作原理是以半导体的光伏效应（Photovoltaic effect）为基础的，因此光伏组件就是实现光电转换的直流发电设备。太阳电池主要包括晶体硅电池和薄膜电池，而晶体硅太阳电池与组件是最早实现产业化应用的光伏发电产品。根据不同的生长工艺和结晶形式，晶体硅分为单晶与多晶两种类型。晶体硅太阳电池一般以高纯多晶硅为原料，经过掺杂等工艺制造而成。在实际电站应用中，晶体硅光伏组件里的电池通过光伏效应将太阳能转换为直流电后，可以直接给直流负载供电，也可以通过配置交流逆变器，将直流电转变为交流电，给交流负载供电。太阳能光伏发电系统既可离网运行，也可并网运行，成为公共电网的一个组成部分。

1.1 太阳能概述

太阳是位于太阳系中心的恒星，表面温度约为5800K，它的能量来自内部的氢聚变反应。太阳已经存在了50亿年，它每秒消耗约6.2亿吨氢，按照这一燃烧速度，太阳还可以继续为人类服务约50亿年。

太阳辐射的基本参数可以通过黑体模型进行估算。太阳半径 $R_S=6.96\times10^8$m，地球半径 $R_E=6.38\times10^6$m，日地距离 $d=1.496\times10^{11}$m。太阳辐射波谱中，最大能量值对应的波长为 $\lambda_m=490$nm。如果将太阳视作黑体，则根据维恩位移定律 $T\lambda_m=b$，得到太阳表面温度为 $T=5900$K（很接近实际值 $T=5800$K，其中 b 是常数，也称为维恩常量，$b=0.002897$m·K）。再根据斯特潘-玻尔兹曼定律 $W_0(T)=\sigma T^4$，可得到单位面积上的发射功率

$$W_0=6.87\times10^7\,\mathrm{W/m^2}$$

式中，σ 是斯特潘-玻尔兹曼常数，$\sigma=5.67\times10^{-8}\,\mathrm{W/(m^2\cdot K^4)}$。

则太阳辐射的总功率 $P_S=W_0\times4\pi R_S^2=4.2\times10^{26}$W。设太阳辐射分布在以太阳至地球的距离为半径的球面上，地球单位面积所能接收到的太阳辐射的功率为

$$P'_E=P_S/4\pi d^2=1490\,\mathrm{W/m^2}$$

由于地球到太阳的距离远大于地球半径，可将地球看成半径为 R_E 的圆盘，地球接收到的太阳辐射功率为

$$P_E = P'_E \times \pi R_E^2 = 1.776 \times 10^{17}\,\mathrm{W}$$

由此即可算出地球全年接收到的太阳辐射能量为

$$W_s = 1.56 \times 10^{18}\,\mathrm{kWh}$$

相对于化石能源、风能、水能等而言，全球太阳能资源的分布更为均匀。全球太阳能资源较丰富的地区有北非、南非、中东、南欧、澳大利亚、美国西南部、南美洲东西海岸、我国西部地区。我国青藏高原的太阳辐射量与世界上太阳能资源最丰富的非洲撒哈拉沙漠地区接近；我国太阳能资源比较差的地区主要位于贵州与四川的部分地区，其他绝大部分地区都可以较好地利用光伏发电。我国西部地区具有大片沙漠、戈壁地带，非常适合建设大型地面光伏电站；而在东部沿海地区，有大量的厂房屋面，适合建设规模化屋顶光伏电站。

根据接收到的太阳辐照度，我国的太阳能资源可以分为五类地区：一类地区的年平均辐照时间为3200～3300h，每平方米所接收的太阳能辐射总量为6680～8400MJ，包括宁夏北部，甘肃北部，新疆南部，青海西部，西藏西部等地区；二类地区的年平均辐照时间为3000～3200h，每平方米所接收的太阳能辐射总量为5852～6680MJ，包括河北西北部，山西北部，内蒙古南部，宁夏南部，甘肃中部，青海东部，西藏东南部，新疆南部等地区；三类地区的年平均辐照时间为2200～3000h，每平方米所接收的太阳能辐射总量为5016～5852MJ，包括山东，河南，河北东南部，山西南部，新疆北部，吉林，辽宁，云南，陕西北部，甘肃东南部，广东南部等地区；四类地区的年平均辐照时间为1000～1400h，每平方米所接收的太阳能辐射总量为4190～5016MJ，包括湖南，广西，江西，浙江，湖北，福建北部，广东北部，陕西南部，安徽南部等地区；五类地区的年平均辐照时间为1400～2200h，每平方米所接收的太阳能辐射总量为3344～4190MJ，包括四川和贵州大部分地区。

我国各地的年太阳辐射总量在928～2333kWh/m^2（说明：1kWh/m^2=3600kJ/m^2）。以1000W光伏组件为例，在太阳能资源中等水平地区，如上海地区，年发电量为900kWh左右，广州地区约为1100kWh；在太阳能资源丰富地区，如昆明，年发电量可以达到1400kWh，呼和浩特可达1500kWh，甘肃嘉峪关地区能够达到1600kWh，新疆乌鲁木齐约为1700kWh，西藏日喀则地区则可以达到1800kWh以上。

光伏发电作为一种全新的发电方式，在全球范围内目前尚处于初级发展阶段。根据国家能源局的统计数据，截至2022年底，我国可再生能源发电装机容量达到12亿千瓦，占全部电力装机容量的46.9%，其中水电装机容量达到4.39亿千瓦，风电装机容量达到3.7亿千瓦，光伏发电装机容量达到3.9亿千瓦，生物质发电装机容量达到3950万千瓦。我国不但是光伏发电设备第一生产大国，也是光伏发电应用第一大国。中国光伏行业协会名誉理事长高纪凡多次介绍：中国沙漠戈壁面积达128万平方公里，只要在其中5%的面积上铺上太阳能板，就足以满足中国目前到2060年的整个能源需求。另外，中国现在能够安装光伏的屋顶数量初步统计至少是8000万户，而目前仅安装了400万户，因此存在巨大的市场空间。

光伏发电技术之所以得到全球广泛关注与快速发展，主要是因为它具有以下优点：

（1）太阳能取之不尽，用之不竭，在地球上分布广泛，不管在陆地还是在海洋、高山和岛屿，太阳能都可以得到很好的开发和利用；

(2) 太阳能和风能、海洋能、地热能等一样，属于可再生清洁能源，其利用过程中几乎不产生污染，基本无 CO_2 排放，光伏发电运行安全、可靠，无噪声、无污染物排放，因此太阳能是真正的绿色能源；

(3) 太阳电池所用的主要原料是硅材料，硅在地壳中的含量非常丰富，约占 26%，仅次于氧，因此不存在资源枯竭问题；

(4) 光伏发电设备既可以安装在地面上，建成大型地面发电站，也可以安装在屋顶或幕墙上，甚至可以在每栋建筑上建成一个发电单元，服务于千家万户，这是其他能源所不及的；

(5) 与其他发电形式相比，光伏电站安装简单快捷，容易扩容与搬迁，不会对环境造成影响与破坏；

(6) 光伏电站运行模式相对简单，部件更换与维修方便，可以做到无人值守，维护费用低。作为光伏发电核心部件的光伏组件，一般情况下至少可以正常工作 25 年，具有明显的经济效益优势。

太阳辐射到地表的能量受自然界昼夜交替、季节变化、地理纬度、海拔高度、气象条件以及各种随机因素的影响较大，呈间断性、不稳定的状态，从而影响光伏发电效果。如晴天有阳光照射就可以正常发电，阴雨天没有阳光照射，发电效果就很差；夏天和冬天的日照时间不同，太阳辐射量不同，因此光伏发电产出也不同。正因为如此，目前光伏发电主要采用并网发电的形式，这样就不会影响终端用户正常用电。

由于化石能源消耗所产生的环境污染问题日益突出，新能源的发展得到世界各国的关注与重视。目前，风能、太阳能及生物质能三大可再生能源技术得到了快速发展。美国杰里米·里夫金在《第三次工业革命》一书中，提到第三次工业革命的五大支柱为：

(1) 向可再生能源转型；

(2) 将每一大洲的建筑转化成微型发电厂，以便就地收集可再生能源；

(3) 在每一栋建筑物以及基础设施中使用氢和其他存储技术，以存储间歇式能源；

(4) 利用互联网技术将每一大洲的电力网转化为能源共享网络，这一共享网络的工作原理类似于互联网（成千上万的建筑物能够就地生产出少量的能源，这些能源多余的部分既可以被电网回收，也可以在各大洲之间通过联网共享）；

(5) 将运输工具转向插电式以及燃料电池动力车，这种电动车所需要的电能可以通过洲与洲之间共享的电网平台进行买卖。

可以预见，光伏发电还将向着与建筑结合、与储能结合、与智能电网结合的方向继续发展，其生产成本会持续下降，直至完全能够与常规能源发电相竞争，成为人类社会电力供应的主要方式。目前在欧洲多个国家，如丹麦、德国、西班牙、意大利等，风能与太阳能发电已经占据了较大的份额。美国、日本及我国的可再生能源发展情况也已经表明，可再生能源能够有效改变能源结构。

根据 2021 年国家发改委能源研究所《中国 2050 年光伏发展展望》的数据，截至 2020 年，我国可再生新能源的应用比例大约 10%，其中风电 6.1%，太阳能光伏发电 3.4%，而到 2050 年，可再生新能源应用比例预计超过 70%，其中风电 33%，光伏发电 39%。另有数据统计，欧洲 2020 年新能源比例已经达到 28%，德国 2022 年新能源比例达到 48%，并且规定，2050 年必须要达到 80%。因此，从长远角度看，可再生新能源将逐渐从补充能源向主导能源过渡，成为维持人类社会可持续健康发展的最重要能源。

1.2 光伏组件概述

1.2.1 光伏产业发展历程

1973年世界石油危机发生之后，光伏发电技术很快得到世界发达国家的关注。1974年，美国第一家以地面发电应用为目标的公司Solarex成立，其主要生产晶体硅太阳电池与光伏组件。后来，德国Siemens、英国BP、荷兰Shell、日本夏普、京瓷等企业先后进入晶体硅太阳电池和组件产业。

我国从20世纪80年代开始，先后有开封半导体、秦皇岛华美、宁波太阳能、云南半导体及深圳大明五家企业开始从事晶体硅光伏组件生产，并有哈尔滨克罗拉、深圳宇康两家企业先后开始生产非晶硅光伏组件，但由于技术与市场多方面原因，这些企业大多没有发展起来。

从2001年开始，我国光伏产业开始迅速崛起，涌现出尚德、英利、天合、晶科、晶澳、阿特斯等一批光伏企业。2008年金融危机后，欧美很多光伏企业纷纷倒闭，世界光伏产业重新洗牌。2011年，欧美开始针对我国出口的光伏组件产品实行双反政策（反倾销，反补贴），我国政府审时度势，积极引导国内光伏应用市场，通过发展分布式光伏电站示范区，实施光伏电站发展计划等一系列措施，帮助我国光伏企业渡过难关，稳定发展。目前我国的光伏产业已具备很强的国际竞争力，从完全依靠引进国外技术发展到能自主掌握关键材料、核心工艺和重点装备，从产品完全依赖出口转变为国内国外市场并重。2013年，我国的新增光伏装机量为13GW，跃居全球首位，在我国光伏产业发展史上具有里程碑意义，随后一直保持高增长态势，持续维持全球新增光伏装机量第一的位置。截至2022年底，我国累计光伏装机容量达到392.6GW，2022年当年新增光伏装机量达到87.41GW，占据全球新增光伏装机总量的36%。

目前我国光伏产业已经完成了从硅料到组件的全产业链国产化，牢牢占据世界主导地位，成为我国高科技水平的名片。

1.2.2 技术发展现状

光伏组件最初以单晶硅技术为主，后来随着技术升级和成本变化，多晶硅技术逐渐发展起来，并成为市场主流。近几年来，随着各种基于单晶硅技术的高效电池及组件的出现，单晶硅技术再一次得到发展与提升。

得益于半导体工业的发展与技术进步，太阳电池与光伏组件技术发展速度加快，生产制造工艺日臻成熟完善，目前已实现大规模生产。当前一条光伏组件生产线平均可以实现年产能5000MW。世界上最大的几个光伏企业的组件产能已经达到50GW量级。2022年，全世界光伏组件产能超过450GW，其中晶体硅光伏组件占了95%以上。

与非晶硅薄膜光伏组件相比，晶体硅光伏组件效率更高，而且由于硅片具有金刚石晶体结构，性能稳定，因而晶体硅光伏组件的使用寿命更长。多个工程实践表明，已经使用了25年以上的晶体硅光伏组件至今仍可以正常使用。就目前的封装技术而言，晶体硅光伏组件使用寿命超过30年是完全可以实现的。

1.2.2.1 单晶硅光伏组件

单晶硅光伏组件是用单晶硅太阳电池经过封装工艺加工而成的。早期的晶体硅光伏组件主要采用圆片状的单晶硅太阳电池，当时比较有代表性的生产企业是 Siemens，国内则有宁波太阳能（日地）、云南半导体厂（天达）等企业生产。图 1-1 所示为日地公司生产的单晶硅圆片电池组件。随着单晶炉技术的提高，单晶拉棒的直径可以做得越来越大，这样就可以提高单晶硅片的直径和面积。单晶硅圆棒经切割加工而成的单晶电池片一般都是有圆角，通常也称为倒角，这个倒角的直径随着技术进步越来越小，这样就可以不断地提高单晶硅棒的利用率，提高电池和组件效率。而多晶硅电池没有倒角，是完全的正方形，这是单晶硅电池和多晶硅电池最容易识别的特征。随着单晶技术和硅片切割技术的进步，现在的单晶硅片倒角越来越小，有的倒角接近 1mm×1mm；需要注意的是，倒角越小，需要的硅棒直径会大，圆硅棒的利用率会降低，需要从各个环节整体测算成本。

早期的单晶硅电池因为单晶硅拉棒的直径尺寸限制，加工后的电池尺寸一般都是正方形的，尺寸为 100mm×100mm 或 125mm×125mm，随着技术发展，单晶硅电池尺寸相继达到 156mm×156mm、158.75mm×158.75mm、166mm×166mm，至 2020 年，相继达到 182mm×182mm 和 210mm×210mm。天合光能在 2022 年 4 月向行业推出了 210R 技术，打破了传统的正方形硅片、电池组件设计的思维，率先推出了 210mm×182mm 的矩形电池及组件设计，使得同版型组件功率提高 20W 以上，大大降低了硅片到组件端的整体成本，也大幅度降低了 LCOE。目前行业已经全面采用矩形硅片的设计，从而统一了组件尺寸设计，利好整个行业。

图 1-1 日地公司单晶硅圆片电池组件（胡红杰 摄于云南）

在组件版型设计方面，原来是把整片电池进行串联，例如原来的156mm×156mm的多晶电池片，一般采用6串×10片串联和6串×12片串联两种类型的电池排版方式。随着电池片尺寸加大，为了降低串联损失，把电池片用激光切割成二分片、三分片等，因此组件的电路设计和版型也更加丰富。如：基于182mm的二分片电池片，一般采用6串×（2×9）半片=108半片和6串×（2×12）半片=144半片的形式，先把9个或者12个半片进行串联，然后把2串进行并联，然后再进行串联；基于210mm的三分片与二分片，开发出5串×（2×12）个三分片=120个三分片，其中先把12个三分片电池进行串联，然后2串进行并联，然后5串再进行串联；还有6串×（2×11）个半片=132半片等组件版型，其中先把11个半片进行串联，然后2串进行并联，然后再进行串联。

1.2.2.2 多晶硅光伏组件

多晶硅光伏组件主要由多晶硅太阳电池组成。多晶硅太阳电池产业化是光伏产业一个重要的技术进步，也是实现晶体硅光伏组件低成本发展的一个关键性突破。多晶硅片之所以可以成功应用于太阳电池制作，主要归因于材料科学方面的进步，即多晶硅锭定向凝固晶体生长技术和与之配套的电池工艺中的含氢氮化硅薄膜材料钝化技术。多晶硅片由多晶硅锭切割而成，多晶硅锭一般采用定向凝固铸造生产，能耗较低、工艺简单。多晶硅技术是在2008年前后快速发展起来的，多晶硅电池可直接做成156mm×156mm尺寸，通常采用6串×10片=60片串联和6串×12片=72片串联两种类型的电池排版方式。图1-2所示为采用60片电池串联的单晶硅与多晶硅光伏组件。

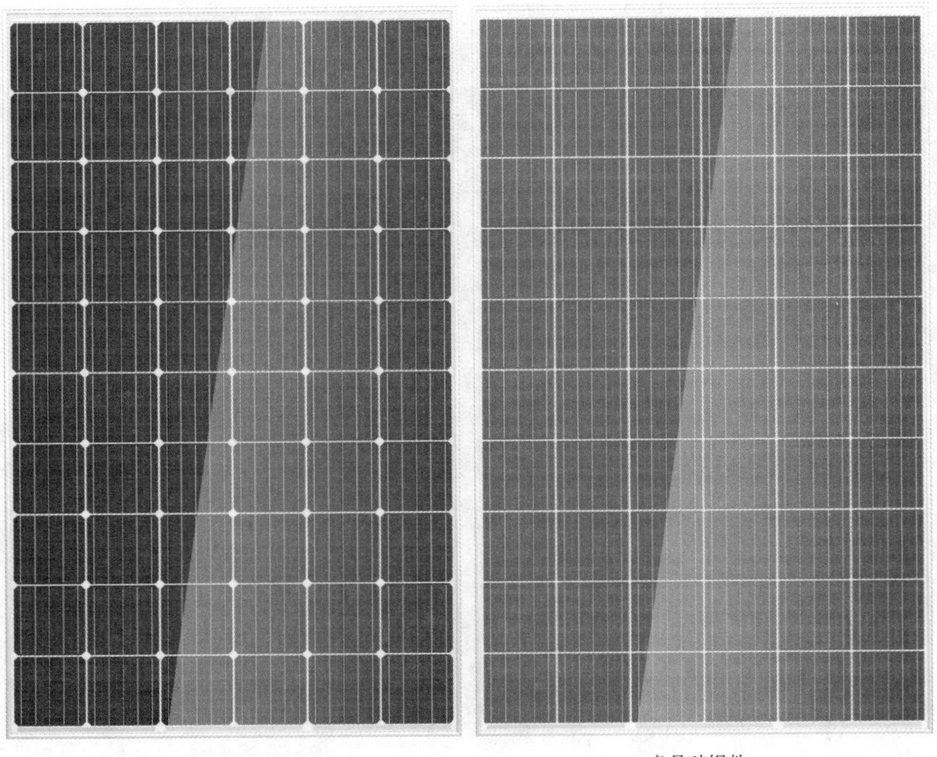

图1-2　60片电池串联的单晶硅与多晶硅光伏组件

多晶硅太阳电池由于存在晶界、孪晶、层错等晶体缺陷，其效率比单晶硅低约1%～2%，但是由于多晶硅片几乎呈完美的正方形，因此多晶硅组件中电池的铺设密度较高。随着单晶硅片制作技术的提升，单晶硅片的倒角越来越小，两种组件的铺设密度差距有一定程度缩小，最终成品组件的效率主要取决于太阳电池效率、组件尺寸和封装工艺等。但随着单晶组件的快速降本及效率提升，多晶组件的市场占有率在不断下降。2021年多晶硅组件出货量约为8.8GW，仅占总体出货量的5%左右。

1.2.2.3 高效光伏组件

光伏技术发展一直围绕着两个主要课题：一是提高光电转换效率；二是降低生产成本。如果在不增加生产成本的情况下提高太阳电池与光伏组件的效率，那是最佳的技术方向。因此发展高效光伏组件是进一步降低光伏发电成本的有效措施之一。

高效晶体硅光伏组件主要依赖于电池本身的转换效率和输出功率，因此不管是单晶硅电池还是多晶硅电池，都需要发展高效技术来实现这个功能，而不同的电池技术所对应的组件在封装工艺上也有不同。除了早期的铝背场电池技术，从高效电池技术的演变来看，主要有BSF叠加的SEPERC、PERT、TOPCon、SHJ、IBC、MWT等电池结构，在此对这些电池做简要介绍，并对相应的封装技术与组件特点进行简要说明。

SE（Selective Emitter）即选择性发射极电池，它采用选择性扩散工艺制造，主要特点是金属化区域磷高浓度掺杂，光照区域磷低浓度掺杂，以降低接触电阻，提高短波响应，从而提高电池效率。这类组件需考虑封装材料对短波光线的吸收，材料匹配选择合适，否则SE电池的短波响应优势得不到发挥；SE电池组件的功率比常规全铝背场（BSF）太阳电池提高2W左右（按照早期的60片156单晶组件270W版型，下同）。

PERC（Passivated Emitter and Rear Cell）是在BSF电池的背面增加了AlO_x/SiN_x：H双层钝化膜，而背电极通过贯穿钝化膜的开孔与衬底接触。由于采用背面钝化，光生载流子在电池背表面的复合速率得到降低，太阳电池的长波响应得到提高，从而提高了太阳电池的转换效率，PERC可用于p型单晶硅和多晶硅电池，电池效率比BSF电池提高大约1%，相应的组件功率比普通电池组件高10 W以上，适合在散射光占比较大的低辐照地区使用，目前已经实现了量产。PERC电池的组件封装工艺与常规晶体硅电池是完全相同的。

PERT（Passivated Emitter，Rear Totally-diffused）太阳电池是采用n型单晶硅片作为衬底的高效晶体硅太阳电池。由于采用掺杂磷的n型硅片作为衬底，因此不存在由“B-O对”引起的光致衰减。n型PERT太阳电池的正面为硼掺杂的p^+发射极，背面为整体磷掺杂的n^+背表面场，正面和背面通常都采用栅线电极，光线可以从电池的正反两面射入电池，同时产生电能，因此又被称作n型双面电池。此类电池的光伏组件通常采用双层玻璃封装结构，也有采用正面玻璃与背面透明背板的封装结构。一般来说，n-PERT电池组件的功率可比p-PERC电池组件功率高5W以上。

TOPCon（Tunnel Oxide Passivated Contact）是一种基于选择性载流子原理的隧穿氧化层钝化接触太阳电池，其电池结构为n型硅衬底电池，在电池背面制备一层超薄氧化硅，然后再沉积一层掺杂硅薄层，二者共同形成了钝化接触结构，有效降低表面复合和金属接触复合，为n-PERT电池转换效率进一步提升提供了更大的空间。

SHJ（Silicon Hetero-Junction）电池以n型单晶硅片作为衬底，采用了非晶硅与单晶硅的异质结结构，在其正面依次沉积了一层本征非晶硅薄膜和一层n型非晶硅薄膜作为发

射极，在背面依次沉积了一层本征非晶硅薄膜和一层p型非晶硅薄膜作为背表面场。由于非晶硅的带隙大于单晶硅的带隙，而且非晶硅薄膜对单晶硅片表面有极好的钝化效果，所以SHJ太阳电池的开路电压远超过常规的单晶硅太阳电池，最高达750mV。因此SHJ电池具有转换效率高、高温特性好等优点。SHJ电池效率较常规电池高1%～1.5%，相应地，组件功率也高出15～20W，组件温度系数大约为－0.26%/℃（一般晶体硅电池为－0.35%/℃），温度稳定性更好，因此具有更好的发电效果，特别是在高温地区更有优势。同时SHJ电池工序简单，制备温度低，但是设备要求非常高，设备的成本比较高，造成电池的成本相对比较高。目前迈为、金石、理想等设备生产商已经能够提供SHJ电池整体解决方案，可助力SHJ成为下一个主流方向。SHJ太阳电池同样可以做成双面电池，但是SHJ电池对水的敏感性更高，所以建议光伏组件最好要采用双层玻璃封装结构。

p型PERC电池和n型PERT、TOPCon、SHJ太阳电池都需要在正面和背面都采用栅线电极，光线能从电池的正反两面射入电池，同时产生电能，这样的电池称为双面电池。早期双面电池背面采用透明背板，由于背面发电会导致背板温度升高，容易产生较严重的黄变，所以现在一般都使用双面玻璃的组件结构来进行封装。

IBC（Interdigitated Back Contact）太阳电池即交指形背接触太阳电池，1975年由R. J. Schwartz和M. D. Lammert发明。IBC太阳电池采用高少子寿命的n型单晶硅片作为衬底，其发射极和基极都位于电池的背面，并被设计成交指形排列，而电池的正面则没有任何栅线，完全消除了光线遮挡。因此IBC太阳电池有着非常高的短路电流和转换效率。IBC电池效率比常规电池高1.5%以上，因此组件功率高出15W以上，同时IBC电池的温度系数大约为－0.30%/℃，优于普通晶体硅电池，户外实际发电性能有较大优势。随着钝化技术的不断发展，IBC电池又发展出了基于PERC电池的p-IBC，基于TOPCon技术的TBC以及基于SHJ技术的HBC。IBC太阳电池的层压方式与常规电池一致。IBC电池的正极和负极都在背面，因此组件层压之后，从组件正面看，没有任何金属栅线与互连条，非常美观。

MWT（Metal Wrap Through）太阳电池和EWT（Emitter Wrap Through）太阳电池是另外两类背接触太阳电池。其中MWT太阳电池保留了电池正面的细栅，把主栅通过贯穿硅片的小孔引到电池的背面，消除了主栅对太阳光的遮挡。EMT电池则更进一步，将正面发射极通过数千个贯穿硅片的孔引入到电池的背面，从而使电池正面完全没有栅线电极。这两种电池由于发射极的电极被背面的铝背场所包围，因此不能采用常规电池的电极焊接方法，通常采用一种交指形导电背板，使用导电的黏合剂或低温焊接导电浆料将电池的电极同导电背板黏结在一起，在随后层压的过程中使电池与导电背板之间形成有效连接，最终被封装成组件。

如上所述，SE、PERC、PERT、TOPCon、SHJ电池与铝背场太阳电池的组件生产工艺是相同的。IBC太阳电池和MWT太阳电池的焊接方式和封装工艺与常规太阳电池差异比较大，使得这两种技术的推广遇到了较大的困难。

p型PERC太阳电池从2018年开始成为主流，实现了大规模的量产，但是随着2021年n型电池的快速发展，p型PERC在2023年逐渐开始退出市场，被n型代替。

1.3 能量回收期

作为一种新型发电方式，光伏发电的能量回收期与回报率是人们关注的重点。按照生命周期评价方法，太阳能光伏系统的能量回收期 EPT（Energy Payback Time）以其全寿命周期中消耗的总能量（包括生产制造、安装和运行过程中消耗的能量）与光伏系统运行时每年的能量输出之比来表示，单位为年。按照目前光伏电站的运行现状，我国大部分地区的光伏电站每年平均每瓦产电不低于 1kWh。随着光伏组件近年来生产成本的不断降低，光伏发电的能量回收期已经能够做到不超过两年。

能量回报率 RER（Rate of Energy Return）是指发电设备在生命周期内所产生的总能量与其制造过程总能耗之比。为了保证光伏发电具有更高的可靠性与经济性，行业规定了光伏组件的质保期，目前国际通用的光伏组件质保期为 25 年。所谓光伏组件的质保期，是指光伏组件使用期到达质量保证规定的年限时，其功率衰减不得超过 20%。众多案例充分表明，25 年的质保期是可以得到保障的。即使按照 25 年使用寿命计算，按照光伏组件每瓦每年生产 1kWh 电能计算，25 年可以产生 25kWh 的电能，那么能量回报率可以超过 12，如此高的能量回报率是火电、水电和核电都无法相比的。

目前光伏发电的度电成本已经低于 0.3 元/度，光伏电站的投资回收期已缩短至 4～6 年。随着技术的不断进步和光伏电站的大规模应用，光伏发电的经济性将会更加明显。

此外，光伏组件在不能继续发电而被回收后，其大部分材料也都可以回收再利用，完全符合环保绿色发电与自然和谐发展的目标。

1.4 碳排放计算

近年来，随着能源消耗的不断增加，二氧化碳排放也逐渐增加，所导致的全球气候变暖问题也引起了各国的关注。为保证人类的可持续发展，节能减排成为了各国政府的重要工作之一。为了定量描述不同能源所排放的二氧化碳数量，联合国政府间气候变化专门委员会 IPCC 将发电 1kWh 所产生的二氧化碳质量定为发电行业碳排放强度，单位为 g_{CO_2eq}/kWh。IPCC 也对各种能源的碳排放强度做了测算，见表 1-1（不同的研究报告会有差异，这里的数据仅供参考）。煤炭和天然气发电会直接导致温室气体的排放，其他能源，如太阳能、风能则没有直接的温室气体排放。

表 1-1 典型能源的碳排放强度表　　单位：g_{CO_2eq}/kWh

典型能源	最小值	平均值	最大值
煤炭	670	760	870
天然气	350	370	490
地热能	0	0	0
水力	0	0	0
核能	0	0	0
太阳能	0	0	0
风能	0	0	0

当然，二氧化碳排放还来自发电所需的其他过程，包括发电厂的建设、燃料开采、光伏组件制作和废物管理。为了考虑这些过程，IPCC 使用全生命周期碳排放指标，并制作

了对应的强度表，见表1-2（不同的研究报告会有差异，这里的数据仅供参考）。化石燃料（煤炭和天然气）显然是温室气体的最高排放者。地热、水力、核能、太阳能、风能这些新能源的碳排放量比任何化石燃料低10倍以上。大力发展太阳能等清洁能源能够有效降低碳排放强度，助力实现“双碳”目标。

表1-2 典型能源的全生命周期碳排放强度表 单位：g_{CO_2eq}/kWh

典型能源	最小值	平均值	最大值
煤炭	740	820	910
天然气	410	490	650
地热能	6.0	38	79
水力	1.0	24	237
核能	3.7	12	110
太阳能	18	48	180
风能	7	11.5	56

复习思考题

1. 光伏发电技术有哪些优势与不足？
2. 简单说明世界太阳能资源分布情况。
3. 简单说明我国太阳能资源分布特点。
4. 简述我国光伏在世界上的地位。
5. 晶硅电池的尺寸变化是怎样的？
6. 单晶硅光伏组件和多晶硅光伏组件的区别有哪些？
7. 晶体硅光伏组件的电池有哪些类型？
8. 如何计算光伏组件能量回收期？
9. 如何计算光伏发电能量回报率？
10. 简述不同类型能源的碳排放强度和全生命周期碳排放强度。

第 2 章

光伏组件结构与原理

光伏组件是由一定数量的太阳电池通过电学连接与机械封装形成的一块平板状的发电装置。光伏组件就像一台低压直流发电机，将太阳能直接转化成电能，与逆变器连接就可以构成一个交流电源。由多块光伏组件构成的供电系统称为光伏电站。与火力发电厂、核电站不同，光伏电站在运行过程中不需要使用燃料，既没有废气、废物排放，也没有噪声污染，只要有阳光，光伏电站就可以连续不断地输出电力。本章主要介绍光伏组件的基本结构与工作原理，包括光伏组件的发展历史、组件封装要求与特点、组件工作原理、技术参数及组件的电路设计等。

2.1 光伏组件的发展历史

自从 1954 年美国贝尔实验室制备出世界上第一片实用的单晶硅太阳电池以来，光伏发电作为一种新型的清洁电力供应方式便得到了不断发展。早期光伏发电主要用于满足无电地区电话机供电需求，由于具有特殊优势，这种技术很快便得到航天工业的青睐。从 20 世纪 50 年代末美国第一颗使用太阳电池的人造卫星“先锋 1 号”成功发射以来，世界上所有航天器都采用太阳电池提供电力。为了保护太阳电池，使其能够抵御外界环境的侵蚀，人们采用玻璃等材料将太阳电池封装起来，形成光伏组件。1975 年以后，光伏组件的设计与生产工艺、封装材料都有了很大的进步，光伏组件的材料体系、生产工艺、性能评估及技术标准逐步得到完善与确立。到了 1985 年，人们将光伏组件的使用质保期从原来的 5 年提高到 10 年，而且光伏组件的结构设计、封装工艺及材料基本定型，至今并无本质的改变。20 世纪 90 年代以来，德国西门子（Siemens）、英国 BP、荷兰壳牌（Shell）、日本夏普（Sharp）、京瓷（Kyocera）等大型企业对光伏组件技术的发展起到了重要的推动作用，行业将光伏组件的研究重点集中于降低成本、提高效率及延长寿命等方面。1997 年，光伏组件的使用质保期已经被承诺可以达到 20 年；到 21 世纪，特别是 2009 年以后，多晶硅电池技术和组件开始规模化生产并快速发展，成为主流，大大降低了光伏组件的成本，2015 年开始，随着单晶硅片技术的不断进步，单晶硅组件的比例又开始逐步上升，到 2021 年基本取代了多晶硅组件。21 世纪以来，组件质量也得到了很大提高，双层玻璃组件开始广泛应用，组件使用质保期提高至 25～30 年，掀起了全球范围的光伏电站建设浪潮。目前n型高效光伏组件也开始规模化应用，为光伏技术的推广应用提供了更多的选择空间和市场空间。

早期我国生产的光伏组件90%以上都用于出口，并且主要原材料来自国外。从2012年开始，我国大力推广光伏应用，经过短短几年发展，目前已成为全球光伏生产大国和光伏应用大国。

光伏组件是太阳电池的载体，是光伏电站的最重要的组成部分，光伏组件的种类及形式由封装材料及太阳电池的种类决定。

光伏组件的封装材料主要包括玻璃、EVA/POE/PVB胶膜、硅胶、PET/KPK/TPT背板等，通过这些封装材料的不同组合，可以生产出适用于不同环境的组件。传统的铝边框背板组件一般用于大型地面电站和商业民用屋顶，近几年双玻组件已经大量用于地面电站和商业民用屋顶；与建筑结合一般采用5mm+5mm或更厚的双层玻璃组件；用于日常消耗的小功率组件可以用高分子材料代替玻璃作为前盖板材料，重量轻，携带方便，例如用于草坪灯、光伏玩具等的组件可采用环氧树脂滴胶封装。总之，光伏组件的封装技术与具体用途及应用场所是相互关联的。

2.2 封装目的与要求

在实际应用中，太阳电池都需要通过特定的封装工艺，加工成可以在室外长期使用的光伏组件之后才能使用。封装除了可以保证太阳电池组件具有一定的机械强度外，还具有绝缘、防潮、耐候等方面的作用。具体包括以下几个方面：

(1) 从力学方面考虑，晶体硅电池必须进行封装才能保证良好的机械强度。硅片是一种脆性材料，晶体硅太阳电池所用的硅片厚度已经从早期的240μm逐步减薄到220μm、200μm、180μm，2022年达到150μm，今后将会达到120μm甚至更薄。极薄的电池片非常容易碎裂，通过封装，可以使太阳电池具备很好的力学强度，减轻冰雹冲击、风吹、机械振动等的影响。

(2) 提高晶体硅太阳电池抵御外界环境侵蚀的能力。太阳电池的上表面有金属电极、减反射膜，下表面也有金属电极，这些材料长期暴露在室外空气中，极易受到环境侵蚀，导致氧化和损坏，最终造成电池失效，因此必须进行密封。

(3) 提高光伏组件的安全性。单片晶体硅太阳电池产生的电流很大，但电压很低，仅为0.7V左右，无法直接满足负载的使用要求，必须通过多片电池串联或并联才能达到所需的电气性能要求，这些串联或并联的电池如果放在一起不进行封装，在使用过程中极易发生漏电、触电等危险事故。

(4) 便于运输、安装及维护，不同的封装结构还能够提供多样化的应用。

此外，为了保证长期使用的可靠性，封装后的光伏组件必须经过一系列严格的电气性能和安全性能检测。国际和国内已经制定了完善的晶体硅太阳电池组件的产品标准和检测标准，主要有IEC 61215-1/2、IEC 61730-1/2及UL1703等。针对应用发展中出现的一些问题，相关的技术标准也在不断进行修改与调整。

2.3 光伏组件工作原理与技术参数

2.3.1 工作原理

早期光伏发电主要采用离网发电模式，仅需考虑直流供电需求。一般而言，串联36片晶体硅电池可输出18V工作电压，能给12V的蓄电池充电，串联72片晶体硅电池可以给24V的蓄电池充电。现代大规模光伏发电主要采用并网模式，主流产品大都是60片和72片电池串联而成的组件。

晶体硅电池输出的电流和电池尺寸随光强呈线性变化，而其电压则受光强影响很小。一片125mm×125mm的晶体硅电池，其工作电流可以达到5A以上，而一片156mm×156mm的电池可以达到8A以上。通常晶体硅组件内的电池多采用串联方式连接，而目前主流的半片电池组件通常采用先并联再串联的连接方式。需注意的是，晶体硅电池的电学性能的一致性对于组件的性能至关重要，只有电学性能相同的晶体硅电池才可以相互串联或并联。这里以两片电池为例介绍组件的电学性能。

（1）两片电池性能完全相同，即 $V_1=V_2$，$I_1=I_2$，那么两片电池串联后，总电压 $V=V_1+V_2$；总电流 $I=I_1=I_2$，相应的 I-V 曲线如图2-1所示，可见电压是简单叠加，而电流就是单片电池的电流。

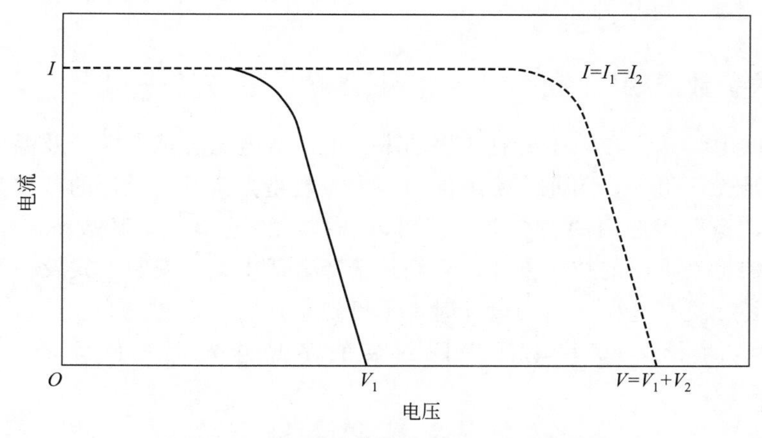

图2-1 两片性能相同的太阳电池串联

（2）两片电池性能有差异，即 $V_1=V_2+\Delta_1$，$I_1=I_2+\Delta_2$，那么两片电池串联后，$V=V_1+V_2$，而总电流 I 等同于最小电流，可近似认为 $I=I_1$（假设 I_1 最小），相应的曲线见图2-2。在这种情况下，组件的电路损耗比较大。

所以在电池串联的组件中，组件电压是所有电池电压的总和，而其中具有最小输出电流的电池限制了组件的总输出电流。由于每片电池之间或多或少都有一些电学性能差异，而且在使用过程中电池的性能也会产生一些变化，因此需要尽量挑选性能参数一致的太阳电池构成组件，以降低电流失配带来的损失。

此外，在组件生产过程中，大电流引起的互连条电阻、焊锡等的功率消耗增加也是一个不容忽视的问题，因此采用小面积电池串接成组件的优势明显。近几年有厂家推

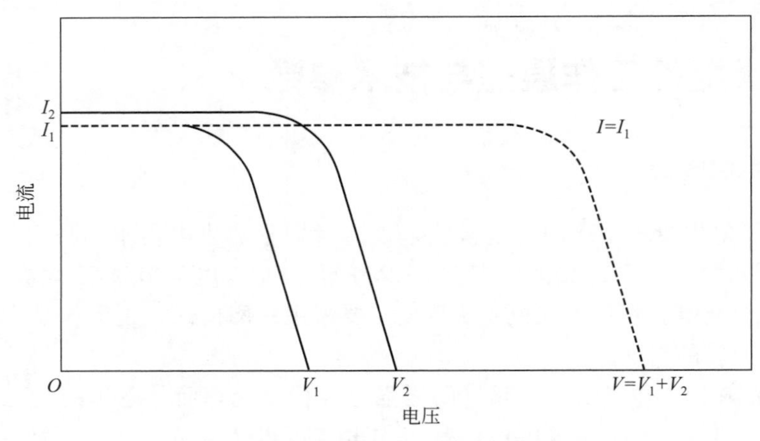

图 2-2　两片性能不同的太阳电池串联

出半切片电池组件，它可以减少电流损耗，提高组件功率。因此随着硅片尺寸加大，采用激光划片将电池片切割成二分片或者三分片的工艺已经成为主流。但是激光划片也会导致组件中连接点成倍增加，同时切割面如果处理不好，会带来相关可靠性问题。因此，无损激光切割技术得到了发展，这种技术采用低温激光技术，结合热胀冷缩的原理，使大硅片通过热应力自然分离，这样的电池片切割面非常光滑，且不产生任何微裂纹，无损切割后的电池片机械强度与整体的电池片强度相当，远高于传统切割的电池片，大大提高了可靠性。

2.3.2　技术参数说明

光伏组件的电学基本参数主要有输出功率、电流、电压、填充因子及温度系数等。光伏电站的主体是光伏组件，因此光伏组件的技术参数是光伏电站设计的基本数据。通过组件的电学参数，根据所选用的逆变器，就可以选择组件的串、并联数量。组件的外形尺寸、重量及结构也是重要的技术参数，它们是选择合适支架、安装方式及估计场地面积等所必需的参数，在进行光伏电站的设计时都不可忽略。

以市场上早期主流 60 片电池串联封装的多晶硅光伏组件为例，其技术参数见表 2-1。

表 2-1　60 片电池多晶硅光伏组件技术参数

标准测试条件 STC					
最大功率 P_{max}/W	265	270	275	280	285
最大功率误差 ΔP_{max}/W	0～+5				
最大功率点电压 V_{mpp}/V	30.8	30.9	31.1	31.4	31.6
最大功率点电流 I_{mpp}/A	8.61	8.73	8.84	8.92	9.02
开路电压 V_{oc}/V	37.7	37.9	38.1	38.2	38.3
短路电流 I_{sc}/A	9.15	9.22	9.32	9.40	9.49
组件效率 η_m/%	16.2	16.5	16.8	17.1	17.4

续表

标准测试条件 STC	
太阳电池标称工作温度(NOCT)/℃	44±2
最大功率的温度系数/(%/℃)	−0.41
开路电压的温度系数/(%/℃)	−0.32
短路电流的温度系数/(%/℃)	0.05
最大系统电压/V	1000

其中STC（Standard Testing Condition）指地面光伏组件标准测试条件：大气质量AM1.5，太阳辐射强度1000W/m^2，温度25℃。下面按照表格所列的顺序，对关键技术参数做简单描述。

① P_{max}（最大功率） 表示峰值瓦数，即在标准测试条件下具有的功率数值，I-V曲线上电压和电流乘积最大时的点对应的功率即为最大功率，此时的电压、电流分别被称为最大功率点电压V_{mpp}和最大功率点电流I_{mpp}。表2-1给出了五种组件最大功率的电性能参数。

② V_{oc}（开路电压） 当组件外接电路开路时，流经电池的电流为0，此时组件的有效最大电压就是开路电压V_{oc}。

③ I_{sc}（短路电流） 组件短接时，输出电压为0V，流经电池内的电流即为短路电流I_{sc}。I_{sc}反映的是电池对光生载流子的收集能力，其与光照强度成正比。

④ η_m（组件效率） 在标准测试条件下，组件最大输出功率与组件接收的太阳能的比值。效率是组件间相互比较的一个重要参数，由下面公式确定：

$$\eta_m=\frac{最大输出功率}{组件面积\times 辐照强度}\times 100\%$$

式中，最大输出功率即P_{max}，组件面积指的是组件最大面积，如果带边框，需要把边框也计算在内。

⑤ 窗口效率（Aperture Efficiency）由马丁·格林等人提出，指在标准测试条件下，组件整个有效受光部分所组成窗口的最大输出功率与窗口尺寸的比值。窗口内包括电池有效发电部分、主栅线、副栅线、互连条、电池串间部分、电池片间部分，窗口外的全部区域通常用不透光的黑色胶带遮住。

⑥ 温度系数（Temperature Coefficient） 温度系数表征的是温度变化1℃时，组件各性能的相对变化量。功率、电流、电压的温度系数各不相同，电压随温度的变化比较大，电流随温度变化相对比较小。

⑦ 最大系统电压（Max System Voltage） 指组件在系统中串联后的开路电压之和，组件的每一种材料都需要能够承受该电压值。

图2-3所示是规格为275W的60片电池多晶硅组件在不同光强下的I-V曲线图，曲线上每个点的电流和电压的乘积反映这种工作条件下组件的输出功率。

为了便于安装，一般在组件边框设计有安装孔与接地孔，见图2-4。每块组件上有4个安装孔，组件与支撑结构可直接通过安装孔或者压块固定。接地孔则用于组件的金属部分接地，满足电气安全需求。

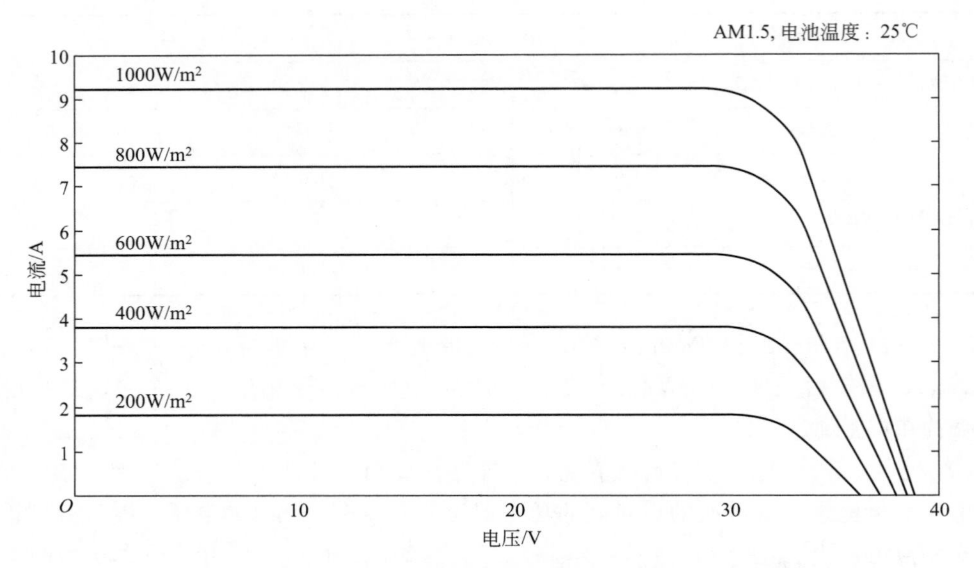

图 2-3　60 片多晶硅电池组件在不同光强下的 *I-V* 曲线

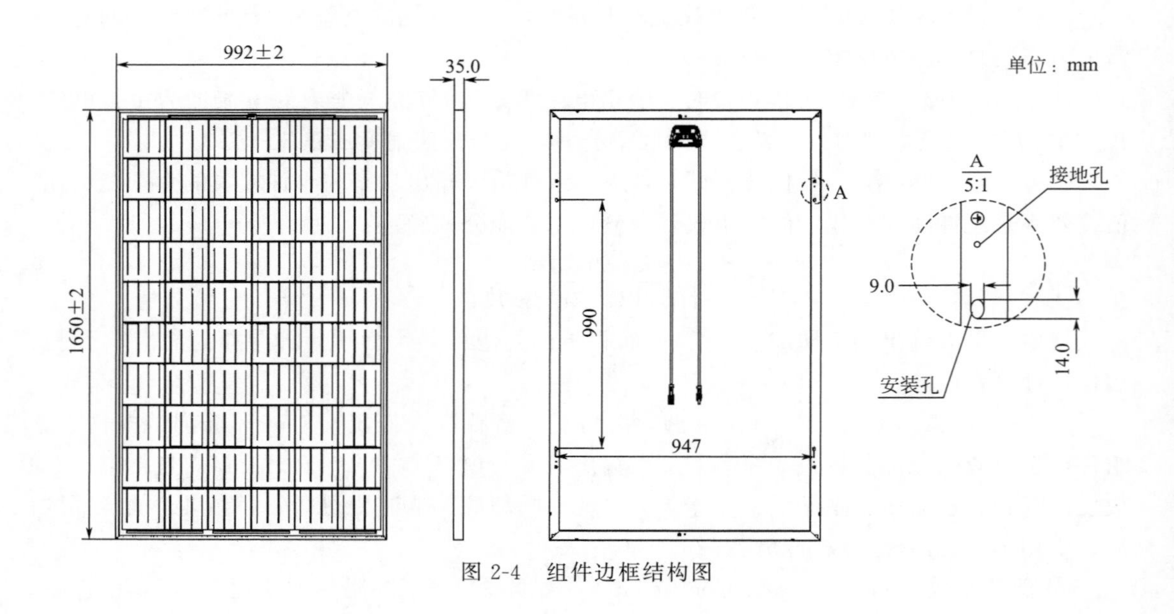

图 2-4　组件边框结构图

2.4　光伏组件的结构设计

常规边框组件的装配结构如图 2-5 所示，从上到下排列依次是玻璃、前 EVA、电池矩阵（电池串）、后 EVA、背板，经真空层压后再安装铝边框及接线盒等部件。

2.4.1　设计原理

以 60 片电池组件为例，组件内部电池矩阵布局为 6 列 10 行，即每列有 10 片串联电

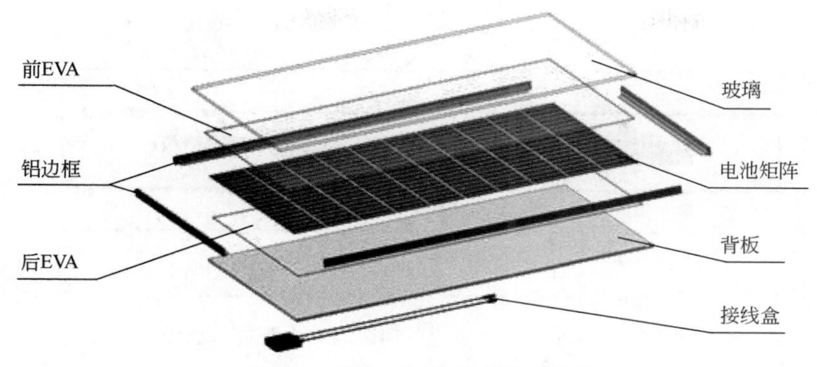

图 2-5　常规边框组件的装配结构

池，共 6 列（行业又称为 6 串），最后将 6 串电池串联起来。如果将每片太阳电池等效为一个半导体二极管器件，则可以用等效的电路图来表示其串联情况，如图 2-6 所示。

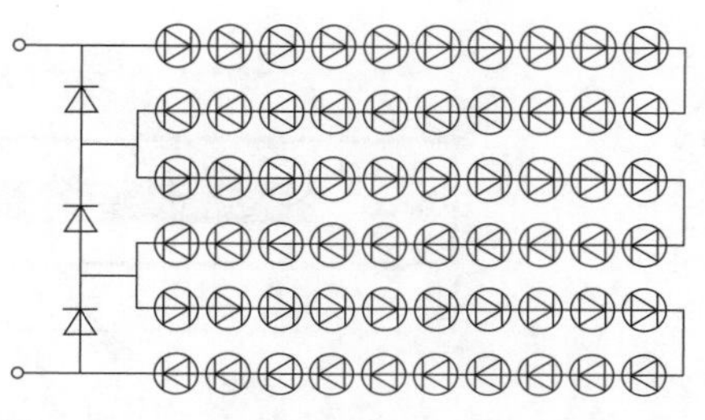

图 2-6　60 片电池组件二极管等效电路图

对于组件结构设计，要考虑四个方面。

第一，考虑组件内部电池的结构排布，一般称为叠层电路设计。组件中每片电池之间的距离，包括横向和纵向距离，一般需要 2mm 以上，这主要是为了保证连接焊带在电池表面上、下翻折连接后不影响组件的可靠性。通过合理的设计，可以让照射在电池间隙中的部分光线通过背板-玻璃的两次反射再次投射到电池表面，这样就可以增加组件的输出功率。电池间隙太大会降低组件的转换效率，间隙太小不利于焊带的弯折，而且可能会导致电池产生隐裂，通常光伏组件中的电池间隔距离为 2～5mm。从 2020 年开始，为了提高组件效率，也会把电池片的间隙缩小到 1mm 甚至负间隙，电池串的间隙一般维持 2mm 以上。

第二，考虑组件的最小电气间隙和最小爬电距离要求。电气间隙（Clearance）为两导电部件之间在空间中的最短距离；组件的最小电气间隙（Minmum Clearance or Through Air）是指组件内部带电体（如太阳电池和汇流条）到玻璃边沿的距离；爬电距离（Creepage Distance）指的是两导电部件之间沿固体绝缘材料表面的最短距离，见图 2-7～图 2-9。

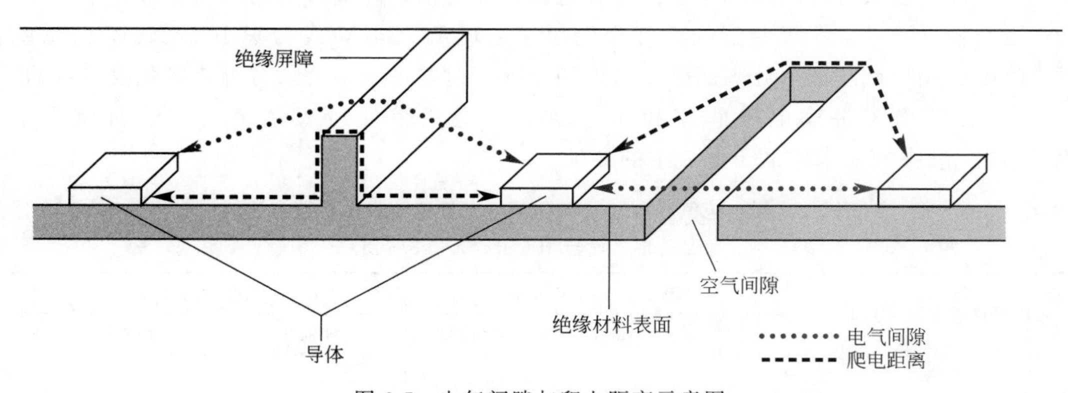

图 2-7　电气间隙与爬电距离示意图

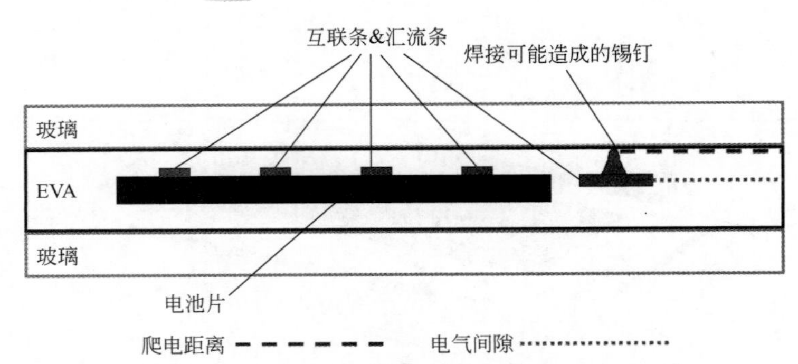

图 2-8 无框光伏组件电气间隙与爬电距离示意图

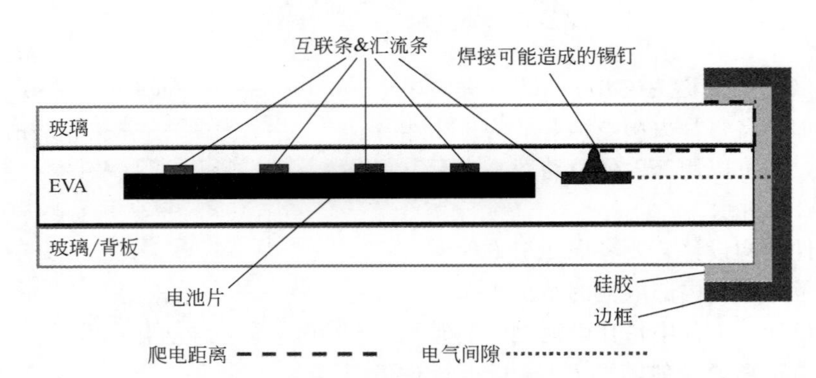

图 2-9 有框光伏组件电气间隙与爬电距离示意图

IEC 61730 和 UL 1703 标准对组件的最小电气间隙和爬电距离都有严格要求。因为封装材料会吸湿，封装过程也不能保证完全密封，因此这个要求与绝缘材料组别、组件应用的微观环境污染程度等有直接关系。一般组件设计的最小电气间隙和爬电距离是基于微观环境污染等级 2 级、材料组别Ⅲa 来选取，然后根据不同的应用等级和系统电压来确定最小电气间隙和爬电距离的要求，当然如果降低组件应用环境污染等级，是可以适当减小距离要求的。应用等级是根据光伏组件的不同应用方式对组件安全性的要求划分的，分为级别 0、级别Ⅱ、级别Ⅲ三个等级（应用划分来源于 IEC 61140）。

级别 0：通过本等级鉴定的组件可用于以围栏或特点区域划分限制公众接近的系统；

级别Ⅱ：通过本等级鉴定的组件可用于电压高于 50V 或功率大于 240W 的系统，而且这些系统是公众有可能接触或接近的。这是目前光伏组件最常用的应用等级；

级别Ⅲ：通过本等级鉴定的组件只能用于电压低于 50V 或功率小于 240W 的系统。用于以围栏或特点区域划分限制公众接近的系统，这些系统是公众有可能接触或接近的。

表 2-2 给出了最小电气间隙和爬电距离与光伏组件最大系统电压的对应关系。UL1703 标准中的要求略低于此表中的要求。

表 2-2 最小电气间隙和爬电距离与光伏组件最大系统电压的对应关系（摘自 IEC 61730-1 5.6.3）

光伏组件最大系统电压/V	最小电气间隙/mm		爬电距离/mm	
	级别Ⅱ	级别 0 和级别Ⅲ	级别Ⅱ	级别 0 和级别Ⅲ
0～35	0.5	0.2	2.4	1.2
36～100	1.5	0.5	2.8	1.4

续表

光伏组件最大系统电压/V	最小电气间隙/mm		爬电距离/mm	
	级别Ⅱ	级别0和级别Ⅲ	级别Ⅱ	级别0和级别Ⅲ
101～150	3.0	1.5	3.1	1.6
151～300	5.5	3	6	3
301～600	8	5.5	12	6
601～1000	14	8	20	10
1001～1500	19.4	11	30	15

对于1500V系统电压，UL1703标准中特别要求无金属框接地组件到边缘距离需要加倍，如果采用满足相关要求的绝缘材料进行边沿密封，则可以和金属框组件的要求相同。目前市场上现有的应用等级为级别Ⅱ的1000V系统组件，一般设计电气间隙（内部带电体到边缘距离）为15mm以上，主要是考虑到组件在叠层、层压过程中内部的电池会有一些移位，同时也为了保证可靠性，兼顾IEC和UL标准的要求。

对于1500V系统的最小电气间隙，虽然表格中规定为19.4mm，但是因为这个间隙距离对组件尺寸改变较大，对组件效率和成本都有影响，因此一般采用与1000V组件一样的距离，然后通过IEC 61730-2 MST14中规定的脉冲电压测试环节来证明组件的电气间隙是否满足安全要求。

对于最小爬电距离，应用等级为级别Ⅱ的1000V/1500V系统组件，最小爬电距离要求为20mm/30mm，此时组件尺寸会非常大，可通过做IEC 61730-2序列B1测试将组件污染等级降低为I，将爬电距离要求减小为6.4mm和10.4mm，这样组件只需满足最小电气间隙就可以满足爬电距离要求。

第三，还需要选择和设计旁路二极管。旁路二极管在光伏组件中电池被遮挡的时候起到导通与保护电池的作用。一般一个旁路二极管最多可以保护24片太阳电池，最好控制在20片以内。

第四，对于组件输出功率的设计，一般需要知道所设计的组件的P_{max}、I_{mpp}、V_{mpp}三个参数中的2个参数，或者P_{max}、I_{sc}、V_{oc}、FF中的3个参数，这样就可以确定电池的尺寸以及电池串联和并联的数量。

综上所述，根据电池的间隙、内部带电体到玻璃边沿的距离和组件的电性能参数要求，就可以设计组件的尺寸，从而选择适当的玻璃尺寸、EVA、背板和边框的尺寸。

2.4.2 设计实例

设计实例1：

以早期的156mm×156mm的多晶硅电池组件的设计为例，设组件所要求的技术参数为：最大功率P_{max}=275W，开路电压V_{oc}=38.0V，填充系数FF=77%。

第一步：根据组件要求的各项参数选择适合挡位和数量的太阳电池。晶体硅电池的输出电压随电池面积变化变动很小，一片156mm×156mm或者125mm×125mm的电池，开路电压基本在0.6～0.65V，即使把156mm×156mm的电池切割成任意尺寸，开路电压输出也大约为0.6～0.65V。因此在设计的时候，可以假设任何尺寸的电池输出开路电压为0.62V，同时V_{mpp}一般假设为0.5V。

首先根据组件要求的电压确定电池数量，该组件的电池数量计算：38V/0.62V=61.3片，一般根据经验值取整数，选60片；然后根据组件要求的功率和电池的数量计算每一片电池所需的功率，单片电池的功率大约为275W/60=4.58W；之后将电池的最大功率P_{max}、开路电压V_{oc}、组件的填充系数FF代入公式$FF=P_{max}/(V_{oc}\times I_{sc})$，计算出短路电流$I_{sc}$=9.39A；最后根据以上参数确定所需太阳电池的效率及挡位。通常电池封装成组件会有一些损失，该损失在行业被称为功率封装损失（简称CTM，即Cell to Module），一般该值为98%～100%，通常多晶电池比单晶电池高1.5%左右，如果采用特殊的封装材料增加太阳电池对光线的吸收，则可以大幅提高组件输出电流，从而提高组件输出功率，此时CTM可能会超过100%。本例假设该组件CTM为99%，则所需的电池功率大约为4.58W/0.99=4.63W，那么电池效率就是：[4.63W/(0.15675×0.15675)m^2] /1000W/m^2=18.8%，所以选择效率在18.8%～19.0%挡位的电池。

表2-3所示为多晶硅电池效率和电性能参考表（156.75mm×156.75mm），各种电池因为工艺条件等不同，会有一定差异。（如果需要计算156mm×156mm的，按面积推算即可）

表2-3 多晶硅电池效率和电性能参考表（156.75mm×156.75mm）

效率/%	P_{max}/W	V_{mpp}/V	I_{mpp}/A	V_{oc}/V	I_{sc}/A	FF/%
17.5～17.6	4.309	0.5278	8.165	0.6253	8.837	78.0
17.6～17.7	4.335	0.5276	8.217	0.6267	8.866	78.0
17.7～17.8	4.363	0.5284	8.258	0.6266	8.872	78.5
17.8～17.9	4.389	0.5301	8.279	0.6277	8.883	78.7
17.9～18.0	4.414	0.5305	8.320	0.6275	8.885	79.2
18.0～18.1	4.437	0.5317	8.346	0.6281	8.896	79.4
18.1～18.2	4.462	0.5331	8.369	0.6290	8.901	79.7
18.2～18.3	4.486	0.5347	8.391	0.6302	8.915	79.9
18.3～18.4	4.510	0.5359	8.416	0.6313	8.937	79.9
18.4～18.5	4.534	0.5372	8.440	0.6324	8.960	80.0
18.5～18.6	4.558	0.5384	8.466	0.6334	8.986	80.1
18.6～18.7	4.581	0.5395	8.492	0.6344	9.012	80.1
18.7～18.8	4.605	0.5404	8.522	0.6351	9.042	80.2
18.8～18.9	4.628	0.5410	8.555	0.6358	9.075	80.2
18.9～19.0	4.651	0.5412	8.594	0.6366	9.121	80.1
19.0～19.1	4.669	0.5393	8.657	0.6363	9.199	79.8

第二步：根据电池尺寸、数量和相关电气要求设计组件尺寸及结构。一般组件选择装配3个二极管，60片电池设计为6串，每串10片电池，每个二极管与两串电池并联。结

构确定之后首先可以根据电气要求确定组件内部每个部件之间的距离，通常每片电池之间距离为3mm，汇流条宽度为6mm，汇流条距电池3mm，汇流条之间距离也是3mm，汇流条离玻璃边沿距离为14.5mm（算上生产过程的公差后，可能会缩小为12mm，这样也能满足IEC距离要求），电池串之间间隙为4mm，电池边缘离玻璃边缘距离也为14.5mm。根据上述参数计算出所需玻璃长度为156×10+3×9+3×(6+3)+14.5×2=1643（mm），玻璃宽度为156×6+5×4+14.5×2=985（mm），玻璃厚度一般选择3.2mm，因此最终确定玻璃的尺寸为1643mm×985mm×3.2mm。

第三步：根据组件尺寸（主要由玻璃尺寸决定）设计铝边框。一般铝边框的壁厚为2mm，高度为35mm，考虑边框和玻璃边沿的间隙（用来填充硅胶）为1～1.5mm，因此铝边框的外尺寸在玻璃尺寸基础上长宽各增加7mm，因此组件整体外形尺寸为1650mm×992mm×35mm，完成晶体硅光伏组件的设计。

本书第4、5章中将主要以60片多晶硅光伏组件为例介绍从生产到检测的所有工序。

设计实例2：以最新的210mm×182mm的单晶硅电池组件的设计为基础设计组件，要求的技术参数为：最大功率P_{max}=570W，开路电压V_{oc}=46.8V，填充系数FF=77%。

第一步：根据组件要求的各项参数选择适合挡位和数量的太阳电池。如前所述，晶体硅电池的输出电压随电池面积变化变动很小，随着电池技术和工艺的不断进步，电池的输出电压不断提高，目前一片210mm×210mm或182×182mm或210mm×182mm的电池，开路电压基本在0.65～0.75V，可以假设一片电池的输出开路电压为0.7V，最佳工作点电压V_{mpp}为0.57V。

首先根据组件要求的电压确定电池数量，该组件的电池数量计算：46.8.V/0.7V=66.8片，一般根据经验值取整数，选66片；然后根据组件要求的功率和电池的数量计算每一片电池所需的功率，单片电池的功率大约570W/66=8.64W；之后将电池的最大功率P_{max}、开路电压V_{oc}、组件的填充系数FF代入公式$FF=P_{max}/(V_{oc}\times I_{sc})$，计算出短路电流$I_{sc}$=16.02A；电池尺寸加大，电流大幅度提高，电池到组件的电学损失增加，封装损失加大，虽然现在采用半片电池降低封装损失，但是和之前的156mm电池比较，CTM整体降低，目前一般为96%～98%，本例假设该组件CTM为97%，则所需的电池功率大约为8.64W/0.97=8.90W，那么电池效率就是：[8.90W/(0.210×0.182) m^2]/1000W/m^2=23.29%，所以选择效率在23.3%～23.4%挡位的电池（参见表2-4）。

第二步：根据电池尺寸数量和相关电气要求设计组件尺寸及结构。本例中，把66片电池片切成120片182mm×105mm的电池片，先把11个半片电池进行串联，然后把上下2串进行并联，并联后的6串再进行串联，具体的电路连接参见图2-10。本例中，设定每片电池之间距离为1mm，电池串之间间隙为2mm，端部汇流条宽度为4mm，汇流条宽度为6mm，汇流条距离电池2mm，汇流条和电池边缘离玻璃边沿距离为13mm。根据上述参数计算出所需玻璃长度为105×22+1×20+2×(2+4)+(6+2+2)+13×2=2378mm，玻璃宽度为182×6+5×2+13×2=1128mm，玻璃厚度一般选择3.2mm，因此最终确定玻璃的尺寸为2378mm×1128mm×3.2mm。

第三步：根据组件尺寸（主要由玻璃尺寸决定）设计铝边框。目前铝边框可以按照壁厚1.5mm、高度为35mm来设计，考虑边框和玻璃边沿的间隙（用来填充硅胶）为1～1.5mm，因此铝边框的外尺寸在玻璃尺寸基础上长宽各增加6mm，因此组件整体外形尺寸为2384mm×1134mm×35mm，完成晶体硅光伏组件的设计。

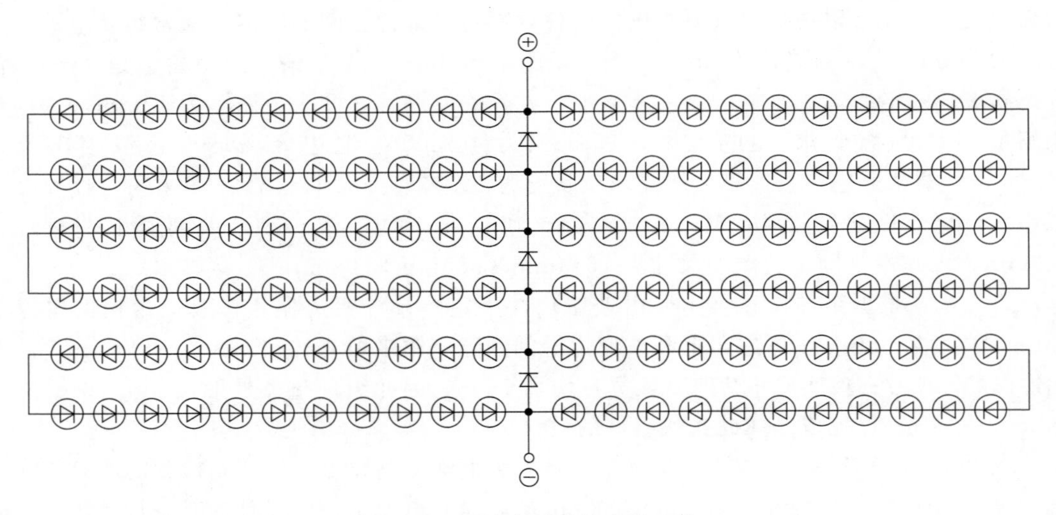

图 2-10　设计实例具体电路连接

在实际应用中，随着技术的发展以及市场多样化、个性化需求的变化，各种类型的组件产品也不断应运而生。对于特殊组件的结构与设计，都可以参考以上的设计方案进行。

表 2-4　单晶硅电池效率和电性能参考表（210mm×182mm）

效率/%	P_{mpp}/W	V_{mpp}/V	I_{mpp}/A	V_{oc}/V	I_{sc}/A	FF/%
22.50～22.60	8.62	0.583	14.78	0.6824	15.58	81.06
22.60～22.70	8.66	0.586	14.80	0.6846	15.60	81.12
22.70～22.80	8.70	0.588	14.82	0.6855	15.62	81.32
22.80～22.90	8.74	0.589	14.84	0.6853	15.64	81.57
22.90～23.00	8.78	0.591	14.86	0.6867	15.66	81.66
23.00～23.10	8.82	0.592	14.88	0.6884	15.67	81.73
23.10～23.20	8.85	0.594	14.90	0.6901	15.68	81.81
23.20～23.30	8.90	0.596	14.92	0.6914	15.69	81.96
23.30～23.40	8.93	0.597	14.94	0.6925	15.71	82.06
23.40～23.50	8.96	0.599	14.97	0.6936	15.73	82.16

2.4.3　CTM 模型

CTM 模型是用来测算光伏组件理论功率的计算模型。行业里比较公认的 CTM 模型是 Fraunhofer ISE 的 SmartCalc. CTM。因为每个组件工厂组件产品的设计、材料选择、理论功率计算方法各不相同，并且工厂的计算模型较第三方研究机构更偏向于工程经验和商业化组件产品，所以近年来各大光伏企业的组件研发部门形成了各具特色的 CTM 模型。CTM 模型犹如电池研发中的 quokka3，在组件研发中，起到理论指导实践，模拟指导研发的重要作用。CTM 模型的精髓是从电池到组件的光学增益和电学损耗的计算。其中，光学方面包括从空气到玻璃镀膜层、玻璃镀膜层到玻璃、玻璃到前胶膜、前胶膜到电池片的光学损耗，串间隙和片间隙的反射、电池背面反射、焊带反射带来的光学增益。电学方面包括焊带、上下手和中间汇流条的焊接损耗，接线盒、电池切片导致的电学损耗。笔者认为，因为中国光伏企业中的CTM模型多在企业内部应用，而目前中国光伏组件的功率和性能在国际上已经遥遥领先，若企业能够分享各自的CTM计算方法和数据，并进行有效整合，那么今后类似quokka3的原创CTM模型有望诞生在中国。

复习思考题

1. 简单说明晶体硅光伏组件的发展历史。
2. 晶体硅光伏组件的封装目的是什么？
3. 简单说明晶体硅光伏组件的工作原理。
4. 光伏组件主要有哪些技术参数？
5. STC条件具体有什么要求？
6. 简述晶体硅光伏组件的结构组成。
7. 简述晶体硅光伏组件的设计的一般步骤。
8. 简述光伏组件的不同安全等级。
9. 简述光伏组件的电气间隙和爬电距离，找出相关的标准和条款要求。
10. 采用210mm×182mm单晶硅电池，设计一块P_{max}=425W，V_{oc}=49.8V组件。

第3章

光伏组件封装材料及配件

通过合适的材料与相应的工艺，将相同面积且具有一致电学参数的多片晶体硅太阳电池通过互连条焊接在一起，再通过真空层压工艺及相关配件组合进行封装，最终就可以构成一个类似三明治结构的平板形的光伏组件。光伏组件中的太阳电池将太阳辐射直接转换为直流电，而封装材料与其他配件则起保护、绝缘、电学连接及力学支撑等作用。封装材料与辅助配件主要有焊带、封装黏结材料、盖板、背板、边框、接线盒及连接电缆等。封装材料的选择与光伏组件的应用场所有密切关系，因此通常需要根据光伏组件实际应用场合选取合适的封装材料与封装工艺。

光伏组件要经受长达几十年的户外各种气候条件的考验，安装场地环境又复杂多样，这对组件封装材料和工艺都提出了很高的要求。本章主要介绍组件生产过程中涉及的材料、配件的性能指标以及相关的检验方法等。

3.1 涂锡焊带

晶体硅太阳电池之间连接用的焊带一般采用一种镀锡的铜条，这种铜条根据不同使用功能分为互连条和汇流条，统称为涂锡焊带。互连条主要用于单片电池之间的连接，汇流条则主要用于电池串之间的相互连接和接线盒内部电路的连接。焊带一般都是以纯度大于99.9%的铜为基材，表面镀一层10～25μm的SnPb合金，以保证良好的焊接性能。

焊带根据铜基材不同可分为纯铜（99.9%）、无氧铜（99.95%）等；根据屈服强度又可分为普通型、软型、超软型，目前一般都是超软型；根据涂层不同可分为锡铅焊带、含银锡铅焊带、含铋锡铅焊带、无铅环保型涂锡焊带。锡铅焊带一般为60%Sn40%Pb，熔点为190℃；含银锡铅焊带一般为62%Sn36%Pb2%Ag，熔点178℃，但是成本明显增加；含铋锡铅焊带一般用在HJT组件，目前比较主流的是43%Sn43%Pb14%Bi和43%Sn34%Pb23%Bi，熔点分别为162℃和148℃。铋是一种活跃金属元素，铋含量高的焊带可能会产生长期性金属蠕变，可靠性需要关注。无铅环保型涂锡焊带一般为96.5%Sn3.5%Ag，熔点为221℃，适用于无铅组件。

因为晶体硅太阳电池的输出电流较大，焊带的导电性能对组件的输出功率有很大影响，所以光伏焊带大多采用99.95%以上的无氧铜，以达到最小的电阻率，降低串联电阻带来的功率损失。焊带还需要有优良的焊接性能，在焊接过程中不但要保证焊接牢靠，不出现虚焊或过焊现象，还要最大限度避免电池翘曲和破损，因此一般采用熔点较低的Sn60Pb40合金作为镀层。如果采用2%含银镀层，焊带熔点还会降低5℃，更有利于焊接，但是成本比较高，一般用的很少。若采用含铋镀层，焊带熔点还能进一步降低，但是铋含量高，长期可能会产生蠕变，可靠性需要关注。降低焊带的屈服强度可以提高组件焊接和连接的可靠性，特别是有利于热循环中的应力释放，但这对焊带制作工艺提出了较高的要求，目前行业里一般将焊带的屈服强度控制在75MPa以下，行业最早期的焊带屈服强度过高，造成拉伸强度和伸长率太低，导致在实际使用中由焊带问题引起的组件故障较多。表3-1列出了通用焊带的主要技术指标，表3-2列出不同涂层的熔点及应用范围。

表3-1 通用焊带的主要技术指标

序号	项目	技术参数
1	外形尺寸(含镀层)	根据各家规格
2	涂层成分及厚度	涂层成分：Sn60Pb40，偏差5%
		单面涂层0.025mm±0.005mm
3	电阻率ρ(20℃)/Ω·m	$\leqslant 2.4\times10^{-8}$
4	侧边弯曲度/(mm/m)	≤5
5	屈服强度/MPa	≤75
6	拉伸强度/MPa	≥150
7	断后伸长率/%	≥20

表3-2 不同涂层的熔点及适用范围

涂层成分	比例	熔点/℃	适用范围
SnPb	60/40	190	适用常规电池片
	63/37	183	—
SnAg	96.5/3.5	221	适用无铅要求组件
SnPbAg	62/36/2	178	低温焊带，适用HJT电池片
SnPbBi	37/42/21	137	
	43/43/14	136	

焊带的宽度和厚度要根据组件的设计来选择或根据特定需求来定制。通常互连条的宽度主要根据电池的主栅线宽度来确定，宽度范围为1.5～0.9mm，例如3根主栅线电池一般采用1.5mm宽焊带，5根主栅线电池采用0.9mm宽焊带。基材厚度一般为0.1～0.2mm，镀层厚度为0.025mm。汇流条则根据组件的电流载荷需求确定，基材厚度一般为0.1～0.25mm，宽度为4～8mm。传统的扁焊带会对电池片造成遮挡，导致功率下降，因此扁焊带的宽度在不断减小。随着多主栅电池和组件焊接技术的发展，圆焊带应运而生。圆焊带能将入射光线偏转一个角度反射到玻璃界面，再经玻璃反射回电池表面，增大了组件对光线的利用，进而提高了组件功率。此外，焊带的直径也在不断减小，常用的直径为0.2～0.4mm。

焊带对光伏组件的功率和使用寿命有重要影响。目前各焊带厂商及组件厂家从电学、光学等多方面进行优化，设计出各种具有低电阻率的不同焊接方式、不同表面涂层、不同表面结构的焊带，力求减少因焊带引起的组件电学损耗，同时进一步提高组件对光学的利用率和输出功率，例如可利用压延等手段在焊带表面形成陷光结构，见图3-1（a），或者在焊带表面贴敷具有陷光结构的膜层等。对于表面镀层技术，采用普通热镀工艺的焊带，其表面的镀

层是不均匀的，见图 3-1（b），而通过电镀方式在表面形成均匀致密的镀层，能在一定程度上增加基材厚度，从而降低电阻；也可以采用特殊工艺在表面形成有陷光结构的不平整表面的镀层。图 3-1(c) 为圆形焊带示意图，可增大组件对光线的利用，提高组件功率。

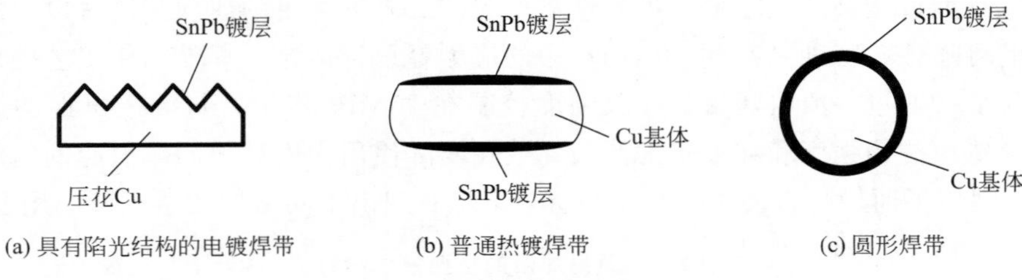

图 3-1　焊带结构示意图

新型的低温焊接工艺是未来的一个重要发展方向。传统焊带需要在高温下才能形成合金，完成焊接过程，但高温会导致电池翘曲，引起隐裂甚至破片，影响组件生产成品率，并可能影响组件功率输出，比如异质结电池（HJT），其结构中含有的非晶层对温度非常敏感，温度过高会引起电池效率降低。因此，传统的涂锡焊带还需要在环保、低温、光学、电学、力学等方面进一步改善，以实现组件的高功率、长寿命。

3.2 助焊剂

当涂锡铜带暴露于空气中时，表面会氧化产生氧化物，影响焊接效果，因此焊带使用前需要去除氧化物，同时保证焊带表面不会再次形成氧化。行业一般采用液态免洗助焊剂，其主要成分为有机溶剂、松香树脂及其衍生物、合成树脂表面活性剂、有机酸活化剂、防腐蚀剂、助溶剂、成膜剂等，主要作用是去除氧化物和降低被焊接材质表面张力，并在短时间内扼制氧化反应，从而提高焊带的焊接性能。随着低温焊带的应用，配套的低温助焊剂也需同步开发。

助焊剂是易燃易爆危险品，有刺激性气味，一般要求保存在防爆柜中。焊带使用之前采用助焊剂进行浸泡，在浸泡和晾干焊带时要注意保持通风，浸泡好的焊带需及时用完，以防止助焊剂全部挥发后焊带表面再次氧化导致虚焊。常用助焊剂的主要技术指标见表 3-3。

表 3-3　常用助焊剂的主要技术指标

序号	项目	技术要求
1	稳定性	在－5～＋45℃条件下保持 60min，产品保持透明，无分层或结晶物析出
2	密度/(g/cm^3)	0.8±0.005，标称密度的(100±1.5)%
3	不可挥发物含量/%	≤2.2
4	酸值/(KOH mg/g)	12～18
5	卤化物含量	无，应使铬酸银试纸颜色呈白色或浅黄色
6	可焊性/%	扩展率≥85
7	干燥度	助焊剂残留物无黏性，表面上的白垩粉(或粉笔灰)易全部除去
8	铜带腐蚀试验	铜带无穿透性腐蚀

3.3　盖板材料

盖板材料铺设在光伏组件的最上层，具有高透光、防水防潮及耐紫外的性能，有一些组件的盖板材料还具有一定的自清洁性能。在选择盖板材料的时候需要考虑两点：一是盖板材料与黏结材料的折射率匹配，以保证有更多的光照射到太阳电池表面，提高组件效率；二是强度与稳定性，能够长期保护太阳电池。最常见的盖板材料为超白压花钢化玻璃，一些特殊场合也使用有机玻璃或其他柔性透明材料。

3.3.1　超白压花钢化玻璃

玻璃是最稳定的无机材料之一，能够在户外使用几十年而不改变其性能，具有很高的机械强度，因此成为光伏组件盖板材料的首选。超白压花钢化玻璃又称低铁压花钢化玻璃，因含铁量低和透光率高而得名，其中压花是指采用压延工艺，在玻璃表面形成一定的花纹，以增加光线的透射率。超白玻璃的含铁量$\leqslant 1.2\times 10^{-4}$。图 3-2 所示为 3.2mm 超白钢化玻璃与普通玻璃光谱透光率比较，在 380～1100nm 的波长范围内，超白玻璃的透光率平均在 91.7%，但是非超白玻璃平均只有 87%。为了进一步提高玻璃的透光率，现在行业普遍采用减反射膜玻璃，通过减反膜进一步减少玻璃对光线的反射，透光率可提高 1.5%以上，从而可以提升组件输出功率。钢化玻璃是先将原片玻璃切割成光伏组件所要求的尺寸，然后将其加热到玻璃软化点温度附近，再进行快速均匀冷却而得到。钢化处理后玻璃表面会形成均匀的压应力，而内部则形成张应力，从而可使玻璃的力学性能得到大幅度提高。

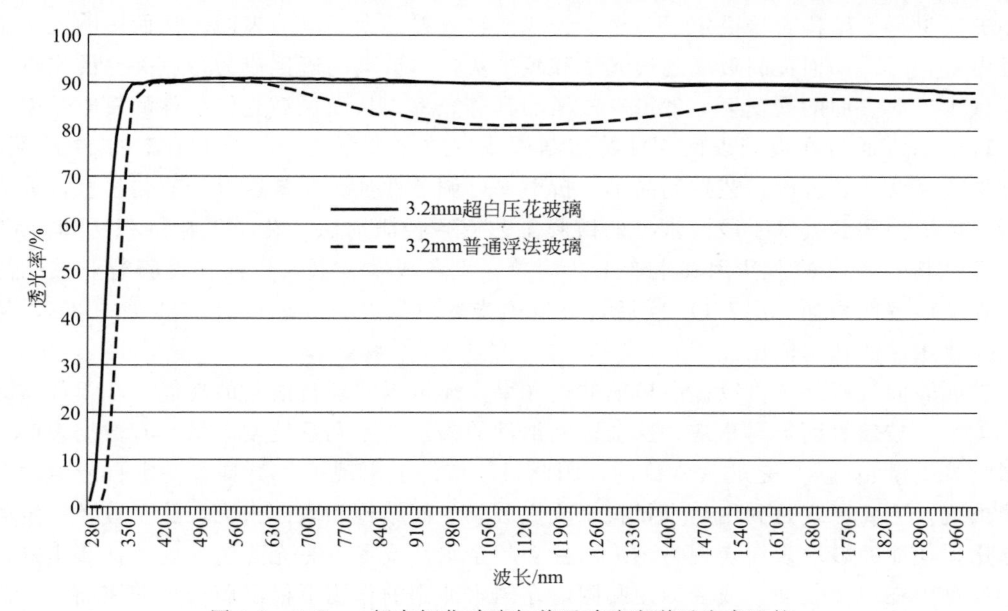

图 3-2　3.2mm 超白钢化玻璃与普通玻璃光谱透光率比较

超白钢化玻璃一般采用压花工艺生产原片，称为布纹压花玻璃。压花玻璃是将玻璃熔融后用上下滚轮压延而成，通过上下滚轮的花纹来控制玻璃前后面的花纹，通常和空气接触的那一面为布纹面，和 EVA 接触的面为绒面。通过绒面形状的优化可以提高组件的功率输出。通常照射到太阳电池表面的光线一部分被吸收，另一部分被反射回去，由于EVA与玻璃绒面之间的内反射作用，电池反射的光线会再次被反射到太阳电池表面，这样就可以增加到达电池的有效光线量，从而提高组件的输出电流和输出功率。绒面形状总体可以分为四角形和六角形两大类型。

常规采用的玻璃厚度为3.2mm、2.5mm、2mm，随着对组件轻质化的要求越来越高，市场上开始有1.6mm实现量产。超白低铁压花钢化玻璃的主要技术指标见表3-4。

表3-4 超白低铁压花钢化玻璃的主要技术指标

项目	单位	标准	测试目的
尺寸、外观	—	按双方规定	—
透光率 （380～1100nm）	%	≥91.7（镀膜一般≥93）	保证组件功率
含铁量	10^{-6}	≤120	增加透光率
弯曲度	%	弓形的测试面为绒面 弓形≤0.25，波形≤0.2	防止层压出现气泡
钢化度	cm^2	每块试样在任意50mm×50mm 区域内的碎片数应不少于40	强度要求
耐冲击性	—	1040g钢球冲击试样中心，自由 下落高度为0.8m时玻璃不破裂	强度要求
抗风压性能	Pa	≥2400	强度要求

3.3.2 镀膜玻璃

玻璃材料及结构直接决定了有多少光线能够入射到太阳电池表面，从而影响光伏组件的发电量，因此如何提高玻璃的透光率和减少灰尘对玻璃的遮挡成为行业关注的焦点。若能够减少玻璃表面的光反射，就可有效增加其透光率，从而提高光伏组件的发电效率。

行业通常通过在玻璃表面刻蚀特定结构或在玻璃表面镀一层低折射率的SiO_2膜层，以增加透光率。后者因工艺控制简单、折射率可调节性强、非常适合工业化生产，成为光伏行业广泛使用的技术手段。常见的镀膜工艺有磁控溅射法、化学气相沉积法和溶胶-凝胶法等，其中溶胶-凝胶法因其生产工艺简单、设备成本较低，目前在镀膜行业被广泛运用，在玻璃表面增加一层SiO_2膜后，玻璃透光率可提升1.8%～3.0%，见图3-3，从而提高光伏组件的功率输出。

玻璃表面镀膜除了可以提高玻璃的透光率，还可以实现自清洁的功能。在组件实际使用环境中，玻璃表面容易积灰，这会影响组件的输出功率和系统发电量。有数据表明，积灰影响发电量超过8%是非常常见的，因此目前市面上出现了各类具有一定自清洁功能的镀膜玻璃，主要原理是利用纳米材料来改变玻璃表面结构和表面张力，除了具备一定的陷光作用，还能使玻璃表面表现为超疏水性、超亲水性或者具有光降解功能，让灰尘等污染物不易黏附在玻璃表面，或者即便黏附，在雨水冲刷的作用下极易脱离玻璃表面，从而达到提高发电量的目的。只要性能稳定而且价格适中，具自清洁和减反射功能的光伏玻璃就能够得到光伏组件企业的广泛采用。

由于光伏组件的安装环境复杂多样，包括荒漠、田野、屋顶、海边、盐碱地、高海拔地区、积雪较重的地区等，这对镀膜玻璃的可靠性提出了很高的要求。早期的镀膜结构都

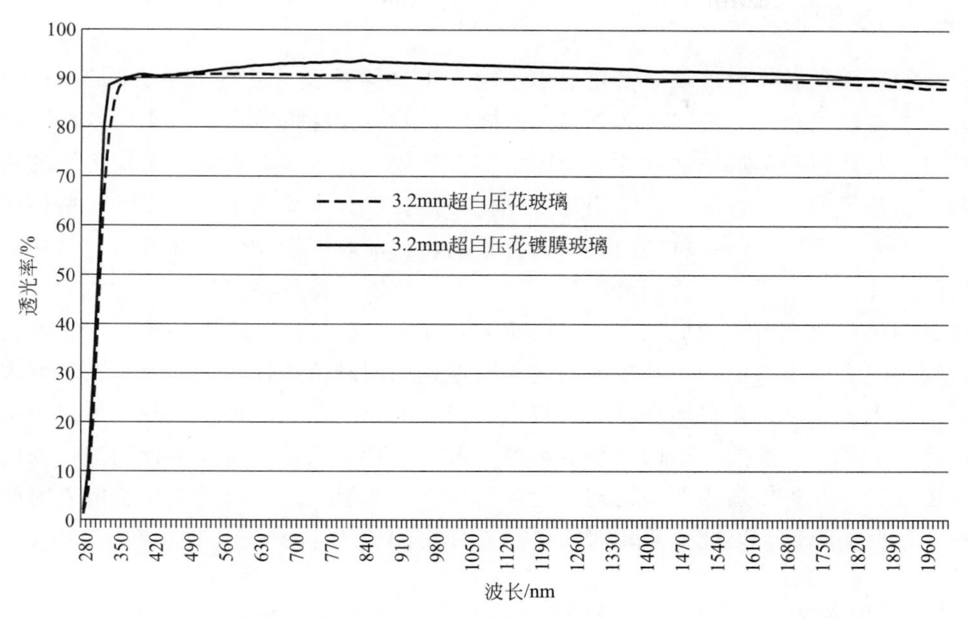

图 3-3　镀膜玻璃与未镀膜钢化玻璃的透光率比较

是开孔结构，现在经过优化改善，都已采用闭孔结构，可靠性得到大幅提高，基本能满足户外长期使用的要求。

目前光伏组件采用的玻璃厚度已经不再局限于 3.2mm、2.8mm、2.5mm、2mm、1.6mm 甚至 0.85mm 的玻璃也开始得到应用，越来越薄的玻璃给镀膜工艺带来了很大的挑战。当前镀膜工艺已经可以适用于 1.6mm 以上的物理钢化玻璃，也可以适用于压花和浮法玻璃。

3.3.3　彩色玻璃

随着建筑光伏一体化概念的推进，美学光伏组件也随之诞生。美学光伏组件是通过彩色玻璃、彩色胶膜、彩色电池等不同技术方式来达到效果。由于彩色玻璃色彩稳定，不易褪色，釉层牢固不易脱落，并且可以做到与建筑同寿命，因此彩色玻璃技术方式是美学组件中应用最多的技术方式。

传统的彩色玻璃使用的釉料一般为无机色料，在钢化烧结的过程中，釉料熔融于玻璃表面。这种玻璃虽然各向呈色效果好，无不同角度变色问题，但是因为使用的是常规的无机色料，如氧化铜、氧化铁等，这类色料遮盖力很强，因此这类彩色玻璃透光率偏低，一般只有 10%～50%，封装后光伏组件的转化效率低。另外，这类无机色料中的金属元素价态不稳定，组件运行时容易在电场下发生 PID 现象和外观颜色变化。

为了克服以上传统彩釉的缺陷，玻璃厂家用珠光粉替代了传统无机色料。珠光粉是在透明基材如云母片上包裹了一层二氧化钛或二氧化硅膜层，通过不同折射率及不同厚度的膜层堆叠达到光干涉显色的效果。采用这种“结构色”颜料的彩色玻璃，透光率达到 70%～85%。虽然该类彩色玻璃组件的功率与可靠性有明显提高，但也存在不同观测角度变色的问题。

总体来说，彩色玻璃可以实现不同颜色的效果，充分满足建筑设计的需求。

3.3.4 化学钢化玻璃

组件的轻质化需求对玻璃超薄化提出了越来越高的要求，目前出现了低于 1mm 厚度的玻璃，然而玻璃超薄化带来了力学强度的降低，并且在降低重量、减小厚度的同时，杂质、缺陷以及任何降低玻璃强度的负面因素都会被放大。超薄玻璃如果采用传统的物理钢化工艺是非常困难的，目前大多采用化学钢化工艺。以日本旭硝子为代表的一些玻璃厂家推出适用于光伏组件、建筑材料的化学钢化玻璃，目前厚度能做到 0.85mm，尺寸也能满足主流的组件尺寸需要，并且能够实现量产，但是成本还比较高。

化学钢化玻璃主要采用低温离子交换工艺，在 400℃左右的碱盐溶液中，使玻璃表层中半径较小的离子与溶液中半径较大的离子交换，利用碱离子体积上的差别在玻璃表层形成嵌挤压应力。化学钢化玻璃在制造过程中未经转变温度以上的高温过程，所以不会像物理钢化玻璃那样出现翘曲，表面平整度与原片玻璃保持一致，同时能够提高玻璃强度和耐温度变化性能，并可做适当切裁处理。化学钢化玻璃的缺点是玻璃的强度会随着时间推移发生一定程度的降低，因此在采用时需进行充分的评估。

3.3.5 有机玻璃

有机玻璃是由甲基丙烯酸酯聚合成的高分子化合物，因其重量轻、不易损坏，在一些场合也被采用作为组件盖板材料。有机玻璃是目前最优良的高分子透明材料，透光率也能达到 92%，其抗拉伸和抗冲击能力比普通玻璃高 7～18 倍，而同样大小的有机玻璃重量仅为普通玻璃的一半。有机玻璃断裂伸长率仅 2%～3%，故力学性能特征基本上属于硬而脆的塑料，且具有缺口敏感性，在应力下易开裂。温度超过 40℃时，该材料的韧性、延展性会有所改善。

有机玻璃具有良好的介电和电绝缘性能，在电弧作用下，表面不会产生碳化的导电通路和电弧径迹现象，但由于其成本较高，表面硬度低，容易擦伤，耐候性差，因此仅限用于一些特殊场合。有机玻璃可分为无色透明有机玻璃、有色透明有机玻璃、珠光有机玻璃、压花有机玻璃四类，通常用于光伏组件生产的是无色透明有机玻璃，但是有机玻璃因为成本较高，目前还无法批量使用。

3.3.6 聚氟乙烯类

聚氟乙烯类薄膜也适用于光伏组件前表面封装，如透明的 PVF、ETFE 等一系列改进材料，其中 ETFE 是用于薄膜组件封装的最常见最可靠的材料。

ETFE 即乙烯-四氟乙烯共聚物，是一种具有抗老化性、自洁性、耐腐蚀、柔韧性、耐撕裂性、阻燃性的材料，通常作为柔性组件的表面封装材料。ETFE 不仅具有聚四氟乙烯良好的耐热、耐老化和耐腐蚀性能，同时由于乙烯的加入，其熔点降低，因而易于加工，同时力学性能也有所改善，最重要的是黏结性能也大幅提高。目前一般作为前板材料在柔性光伏组件中得到大量应用。

目前 ETFE 材料都是从国外进口，主要来源于美国杜邦和日本旭硝子。由于其成本高，因此使用量很小。

3.4　黏结材料

本节所涉及的黏结材料主要指的是在组件中用以保护电池并黏结盖板和背板的材料，一般为高分子热融型膜状材料。常见的黏结材料主要有 EVA、PVB、环氧树脂和 POE 等，目前 EVA 占据市场主导地位，其他材料由于工艺、成本等问题，在光伏组件中应用得都还比较少。在选取黏结材料时需要考虑材料的透光率、与盖板材料折射率的匹配、黏结强度、收缩率、伸长率、抗紫外线性能、耐老化性能和硫化性能等。选取适当厚度的黏结材料有助于提高层压过程中的晶体硅光伏组件良品率和可靠性。

3.4.1　EVA 胶膜

EVA（Ethylene-Vinyl Acetate Copolumer）胶膜是通过对以乙烯醋酸乙烯酯共聚物（俗称热塑性树脂）为基础的树脂添加交联剂、偶联剂和抗紫外剂等成分加工而成的功能性薄膜。

3.4.1.1　EVA 的特性

EVA 胶膜在一定的温度和压力下会产生交联和固化反应，使电池、玻璃和背板黏结成一个整体，不仅能提供坚固的力学防护，还可有效保护电池不受外界环境的侵蚀，从而保证太阳电池在长年的户外日晒雨淋中正常使用。在组件层压过程中，EVA 熔融后偶联剂中的一端与 EVA 结合，另一端与玻璃结合，增加二者的相互作用。常用的 EVA 的基本技术指标如表 3-5 所示。

表 3-5　常用的 EVA 的基本技术指标

序号	项目		单位	标准	测试目的
1	VA 含量		%	28～33	和透光率和组件抗 PID 性能相关
2	交联特性		%	75～90	保证组件可靠性
3	与玻璃的黏结强度		N/cm	＞40	防止脱层分离失效
4	收缩率(纵向)		%	＜3	防止层压电池移位等
5	透光率	高透	%	＞80(320nm) ＞90(380～1100nm)	保证组件功率
		普通		＞90(380～1100nm)	
6	体积电阻率		Ω·cm	常规＞3×10^{14} 要求抗 PID:＞2×10^{15}	保证其绝缘性能

EVA 的性能主要取决于醋酸乙烯酯的含量（以 VA%表示）和熔融指数（Melting Idex，简称 MI），VA 含量越大，则分子极性越强，EVA 本身的黏结性、透光率、柔软性就越好。熔融指数 MI 是指热塑性塑料在一定温度和压力下，熔融体在 10min 内通过标准毛细管的重量值。熔融指数在组件封装过程用于描述熔体流动性，MI 越大，EVA 流动

性越好，平铺性也越好，但由于分子量较小，EVA 自身的拉伸强度及断裂伸长率也随之降低，黏结后容易撕开，剥离强度降低。由于 VA 单体在共聚时的竞聚率远小于乙烯基单体的活性，因此高 VA 含量的 EVA 树脂，其 MI 不会太高，如 VA 含量 33%的 EVA，其 MI 最小的为 25 左右，目前工业界中适用于光伏封装的 EVA 树脂，VA 含量一般为 28%～33%，MI 为 10～100。

为了保证组件的可靠性，EVA 的交联率（又称交联度）一般控制在 75%～90%。如果交联率太低，意味着 EVA 还没有充分反应，后续在户外使用过程中可能会继续发生交联反应，伴随产生气泡、脱层等风险；如果交联率太高，后续使用过程中则会出现龟裂，导致电池隐裂等情况的发生。一般 EVA 生产厂家都会推荐一个层压参数的范围（表 3-6），组件生产企业在生产过程中可以根据实际情况进行优化调整。

表 3-6 常见的光伏组件层压工艺参数范围

层压温度/℃	抽真空时间/min	层压时间/min
135～155	4～6	9～12

除了 VA、MI 和交联度之外，EVA 的收缩率、透光率、体积电阻率等也是衡量其是否能够满足组件生产和使用要求的关键因素，此外耐黄变性能、吸水率、击穿电压等也需要进行确认。组件制成之后，还要按照 IEC 61215 标准的相关重测导则进行 DH1000、TC200 等各项可靠性测试。

EVA 的收缩率如果太大，会导致层压过程中电池破片和局部缺胶，因此需要严格控制。通常 EVA 收缩率的测试方法为：裁取长 300mm×宽 100mm 的样品，其中 300mm 长度沿 EVA 的纵向截取，将样品平放在一片 300mm×300mm 的玻璃上，然后将玻璃平放在 120℃的热板上，3min 后看长度方向的变化数值。测试过程需注意 EVA 一定要保持平整，熔融要从样品的中间向两边延伸，否则收缩率测试结果就不准确。

EVA 的透光率会直接影响组件的输出功率。早期的 EVA 为了防止黄变，其配方中添加了抗 UV 剂，因此在紫外波段的光几乎是被截止的，现在为了提高组件的输出功率，前面的一层 EVA（即电池与玻璃之间）可以采用允许紫外波段光透过的 EVA，组件输出功率能提高 1W 左右，背面一层 EVA（即电池与背板之间）仍采用抗 UV 黄变的 EVA，这也会对背板的抗 UV 性能提出更高的要求。

EVA 体积电阻率对组件的绝缘性能有着至关重要的作用，不但影响着组件的湿漏电指标和各项长期可靠性指标，也是电站里频繁出现的组件内部电池黑线（也称蜗牛纹）和 PID 现象的主要影响因素之一。随着应用端的需求和技术的改进，EVA 的体积电阻率从早期的 $10^{13}\Omega\cdot cm$ 已经提高到现在的 $10^{14}\Omega\cdot cm$，为了达到更好的抗 PID 效果，现在部分厂家已经做到 $10^{15}\Omega\cdot cm$ 或以上。

3.4.1.2 EVA 的生产与保存

我国早期 EVA 来源以进口为主，主要来自美国 STR、德国 Etimex、日本普利司通及日本三井化学等，进口所占比例一度达到 80%以上。国内的 EVA 厂商如浙江化工研究院、杭州福斯特、诸暨枫华等虽然起步较早，但规模较小，主要为用于西部牧区及海岛等地的小型离网电站系统提供组件封装材料。2005 年前后，随着国内光伏产业的快速发展，国内EVA生产发展迅猛，步入规模化量产时代，加上成本优势，很快获得大规模应用。目前以杭州福斯特、上海海优威、常州斯维克、江苏爱康、南京红宝丽等为代表的国产EVA，已经占了我国80%以上的市场份额。

EVA胶膜的生产工艺可以通过流延法或压延法实现。压延法主要沿用了日本普利司通工艺，通过调节三个或四个压延辊间隙来调节薄膜厚度，其优点是厚度均匀，适用于熔点较高及树脂黏性较低的产品；而流延法工艺则为其他大部分生产厂商所采用，其优点是树脂适用范围广泛，加工参数易调节等。

EVA保质期一般为6个月，储存时应放在避光通风的地方，并且环境温度不得超过30℃，相对湿度不大于60%，需避免直接光照和火焰，避免接触水、油、有机溶剂等物质，取出后不能将EVA长期暴露于空气中，同时不能让EVA承受重物和热源，以免变形。

3.4.1.3　EVA交联度测试

EVA交联度是光伏组件封装过程中非常重要的一项技术指标。目前EVA交联度测试方法有两种：一种是二甲苯萃取法，利用产生交联之后的EVA不溶于二甲苯溶液的性质来计算和测试EVA的交联度；另外一种是差示扫描量热法（DSC）。后者由天合光能首先提出并推广应用，并代表中国首次向IEC提交新标准提案，得到IEC/TC 82专家组的一致认可并正式立项，该项国际标准IEC 62788-1-6已于2017年3月正式发布，成为中国光伏行业第一个提出并主导的IEC标准。下面分别对这两种测试方法进行介绍。

1）二甲苯萃取法（图3-4）

所需要的仪器设备有：容量为500ml带24＃磨口的大口圆底烧瓶；带24＃磨口的回流冷凝管；配有温度控制仪的电加热套；精度为0.001g的电子天平；真空烘箱以及不锈

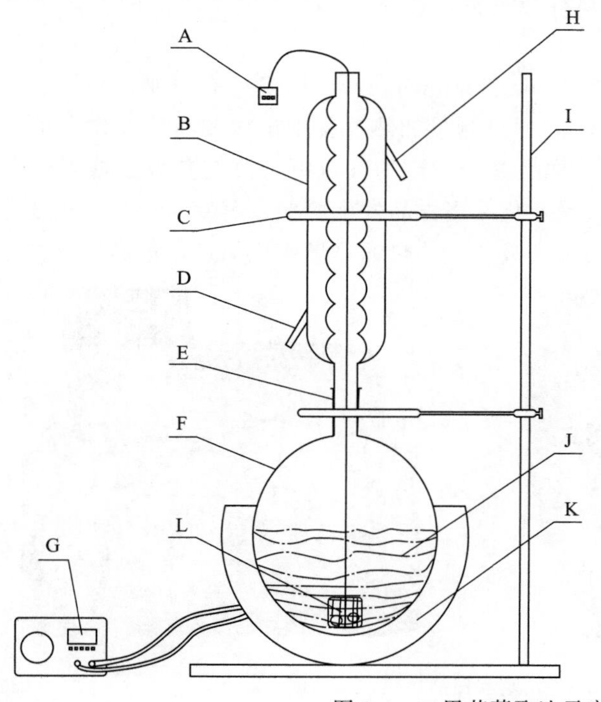

图3-4　二甲苯萃取法示意图

钢丝网袋：剪取尺寸为 120mm×60mm 的 120 目不锈钢丝网，将其对折成 60mm×60mm，两侧边再向内折进 5mm 两次并固定，制成顶端开口尺寸为 60mm×40mm 的网袋；所需化学试剂为二甲苯（A. R 级）。

试样制备：层压好的待测样品重量大于 1g，样品需饱满，无孔洞，将 EVA 胶膜剪成尺寸约 3mm×3mm 的小颗粒。

测试过程为：

（1）将不锈钢丝网袋洗净、烘干，称重为 W_1（精确至 0.001g）；

（2）取试样（0.5±0.01）g，放入不锈钢丝网袋中，做成试样包，称重为 W_2（精确至 0.001g）；

（3）将试样包用细铁丝封口后，作好标记，从大口烧瓶的侧口插入并用橡胶塞封住瓶口，烧瓶内加入二甲苯溶剂至烧瓶 1/2 容积处，使试样包完全浸没在溶剂中。加热至 140℃左右，溶剂沸腾回流 5h。回流速度保持 20～40 滴/min；

（4）回流结束后，取出试样包，悬挂除去溶剂液滴。然后将试样包放入真空烘箱内，温度控制在 140℃，干燥 3h，完全除去溶剂；

（5）将试样包从烘箱内取出，除去铁丝，放入干燥器中冷却 20min 后取出，称重为 W_3（精确至 0.001g）；

（6）进行测试结果计算，交联度为

$$\eta = 100\% \times (W_3 - W_1)/(W_2 - W_1)$$

式中 η——交联度，%；

W_1——不锈钢丝网空袋重量，g；

W_2——试样包总重量，g；

W_3——经溶剂萃取和干燥后的试样包重量，g。

2）差示扫描量热法

差示扫描热量法（Differential Scanning Calorimetry，DSC）是一种热分析法。所需仪器设备为差示扫描量热仪，见图 3-5，通过测量加热过程中试样和参比物之间的热流量差，达到 DSC 分析的目的。测试时将样品置于一定的气氛下，改变其温度或者保持某一温度，测量样品与参比物之间的热流量变化。当样品发生熔融、蒸发、结晶、相变等物理变化，或者有化学变化时，图谱中会出现吸热或放热的热量变化信息，进而推测样品的特

图 3-5 差示扫描量热仪

性。DSC可用于精确测量相变（T_g，T_m，T_c）、热变化、固化反应及其他化学变化。当材料发生结晶或者交联时，材料内部的紊乱程度降低，自由能也下降到较稳定的状态，因此当材料发生交联或者结晶时，必然伴随着放热反应。

图3-6所示为未交联及交联的EVA样品的DSC热流图谱。

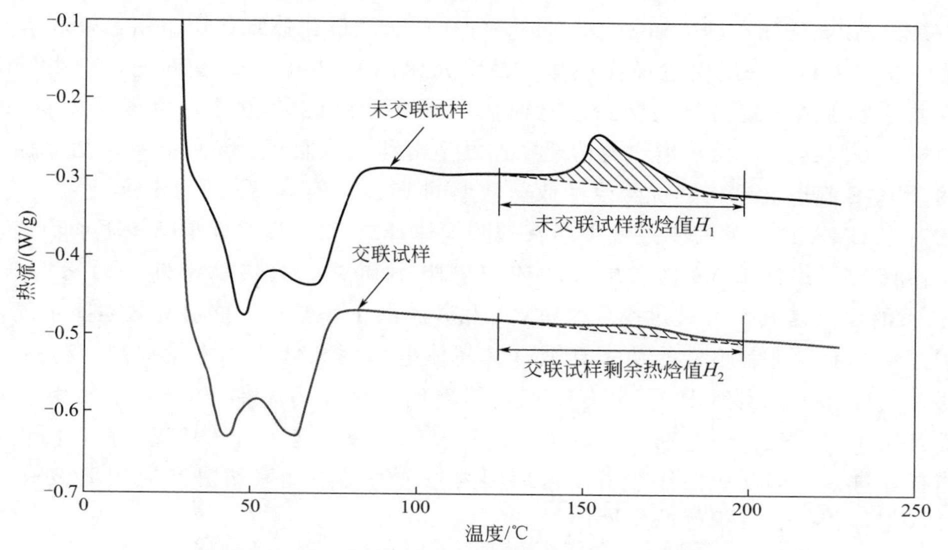

图3-6 未交联及交联的EVA样品的DSC热流图谱

试样制备要点：层压好的待测样品（熟料）尺寸要大于10mm×10mm，注意样品需饱满，无孔洞；未层压的原材料（生料）样品尺寸要求为100mm×100mm。

测试过程如下：

(1) 取出一空标准盘及上盖，将盘及上盖一起放入电子天平中称重，并记录整体重量；

(2) 将熟料样品剪去背板及部分EVA，仅保留靠近玻璃处约2mm宽的EVA熟料样品；

(3) 将EVA生料及熟料分别剪成2mm×2mm大小的样品，放入天平中称重，要求样品重量为7g±0.5mg，并记录样品重量；

(4) 将样品放入盘中，样品尽可能接触盘底部，然后用压片机将上盖压合严实；

(5) 将压好的样品依次放入设备自动进样器中，并依次输入对应的盘重量、样品重量；

(6) 设置测试条件：确认参考盘位置正确，测试温度范围为80～230℃，升温速度10℃/min。设置完成后，点击下方的“Apply”，保存设置，然后点击“开始测量”；

(7) 数据分析：右下方状态变更为Complete，DSC的炉子会自动降温至设置温度，通过自动进样器将测试盘取出；找到曲线上150℃左右波峰位置，点击“Integrate Peak linear”，选择波峰两侧与直线相切处两点为范围界限；

(8) 记录生、熟样品的热焓值H_1、H_2。

进行测试结果计算，交联度为

$$\eta=100\%\times(H_1-H_2)/H_1$$

式中 η——交联度，%；

H_1——未交联 EVA 固化焓值；

H_2——交联后 EVA 固化焓值。

3.4.2 POE 胶膜

POE（Polyolefin elastomer）胶膜是一种在茂金属催化体系作用下由乙烯和 1-己烯或 1-辛稀聚合而成的茂金属聚乙烯弹性体。最早光伏用的 POE 是非交联的，但由于组件在户外（尤其是在高温高辐照地区）运行时温度较高，POE 会软化，对于早期自重较大、又无边框的双玻组件，会产生热剪切现象，发生滑移，从而影响组件外观和可靠性。针对该问题，POE 制造商已将其优化改性成交联型的 POE，有效解决了上述问题。

相对于 EVA 在长期使用过程中会有醋酸气体释放，POE 的分子结构更加稳定，几乎没有气体释放，并且 POE 具有更高的体积电阻率和更好的热稳定性、耐紫外老化性。POE 最大的优点是其水气透过率仅为 EVA 和硅胶的 1/8 左右，能够有效阻隔水气，更好地保护太阳电池，抑制组件的功率衰减，其高体电阻率和低透水率是提高组件抗 PID 性能的重要特性之一。当然 POE 也有缺点，其玻璃黏结能力不如 EVA，容易引起界面失效，而且层压时间长，工艺窗口窄，层压过程容易引起气泡，造成外观不良，而且其原材料基本依靠进口，因此价格比较贵。目前国内外公司都在加紧研发和应用 POE，如果能够降低成本，相信会有很好的发展前景。

3.4.3 共挤胶膜

共挤胶膜有三层共挤和双层共挤，例如 EVA＋POE＋EVA，EVA＋POE，EVA＋EVA 等，可以根据不同的功能需求，在每一层用不同的配方，通过共挤实现差异化应用。

为了解决 POE 滑移、层压气泡等问题，同时保持 POE 低水透、高体阻的特性，EVA＋POE＋EVA 三层共挤的复合薄膜应需而生；EPE 胶膜的理化特性大部分处于 POE 和 EVA 之间，其低水透性、高温体积电阻率、抗 PID 性能相对 EVA 有了明显提升。共挤膜的 EVA 在外层与玻璃接触，能够明显解决 POE 滑移问题，提高组件生产良率。组件老化测试相对纯 EVA 也有了比较好的提升，尤其是针对 PERC、TOPCon 组件的抗 PID 性能，有比较明显的提升。

不过 EPE 复合薄膜也存在一些需要改进的地方：①EVA 为极性树脂，POE 为非极性树脂，在高温下，会出现树脂中含有的助剂从 POE 到 EVA 迁移的现象，导致胶膜失效；②POE 交联速度与 EVA 不匹配，相同层压条件下的 POE 交联密度相对偏低，导致流动性比较好，可能存在应力不匹配的情况，会出现 PO 层内缩现象；③为保证组件的抗 PID 性能，三层共挤对 PO 层厚度也有要求，很难进一步降低 PO 用量，从而降低成本。

还有双层胶膜，例如黑白复合 EVA 胶膜，黑色层可以保证一致的黑色外观，白色层加强反射以提高组件功率；透明加白色共挤 EVA 胶膜，其透明层可减少电池隐裂，白色层仍然起到提高功率的作用；光转换膜加高截止膜层的共挤 EVA 胶膜，能为 HJT 电池提供更高的功率及更好的可靠性；低流动加高流动共挤胶膜，可为无主栅电池技术提供胶膜解决方案。

从生产角度而言，共挤目前有两种设备：模外共挤和模内共挤。模外共挤如图 3-7 所示，也叫分配器型式，它通过分配器可以实现多层胶膜结构，其位置在模具上方，与模具紧密相连。其优势在于制作简单，成本较低，且容易实现任意多层改造，但由于多层复合后在模具内行程相对较长，因此对物料敏感，粒子熔指波动易造成同点位 PO 厚度变化，因此需要对生产过程进行密切监控。

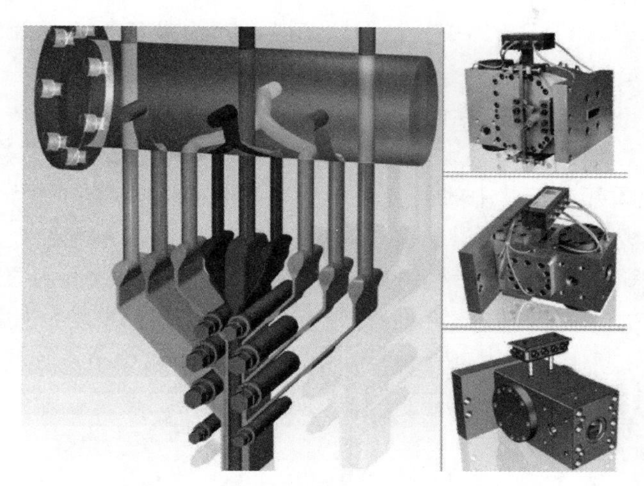

图 3-7 模外共挤（分配器分流）

图 3-8 为模内共挤设备，从外形看为典型的模具结构；其内腔具有多层型腔设计，从而实现共挤膜的生产，但由于内部结构复杂，因此生产周期长，价格高昂，一旦制作完成后改造复杂，因此购买的厂家较少。随着模外设备的优化改良，近几年模内设备已很少生产，但其在胶膜成型制造方面优势明显，由于采用多层型腔设计，各层胶膜各流其道，且复合后在模具内流程较短，因此对物料、温度等敏感度低，PO 在内部的厚度比较稳定。

图 3-8 模内共挤设备

在胶膜制作完成后，PO 层厚度监控主要有金相法和热失重法。金相法是通过环氧树脂封样、固化、打磨后，通过显微镜直观观察各层的厚度，但其制样周期较长，一般为 4～6h，从生产角度而言，刚开机时由于无法确认 PO 层厚度是否满足订单要求，因此废料率较高，且生产过程也不利于监控。此外由于胶膜通常带压花，因此人为测试误差较大。热失重法是利用 EVA 与 PO 树脂的醋酸含量差异，通过测试共挤胶膜的醋酸含量，来计算 EVA 与 PO 的比例，然后换算成 PO 层的厚度，通过程序优化，该方法可以在

30min 内完成循环测试，因此更利于生产的监控。

3.4.4 PVB 胶膜

PVB（Polyvinyl butyral）即聚乙烯醇缩丁醛，PVB 胶膜是半透明的薄膜，由聚乙烯醇缩丁醛树脂经增塑剂塑化后挤压成型而成，一般用于玻璃夹胶行业。

跟 EVA 相比，PVB 的黏结性能好，机械强度高，抗冲击性能也较好，比较适合于建筑用光伏组件；但 PVB 吸水率高，体积电阻率低，透光率也低，而且层压工艺较难控制。PVB 胶膜的诸多性质都源于其中的羟基官能团，与玻璃形成的氢键增加剥离力，分子间形成的氢键增加机械强度，同时该亲水官能团也让 PVB 具有一定的吸水性。现在经过改良的 PVB 虽然也提高了体积电阻率和透光率，但是采用 PVB 进行封装，通常要使用高压釜，相比使用层压机的生产工艺，组件成品率偏低。由于工艺复杂且材料成本高，PVB 封装的光伏组件在市场上并未得到大规模使用，目前只有以中节能为代表的少量公司在使用，中节能对 PVB 和生产设备都进行了很多创新且有效的改造，后续随着 BIPV 市场的发展，PVB 的应用会增加。

3.4.5 环氧树脂

环氧树脂是分子结构中含有环氧基团的高分子化合物，是比较常见的黏合剂，产品形式多种多样，有做成单组分的，也有双组分的，可以做成液体，也可以做成粉末状。如太阳电池用的环氧树脂黏合剂就是双组分液体，使用时现配现用。环氧树脂类材料的最大优势在于配方可以千变万化，可通过改变固化剂、促进剂，使其具备各种不同的性能，以满足各种使用需求。

采用环氧树脂封装太阳电池组件，工艺简单，材料成本低廉，但由于环氧树脂抗热氧老化、紫外老化的性能相对较差，仅有一些小型组件，如输出功率在 2W 以下的组件仍使用环氧树脂进行封装，早期的草坪灯使用的就是环氧树脂封装的光伏组件（图 3-9），采用这种封装方式的组件能够在户外连续使用 2 年左右。随着太阳能应用产品的细分，根据应用场合及相关寿命要求，采用环氧树脂封装的太阳能产品也会有一定市场份额。

图 3-9　采用环氧树脂封装的小功率组件

3.4.6 液态有机硅胶

有机硅胶是一种采用有机硅聚合物制成的新型封装材料，主链中含有无机 Si-O 键，其侧基则通过硅与有机基团 R（甲基、乙氧基、苯基等）相连。聚合物链上既含有无机结构，又含有有机基团，这种特殊的组成和独特的分子结构使其集无机物的功能与有机物的特性于一身，从而体现出有机硅聚合物所特有的性能。

这种封装材料具有很好的透光率，能够有效提高组件的转换效率，还具有高憎水性、高化学稳定性以及极低的吸水性，可以保证组件具有可靠的密封与绝缘性能；除此之外，有机硅胶对各种基材也具有优异的黏结性。由于这种封装材料是液体的，常见的是双组分液态或膏状有机硅，因此其封装方式与传统层压方式完全不同，需要增加硅胶混合设备、点胶设备等，虽然前期设备投入较大，但后期生产过程中，可以缩短生产时间，减少能耗，降低成本。

液态有机硅胶并未得到大规模应用，因为其封装工艺与现行设备兼容性不好，且存在良品率低、材料本身内聚破坏力低等问题。目前行业里有比亚迪等企业一直在坚持研发有机硅胶组件，其质保年限据称可达 50 年。

3.5 背板材料

光伏组件背面的外层材料称为背板，是光伏组件的关键部件，它将组件内部与外界环境隔离，实现电绝缘，使组件能够在户外长时间运行。组件的可靠性、使用寿命也与背板质量密切相关。背板材料如果失效，则组件内部的封装材料会直接裸露在严苛的户外环境中，引发封装材料水解、电池和焊带腐蚀以及脱层等，迅速降低组件功率输出和使用寿命，严重的还会导致组件绝缘失效，继而引发火灾和伤亡事故。因此，优良的背板材料应该具有良好的机械稳定性、绝缘性、阻隔水气性、黏结性、散热性、耐环境老化性（紫外线、高温、湿热和化学品等），并附加一定的光线反射功能，以增强发电效率。通常可根据组件的不同需求及应用场合选取适当的背板。

不同结构的背板有不同的功能，可以根据不同的使用区域选择合适的背板。使用含氟背板的组件可用于紫外线强烈的地区；使用耐水解 PET 的组件可用于高温高湿地区；传统的白色背板能够增强光线反射，从而提高组件发电效率；黑色背板可以满足屋顶等建筑的美学要求；而采用玻璃背板可以做成透光的组件，适用于建筑采光、农业大棚。黑色和透明背板是没有光线反射功能的，与白色背板的组件相比，输出功率会降低 2%～3%。

目前市场对背板提出的要求极高，因为组件的安装地址是未知的，所以在生产时会要求背板具备能够满足所有使用环境要求的功能，从而导致了高成本。然而现实的情况是光伏组件在长达几十年的应用过程中，其运行环境是相对单一的，并不需要采用能够满足所有气候条件的材料。最好的解决方法是开发和选择差异化的背板，满足不同的气候条件，这样可以在一定程度上降低成本，选择性价比更好的材料和产品。

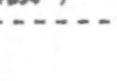

3.5.1 结构和功能

如前所述，光伏组件对背板的要求很高，目前仅靠一种单一聚合物材料不能满足所有项目要求，一般聚合物背板都是由多层具有不同功能的材料复合而成。典型的三层背板结构如图3-10所示。

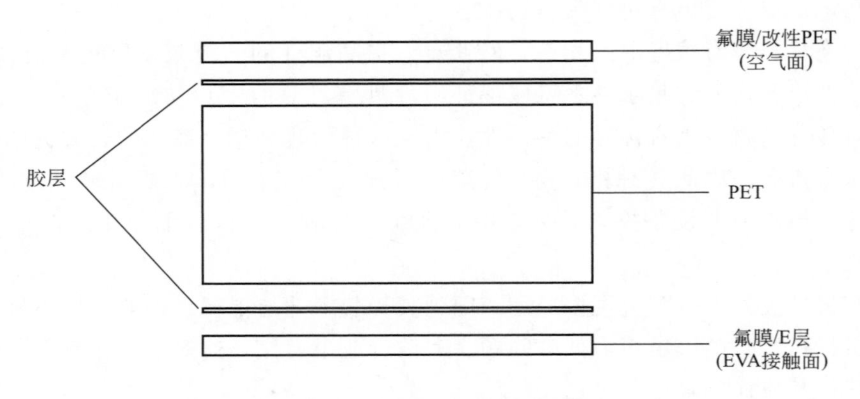

图3-10 典型的三层背板结构

背板三层结构通常分为外层、中间层和内层，这三层的功能有所不同。背板外层一般采用耐候的氟层或者改性的耐候PET，其直接暴露在外界环境中，不仅需要具备良好的耐候性（weatherability）和耐久性（durability），即在湿、热、紫外、冷热循环和风吹雨打的条件下保持良好的机械稳定性、外观完好性，并与接线盒以及边缘密封胶可靠黏结，而且还要能够耐受组件层压过程中高达150℃的高温；此外在安装和搬运过程中还要耐机械刮擦。背板中间层则主要提供力学性能、电绝缘性能和阻隔性能保证，中间层一般常用的是PET聚酯材料，这种材料耐受紫外光和湿热老化能力较差，因此改性的高阻隔耐水解PET越来越多。背板内层主要保证背板与组件封装材料的可靠黏结，同时因为太阳光透过玻璃会照到这一层，因此内层也需要具备一定的耐候、耐UV能力。此外如果内层有较高的反射率，还能提高组件的输出功率。

聚合物背板按照材料划分，可以分为含氟背板（如TPT背板、KPA背板等）和不含氟背板（如PET背板、聚酰胺背板等）。2006年以前市场普遍使用双层含氟背板，后来随着太阳能行业的迅速发展，成本竞争越来越激烈，市场上开始出现采用非氟材料的背板，比如以改性耐水解聚酯为外层的PET背板和以聚酰胺（俗称尼龙）为外层的背板。

聚合物背板按照其生产工艺可以分为复合型背板、涂覆型背板、共挤型背板。复合型背板的三层材料一般单独成膜，然后通过胶水将三层复合，如KPK型背板；涂覆型背板一般将中间PET的上下两面使用涂层进行涂覆，采用的涂层多为含氟涂层，如CPC型背板；共挤型背板通过将数层聚合物（典型为三层）材料同时从挤出机的模头挤出成型制成，一般要求这几层材料的加工性能相近，如AAA背板，但是这种背板在实际应用中发生了较严重的开裂问题，因此目前已经停用。

常见的光伏背板（涂覆型）的生产工艺流程见图3-11。

第一面：

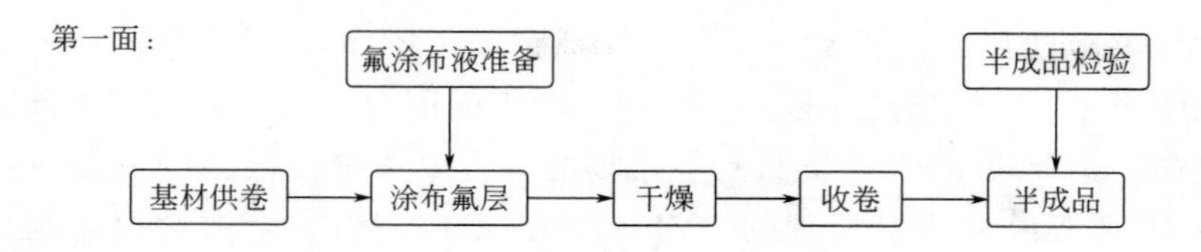

第二面：

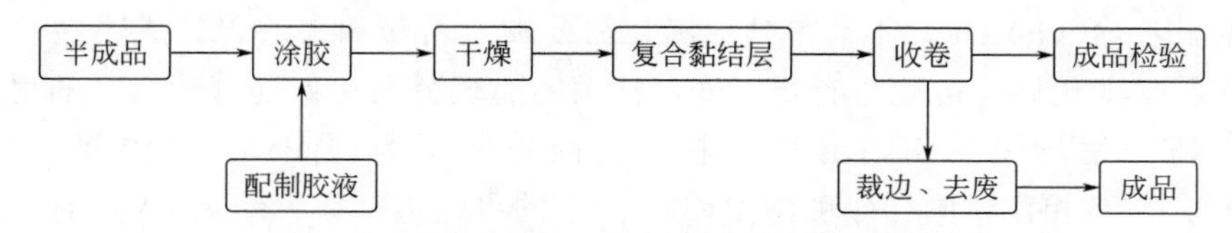

图 3-11　常见的光伏背板（涂覆型）的生产工艺流程

3.5.2　技术要求

背板的检验指标重点需要关注几个项目，见表 3-7。

表 3-7　背板的重要检验指标

序号	项目	要求	测试目的
1	层间剥离强度/(N/cm)	≥4	防止层间脱层失效
2	涂层划格试验	无脱落	防止涂层脱落，中间 PET 被破坏
3	与 EVA 剥离强度/(N/cm)	≥40	防止脱层
4	反射率(400～1100nm)/%	≥80	提高组件功率
5	水蒸气透过率/(g/m^2·d)(40℃,90%RH)	≤2.5	阻隔水气进入组件，保护电池
6	局部放电测试 VDC	≥1000	达到组件系统电压，保证安全性能
7	体积电阻率/Ω·cm	>10^{15}	保证绝缘性能

3.5.3　各类背板材料介绍

3.5.3.1　氟材料

为了使聚合物背板的外层具有良好的耐候性，常选用氟材料作为背板材料，氟材料具有独特的分子结构，其耐候性、耐热性、耐高低温性和耐化学药品性等均十分优越。氟元素的电负性大，范德华半径小，C-F 键能高达 439.2kJ/mol，是高分子材料共价键中键能最大的。太阳光中的紫外光波长短，穿透力较强，对材料的破坏性较大，290nm 以下的紫外线几乎都被大气层中的臭氧层吸收，能到达地表的紫外线波长一般在 290～400nm。从表 3-8 可看出，除了 C-F 键，其他分子键很容易被紫外线破坏，因此，氟材料是聚合物背板外层材料的最佳选择。常用的氟材料有聚氟乙烯（PVF）、聚偏氟乙烯（PVDF）、四氟乙烯-六氟丙烯-偏氟乙烯共聚物（THV）等，行业内使用 PVDF 和 PVF 较多。

表 3-8　常见的分子键能

分子键	C-F	C-O	C-C	C-H
键能/(kJ/mol)	439.2	350	346	411.7
破坏分子键所需的波长/nm	272	340	342	290

聚氟乙烯（PVF）由杜邦公司研发，并命名为 Tedlar。PVF 常用的有一代产品和二代产品。PVF 在光伏组件背板中的应用迄今至少有 25 年的历史，因为被杜邦垄断，独家供货，所以成本较高。近年来 PVF 在光伏行业市场的占有率逐渐走低。PVF 加工工艺比较复杂，在制造 PVF 薄膜时将含潜溶剂的 PVF 挤出到不锈钢板上，挥发掉溶剂后得到 PVF 薄膜，其制造工艺的特殊性导致薄膜表面会有较多的针孔状缺陷，所以 PVF 的水气阻隔能力不高。

聚偏氟乙烯（PVDF）不易单独成膜，需要加入增塑剂来改善其成膜性。由于增塑剂的加入，其耐老化性能可能会有所下降。法国阿克玛公司为保证这种材料的耐老化性能不降低，创新研发出三层 PVDF 膜结构，其内外两层为纯 PVDF，中间一层为增塑层 PVDF。与 PVF 相比，同样厚度的 PVDF 薄膜的水气透过率大约是 PVF 的十分之一。由于 PVDF 的性价比高，加工适应性强，货源充足，目前在市场上的占有率较高。

因为氟材料具有较大的电负性，其含氟量越高，材料的表面能越低，黏结性能越差，因此一般都需要进行特殊的表面处理才能与其他材料形成良好的黏结；此外氟材料价格也比较高。目前有多家公司在研究采用具备较强耐候性的不含氟材料作为外层材料。

3.5.3.2 PET

PET 即聚对苯二甲酸乙二醇酯，PET 主要用于制作背板的中间层，为整个背板提供骨架支撑。PET 也可通过改性提高其耐候性，用于制作背板的最外层。

PET 具有良好的阻隔性、耐热耐寒性、绝缘性、尺寸稳定性。因为其采用双向拉伸的制造工艺，因此机械性能优异。虽然 PET 的阻隔性能较好，但是由于其分子主链中含有大量的酯基，容易发生水解反应，会导致力学性能急剧下降，因此，很多厂家通过对其改性处理，大幅提高其耐水解性能，但这会增加生产成本，所以通常在选择耐水解 PET 时会略微降低对 PET 厚度的要求，以实现合适的性价比和差异化应用。

3.5.4 新型背板及应用

随着上游技术的进步和下游使用场合的多样化发展，各种光伏组件新技术相继出现，光伏组件背板也有了更多的类型。

3.5.4.1 玻璃背板

玻璃是无机材料，不会老化，不透水。采用玻璃做组件背板，能够提高组件的密封性、绝缘性、抗 PID 性以及抗黑线、防隐裂性能，从而大大增强组件的可靠性，为高温高湿和盐雾酸碱地区的光伏组件的背板选择提供了良好的解决方案。一般背板玻璃不需要采用超白压花玻璃，使用普通浮法玻璃即可，双面电池组件宜采用超白压花玻璃。

业内有人认为，采用玻璃做组件背板，组件内部高分子降解产生的醋酸等小分子气体不易释放出去，会对双玻组件的可靠性产生负面影响。对此，天合光能公司经过大量研究，得出以下结论：高分子材料如 EVA 等在户外自然条件下老化的主要诱因是水气、热、氧气和紫外辐射，在老化过程中伴有光氧老化、光热老化、水解作用三个互相作用的过程，其中水气起了很大程度的催化剂作用，而双玻组件由于采用玻璃背板，因此能有效阻隔水气渗入组件内部，从而大幅度缓解 EVA 材料的老化，使得老化过程几乎不会释放醋酸，也就不会产生小分子气体，所以双玻组件具有非常高的可靠性。

3.5.4.2　导电背板

导电背板（见图 3-12）集密封防护功能和电子互连功能于一身，它的制造借鉴了印刷线路板（PCB）技术，采用复合方式将常规光伏组件背板和刻有特定图形的金属箔电路黏结在一起。该类背板主要用于 MWT 和 EWT 组件。

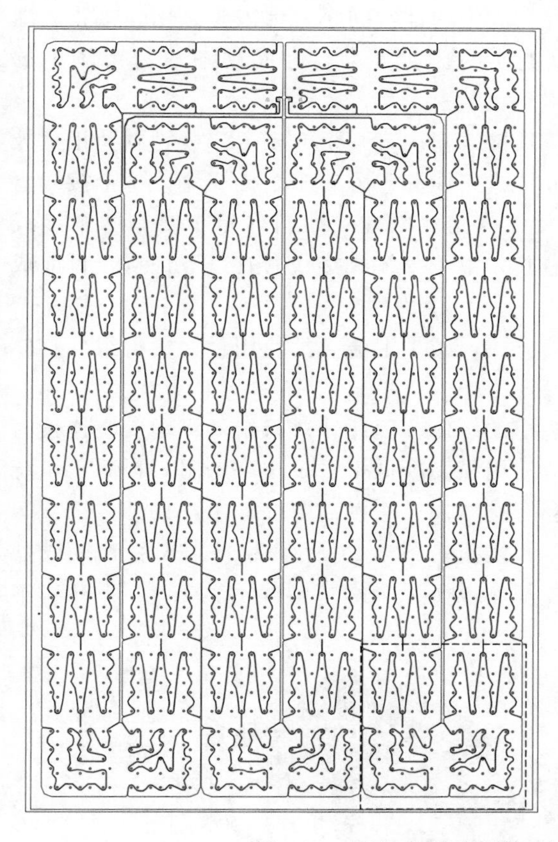

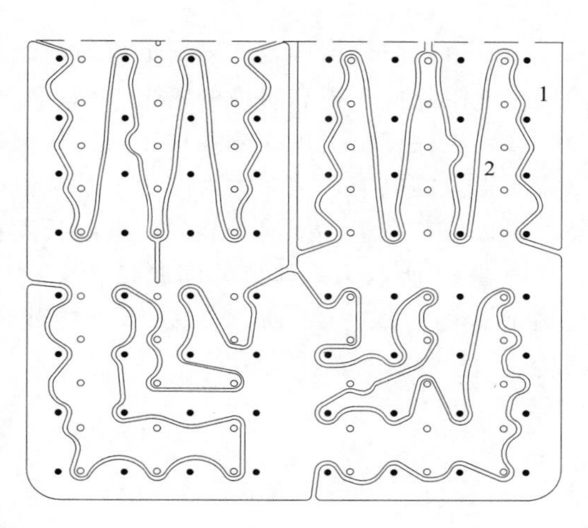

图 3-12　导电背板示意图（左）和局部连接放大图（右）

早期的导电背板一般由 PCB 厂家采用传统光刻方法制备金属电路，成本非常高，故未实现产业化。最近几年有光伏公司开始用机械或者激光加工的方法制备金属电路，而且可以用低成本的铝箔替代传统的电解铜箔作为金属电路层，大幅度降低了生产成本，新型导电背板开始进入大规模化生产。

3.6　接线盒

3.6.1　功能和分类

接线盒的主要作用是通过接线盒的正负电缆将组件内部太阳电池电路与外部线路连接，将电能输送出去。接线盒通过硅胶与组件的背板粘在一起。接线盒内配备有旁路二极

管以保护电池串。接线盒的设计要求非常高，涉及电气设计、机械设计与材料科学等多个领域的技术。

接线盒主要由三大部分组成：接线盒盒体、电缆和连接端子。接线盒盒体一般由以下几部分构成：底座、导电部件、二极管、密封圈、密封硅胶、盒盖等。

目前市场上接线盒种类繁多，从是否灌胶看，有灌胶式和非灌胶式，是否灌胶一般根据接线盒的体积和安全性能要求而确定。根据接线盒内部汇流条的连接方式又可分卡接式和焊接式，一般非灌胶的都采用卡接式，灌胶的因为内部空间小，都需要采用焊接式。灌胶式接线盒体积小、成本低，加上组件失效更换的比例不高，因此逐渐成为市场上的主流。

还有一体式接线盒和分体式接线盒。一体式接线盒内有一个或多个二极管以及正负极电缆，一般一块组件只用一个接线盒即可。分体式接线盒包含有多个接线盒，每个接线盒里面有一个二极管，正负极电缆分布在两个接线盒上，因此一块组件至少要有两个接线盒。分体式接线盒因为体积小，因此都需要灌胶。由于分体式接线盒有以下优点，目前成为市场主流。

（1）可以简化组件叠层内部汇流条的连接方式，减少汇流条的使用量，使得组件整体的回路电阻降低，提高组件的输出功率；

（2）组件正负引出线分别位于组件靠近边框的一侧，因此在进行组件纵向安装连接时只需要很短的电缆，从而大大减少了系统电缆的用量，降低了系统串联电阻，提高了系统发电量。但是在组件横向安装时，电缆长度会有所增加，所以需要综合考虑设计。

图 3-13 所示为一体式非灌胶接线盒结构示意图；图 3-14 所示为一体式灌胶接线盒结构示意图；图 3-15 所示为分体式接线盒基本构造。图 3-16 所示为连接器的基本结构。

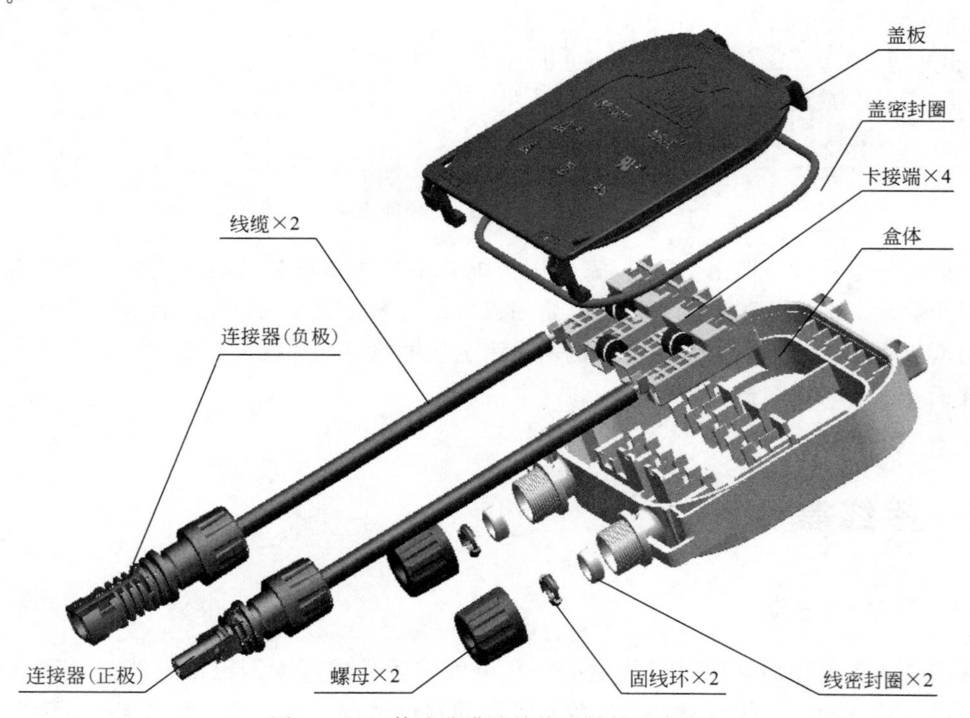

图 3-13　一体式非灌胶接线盒结构示意图

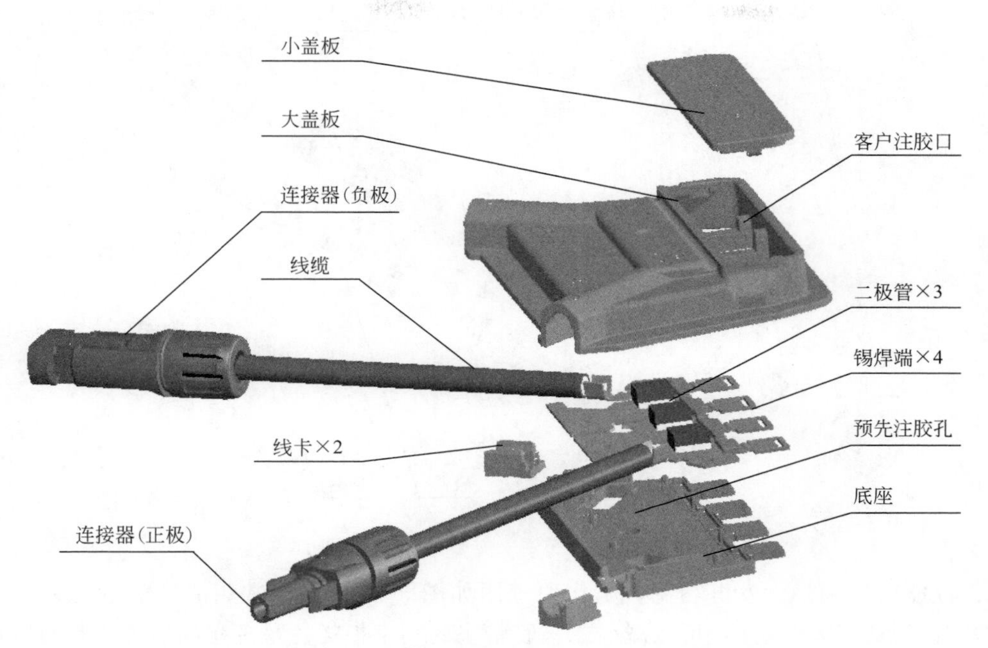

图 3-14 一体式灌胶接线盒结构示意图

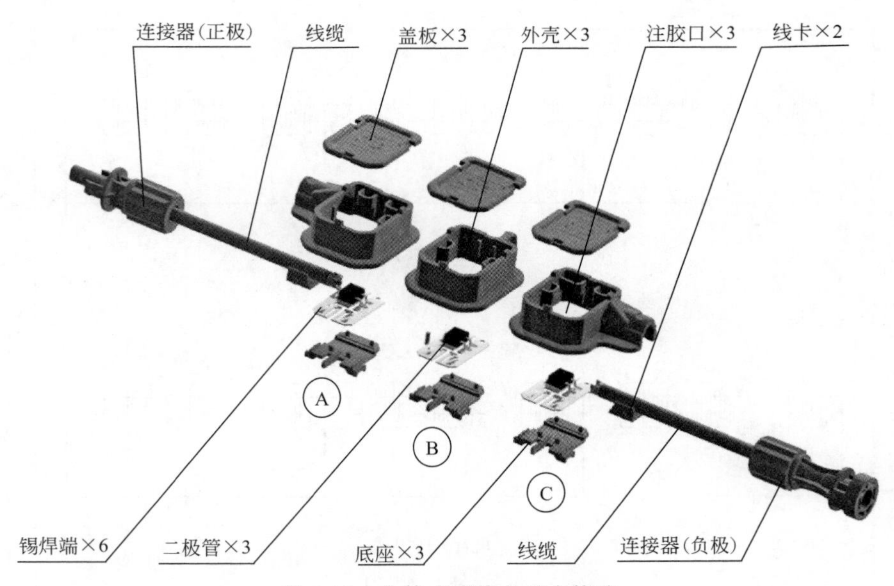

图 3-15 分体式接线盒基本构造

接线盒内部的旁路二极管有插脚式和贴片式两种，一般盒体尺寸较大时采用插脚式二极管，例如非灌胶接线盒；盒体较小时采用贴片式二极管，例如灌胶接线盒。二极管的反向耐压和耐热性能等要根据组件使用要求和相关标准选择确定。旁路二极管的工作原理是：将二极管与若干片电池并联，在组件运行过程中，当组件中的某片或者几片电池片受到乌云、树枝、鸟粪等遮挡物遮挡而发生热斑时，接线盒中的旁路二极管利用自身的单向导电性能给出现故障的电池组串提供一个旁路通道，电流从二极管流过，从而有效维护整

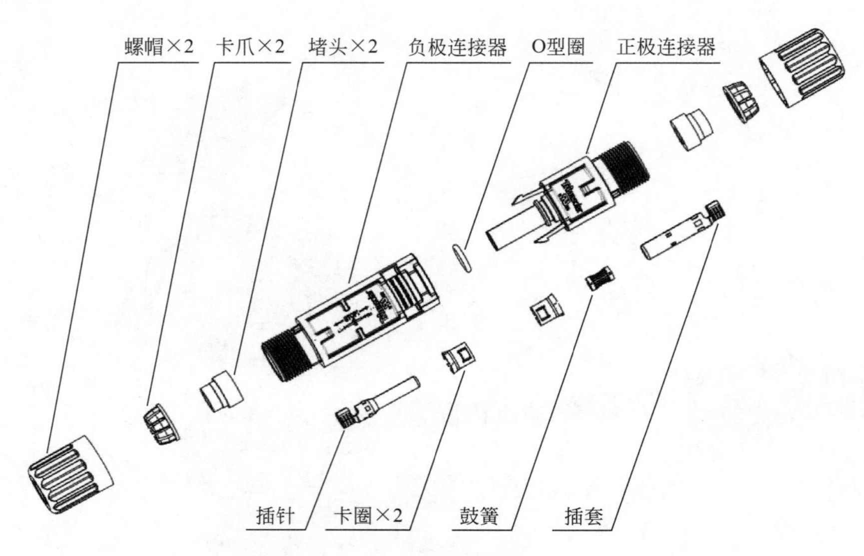

图 3-16　连接器的基本结构

个组件性能，得到最大发电功率，工作原理图如图 3-17 所示。常用的二极管是肖特基二极管，其优点是压降较低，可以减少二极管带来的功率损耗。最理想的组件应是每片电池都并联一个旁路二极管，但是出于工艺和成本因素考虑，目前在实际应用中，一个二极管一般需保护 10～24 片太阳电池。

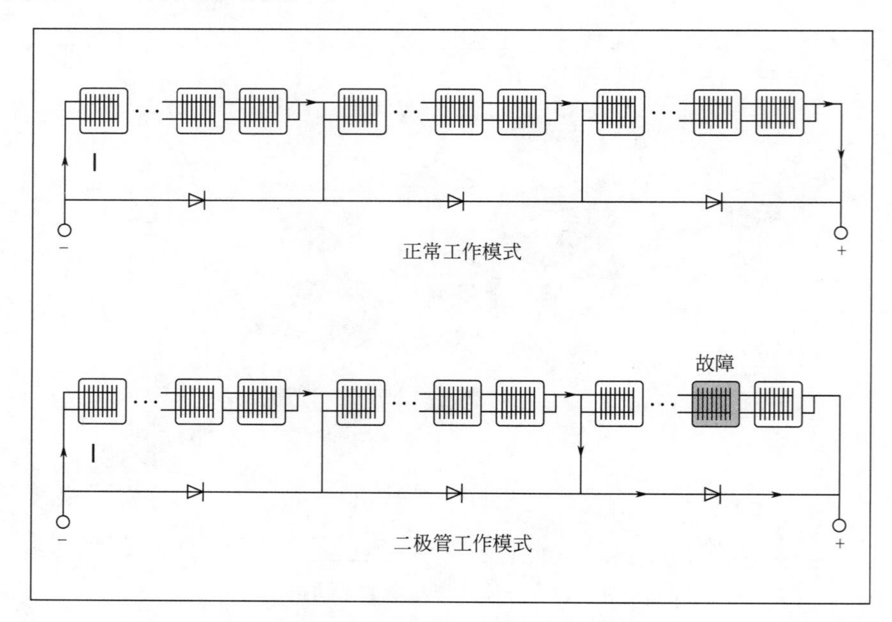

图 3-17　组件中旁路二极管工作原理图

早期接线盒主要以进口的 MC、Tyco 为主，价格昂贵，2002 年后，浙江人和、苏州快可、常州莱尼、扬州通灵不断突破技术瓶颈，实现了接线盒国产化，并且技术不断进步。浙江人和早期生产的 PV-RH 系列产品在顶峰时期销量占全球总额的 1/3。早期接线盒大多是一体式接线盒，现在分体式接线盒由于可以简化组件叠层电路的汇流条连接方式，成为主流。

3.6.2　技术要求

接线盒直接暴露在空气中，会长期经受风吹雨淋日晒，而且体积小，内部装配件多，这对其耐候性、密封性以及安全性都提出了很大的考验。光伏系统运行过程中，接线盒出现问题也是比较常见的，据不完全统计，接线盒故障在光伏电站的故障失效中所占比例是最高的，因此在设计和选择接线盒时候，要考虑以下几个主要方面：

（1）外壳有较强的抗老化、耐紫外线能力；

（2）良好的散热性能，以降低接线盒内部温度和组件接线盒位置的温度；

（3）优良的密封性能，低的连接电阻，以减小接线盒带来的功率损耗；

（4）二极管的电流匹配能力；

（5）合理的电气安全设计，如爬电距离等，以满足电气安全要求性能；

（6）优良的阻燃能力。

一个简单的接线盒所需要的材料就达十多种，选用材料是否合理直接影响接线盒本身的质量，所以接线盒的材料一直受到行业的重视，表 3-9 简单列举了接线盒主要部件原材料及作用。

表 3-9　接线盒主要部件原材料及作用

主要零部件	主要原材料	主要作用
底座及上盖	PPE/PPO	保护、支撑接线盒主体，固定
导电部件	铜基材	电流传输载体
旁路二极管	肖特基二极管、整流二极管或其他合适的二极管	当电池受遮挡出现热斑效应或电池损坏不能发电时，旁路该不良电池所在的电池串，保证其他电池串能够正常工作
电缆线	镀锡铜线＋低烟无卤交联聚烯烃	电流传输载体
光伏连接器	PC/PPE/PA/PBT	组件及系统之间的电气连接
密封圈	硅橡胶或者硅胶	隔绝水气或其他污染物进入接线盒盒体
螺母等其他配件	PA/PPE/PPO/PC	保护、支撑接线盒内部结构
固线环	PPE/PPO/PBT 或其他	固线环（也叫花篮）一般是伴随着螺母进行使用。其作用是在螺母拧紧过程中压缩密封圈和线缆，起固定和密封作用。不使用螺母结构的接线盒，如灌胶型接线盒，则一般无此结构

接线盒盒体的尺寸和结构设计有严格的要求，如内部带电体到边沿的爬电距离、电气间隙要求，还要考虑承受的最大系统电压和最大工作电流等。接线盒设计目前应执行最新的 IEC/EN 62790 标准，表 3-10 所示为光伏接线盒与光伏连接器及线缆标准变动情况。

表 3-10　光伏接线盒与光伏连接器及线缆标准变动情况

标准		日期	内容
光伏接线盒	EN 50548:2011	2016-04-15	失效
	EN 50548:2011 ＋A1:2012	2015-10-13 2017-10-13	不可再用作申请发证标准 失效
	EN 50548:2011 ＋A2:2014	2015-10-13 2017-12-11	强制使用该标准或 IEC/EN 62790 将被 IEC/EN 62790 替代
	IEC/3N 62790	2017-12-11	强制使用该标准

续表

标准		日期	内容
连接器	EN 50521:2008	2015-06-25	失效
	EN 50521:2008 +A1:2012	2015-06-25 2017-12-11	强制使用该标准或 IEC/EN 62852 将被 IEC/EN 62852 替代
	IEC/EN 62852	2017-12-11	强制使用该标准
光伏线缆	2PFG 1169	2007-08	失效
	EN 50618 IEC 62930	2017-10-27 2017-12-13	强制使用该标准

对于电缆，由于一直以来没有针对光伏电缆的标准，所以将 PFG1169 作为测试标准，直到 2017 年 10 月 27 日，改为采用 EN50618 作为光伏电缆的标准。

除了接线盒外观、尺寸需要符合产品设计要求外，对接线盒中的二极管产品也有技术指标要求，见表 3-11。

表 3-11　二极管产品技术指标

序号	项目	技术指标	检验目的
1	材料	符合设计要求和技术标准	可以请供应商每批都提供报告，保证每批材料都满足不同部件的设计要求
2	汇流条弹簧片夹紧力（针对卡接式）	>30N	保证接触可靠性，降低接触电阻，防止使用过程中产生电弧等问题
3	二极管管脚夹紧力（针对卡接式）	≥20N	保证接触可靠性，降低接触电阻等
4	与硅胶接触的线盒壁表面能（针对灌胶式）	达因值≥36	保证接线盒与硅胶有足够的黏结强度
5	焊锡端储锡	助焊剂含量 3%～4% 储锡无明显杂质脏污，高度≤1.0mm	保证汇流条的焊接强度
6	引出线与壳体连接强度	>180N	防止被操作工人拉扯电缆拎起组件而产生问题，所以最好连接强度大于组件自重
7	正负端子插拔力	≥60N	保证接触可靠性，降低接触电阻，防止使用中轻易被拔出而产生触电风险，一般要求正负端子需要采用专用工具才能打开
8	串联电阻	≤15mΩ	测试接线盒整个回路包括电缆电阻及内部金属接触电阻等，减少功率损耗
9	滑座耐热性能	滑座无破损、变形、开裂、弯曲、变色、变脆、老化等	一般施加所使用组件型号的 1.25 倍短路电流 30min，滑座没有不良现象出现。主要考核户外使用过程中，当二极管因为热斑发生而工作时塑料滑座的耐热性能
10	二极管反向耐电压	根据规格书要求，保证在反向耐压测试过程中无报警现象出现	保证在组件使用过程，二极管能承受足够的电压不被击穿
11	二极管结温测试	灌胶类<150℃ 非灌胶类<200℃	一般在(75±5)℃烘箱中，施加 I_{sc}，直到接线盒温度稳定，通过一定计算得出二极管的温度，其温度值不能超过要求，然后再施加 $1.25I_{sc}$，直至温度稳定，二极管还能正常工作
12	防护等级	一般非灌胶 IP65，灌胶 IP67	保证组件在使用过程中的密封性能

表中所列的技术指标一般都要作为接线盒的常规测试项目。要评估和测试一个新型接线盒，最简单的方法是看该产品是否通过认证，并同时进行其他可靠性测试，如基于 IEC 61215 标准的热循环、高温高湿、湿冻测试（一般还需要做成组件进行可靠性测试）。组件的湿漏电性能也是评估接线盒的重要指标之一。另外还有耐紫外线性能测试，一般要求在接受紫外线照射累计 $90kWh/m^2$ 后接线盒无破损、开裂、弯曲、变色、变脆、老化等现象。

接线盒不同于其他封装材料，首先要取得接线盒盒体、电缆和连接端子的 TÜV/UL 全套认证后才能够在市场上使用。TÜV 证书可以在线查询；根据 UL 黄卡号可以在线查询 UL 证书。各组件厂家根据不同情况进行上面所述相关测试，测试合格之后才能投入使用。

3.6.3 新型接线盒

目前传统接线盒的主要功能是输出电流电压和进行组件热斑保护。高额定电流、高防水性、优良的散热性、低体电阻等一直是传统接线盒的改进目标。随着光伏产品应用的不断扩大和深入，行业衍生出一些新的需求，对接线盒提出了智能化的要求，于是出现了智能接线盒（SmartBox），通过智能接线盒可以对组件进行远程监控和功率优化。目前智能接线盒主要分为带开关功能的监控型（Switch-off 型）、直流-直流优化型（DC-DC 型），直流-交流优化型（DC-AC 型）三大类。具体介绍可以参考第 8 章的智能型光伏组件。

3.7 密封材料

光伏组件的密封材料主要指膏状的室温硫化型硅橡胶（RTV）等硅类密封剂。硅橡胶具有优异的耐热性、耐寒性、耐紫外光和耐大气老化性能，能在低至−60℃，高至+250℃的条件下长期使用。经过一定配方调整的硅橡胶固化后，能在日晒、雨雪等恶劣环境中保持 25 年不龟裂、不变脆并保持较高的强度，因此硅橡胶是用作光伏组件密封黏结的最佳材料。

按产品包装形式，硅橡胶可分为单组分和双组分两大类。单组分液体硅橡胶是将聚硅氧烷、交联剂、填料、催化剂及其他添加剂在隔绝湿气的条件下均匀混合后包装而成，使用时将其从包装中挤出，挤出的硅橡胶接触空气中的湿气后交联固化，起到密封作用。单组分硅橡胶具有使用方便、设备投入成本相对较低等优点，是目前光伏组件边框和接线盒黏结普遍采用的密封剂。双组分硅橡胶是将基料和硫化剂分别包装，使用时按比例混合的一类有机硅密封剂。与单组分硅橡胶相比，双组分硅橡胶对固化环境温湿度要求相对较低，固化速度快，可大幅缩短搬运和装箱时间。但双组分硅橡胶产品成本相对较高，使用时需要配备双组分施胶设备，设备投入相对较高，而且对施胶配比控制要求高，因此一般只在施胶量体积比较大，对固化时间有要求的情况下采用。一般接线盒灌封胶、薄膜/双玻组件背面支架黏结剂大多采用双组分硅橡胶。

在光伏组件上常采用硅橡胶作为边框黏结密封胶、接线盒黏结密封胶、接线盒灌封密封胶、薄膜/双玻组件背梁黏结结构胶等。边框和接线盒用密封胶主要考量黏结和密封性能，一般可以采用相同的硅橡胶；接线盒灌封胶不但要能密封黏结，还要满足电

绝缘性能要求；而背梁胶主要为黏结用，要求具有非常强的黏结性能，一般采用有机硅建筑密封胶（俗称硅酮胶）。这里按照密封硅橡胶、灌封硅橡胶、硅酮胶三大类分别进行介绍。

3.7.1 密封硅橡胶

光伏组件的铝边框和玻璃均是硬度较高的材料，两者如果直接接触组装，容易使玻璃受损，因此需要在两者之间添加缓冲层；另外，光伏组件在户外长年受到光照、温度变化、风、雨、积雪、覆冰、盐雾、湿气等影响，必须使组件边框与层压件黏结牢固、密封严实，才能保证光伏组件长期可靠工作。密封硅橡胶作为连接边框与层压件的关键材料，能够充分填充层压件与铝边框之间的间隙，固化后可以形成连续密封的高强度弹性胶层，不但能很好地达到缓冲、黏结和密封的要求，而且还能大大提高光伏组件的承载能力和抵抗变形能力。

光伏组件在完成装框封装后，可采用硅橡胶将接线盒黏结在背板上，为保证接线盒与组件的可靠连接，要求硅橡胶性能达到以下要求：

（1）具有一定的触变性，不流淌，不易造成污染；

（2）黏度适中，使用方便，既可以手动施胶，也可以与设备配合自动点胶；

（3）固化速度适中，具有合理的操作时间和较少的清胶时间，满足生产节拍的要求；

（4）优良的黏结匹配性和黏结强度，对铝型材、玻璃、光伏背板、接线盒有良好的黏结匹配性；

（5）优异的抗机械载荷性能和良好的热变形补偿能力；

（6）优良的电绝缘性能和阻燃性能；

（7）长期可靠的耐环境老化性能，耐紫外照射、耐雨水脏污、耐冰雹冲击，能够抵抗环境温度变化造成的热胀冷缩。

应用于光伏组件边框密封以及接线盒黏结的单组分硅橡胶主要有脱酮肟型和脱醇型两种。脱酮肟型硅胶密封剂有天山 1527、道康宁 PV-8101 等，脱醇型硅橡胶密封剂有道康宁 7091、天山 1581 等。其中天山 1527 以其优异的性能和稳定的质量被国内组件厂商普遍应用，其市场占有率一度超过 50%。在使用时要注意，有的脱醇型硅胶在室外会与某些 EVA 产生反应，导致组件边沿的 EVA 发生黄变现象，这主要是因为密封胶使用了活性较高的固化促进剂，它会和 EVA 中的 UV 吸收剂反应产生带颜色的螯合物。

近几年，为了满足日益提高的生产节拍要求，缩短搬运和装箱时间，光伏企业也开始采用一些双组分硅橡胶、双面胶带等进行光伏组件边框密封及接线盒黏结。对于双面胶带，目前市场使用的大多为聚乙烯发泡胶带，这种胶带由发泡聚乙烯和丙烯酸酯压敏胶涂层组成，黏结作用通过压敏胶涂层来实现，而发泡基材可使胶带具有一定的可压缩性。

相对于硅胶密封，发泡胶带密封的方式不需要后固化，安装后即可移动和码放，既节省空间，又能极大地提高生产效率，但发泡胶带耐高温性较差，抗剪切强度偏低，内聚破坏力远低于硅胶。因此同样的组件设计，采用胶带的组件，其抗载荷能力要比采用硅橡胶的组件低很多，所以在选择的时候需要重点关注。目前聚乙烯发泡胶带主要有罗曼、德莎、圣戈班等国外大公司生产和提供，成本也略高。目前从整个市场来看，单组分硅橡胶仍占主流地位，达到 85%以上。

3.7.2 灌封硅橡胶

用于接线盒灌封的硅橡胶通常是双组分有机硅橡胶，接线盒灌封胶主要起到密封、绝缘、散热的作用。接线盒灌封后，内部的氧气可以被胶置换掉，从而可以降低接线盒内部金属端子氧化和腐蚀的速率，同时防止水气接触到带电体，避免组件短路，提高接线盒防护性；此外，太阳电池组件接线盒内部都装有旁路二极管，当组件的部分电池被遮挡时，电流从旁路二极管通过，导致二极管温度大幅上升，相对非灌胶，灌封胶能进行快速散热，不仅能有效避免接线盒过热引发火灾，还能延长二极管使用寿命。

对接线盒灌封胶的具体性能要求如下：

(1) 良好的流动性。由于接线盒内部包括二极管等电子元器件，结构复杂，为了能够填满接线盒内部所有的空隙，要求接线盒灌封胶具有良好的流动性；

(2) 可操作时间及凝胶时间满足不同生产工艺要求。根据生产工艺要求，通常要求灌封胶具有较长的可操作时间，以保证接线盒被完全填充；同时，灌封后具有较短的凝胶时间，使灌封胶能够固化到一定的程度，翻转不会流淌或掉下，满足组件搬运的要求，并要求在隔绝空气的条件下，灌封胶在接线盒内仍能够继续固化；

(3) 优异的绝缘性。灌封胶接触二极管、铜片等电子元器件，需要具有优异的绝缘性能；

(4) 高导热性。接线盒内的旁路二极管工作时会产生大量的热，如果这些热量不能及时散发出去，旁路二极管有烧毁的风险；

(5) 高阻燃性；

(6) 优异的耐老化性能。

3.7.3 硅酮胶

随着光伏发电市场需求的不断增加，开发能便捷安装的光伏组件产品成为行业各公司追求的目标之一，其中通过背梁安装能有效提高光伏组件安装效率。背梁和组件黏结一般采用硅酮胶，它不仅能满足长期的耐老化性能，而且还具有优异的黏结性能。因为组件在户外会受到光照、温度变化、刮风、下雨、积雪、覆冰、盐雾、湿气等外界因素影响，所以硅酮胶对组件、系统的强度和安全有着非常重要的作用。

硅酮胶根据使用时的固化方式可分为单组分和双组分密封胶。硅酮胶在建筑领域有40年的使用历史，采用硅酮胶的幕墙玻璃有20年的使用寿命。在充分了解硅酮胶的可靠性及失效机理的前提下，通过严格控制胶的质量以及施工环境，将硅酮胶应用于光伏领域是完全可以满足可靠性要求的。评估背梁支架黏结用硅酮胶的方法是以初始机械应力为参考，将高低温老化后的性能、疲劳试验后的性能以及盐雾、酸雾、浸清洗剂溶液、紫外辐照老化后的性能进行比较，要求老化后力学性能衰减率低于25%，脱粘面积不高于10%。

背梁支架黏结用硅酮胶的具体性能要求如下：

(1) 具有一定的触变性，不流淌，不易造成污染；

(2) 双组分硅酮胶按比例混合均匀，无气泡产生；

(3) 固化速度适中，具有合理的操作时间和较短的清胶时间，满足生产节拍的要求；

(4) 优良的黏结匹配性和黏结强度，对于各种基材的黏结性能满足组件的载荷性能的要求；

（5）优异的抗机械载荷性能和良好的热变形补偿能力；

（6）优良的阻燃性能；

（7）长期可靠的耐环境老化性能，不会发生因内部或外部作用（如水、水气、阳光暴晒、温度变化等）原因而破坏的危险。

3.7.4 丁基胶

丁基胶主要是由异丁烯和少量异戊二烯共聚而成，丁基胶聚合物分子链间的相互缠绕强，空隙小，具有良好的水气阻隔性能，其水气透过率小于 1g/(m^2 · 24h)。另外通过添加各种辅料，可使其具有良好的抗紫外老化性能，以及较高的体电阻。

由于薄膜电池对水气具有敏感性，丁基胶目前广泛应用于薄膜组件。对水气较敏感的晶体硅光伏电池也常采用丁基胶作为边封材料，比如 HJT 组件通常采用丁基胶材料以避免水气侵蚀，减缓性能衰减速率。但是丁基胶极性比较小，剥离强度比较低，容易开裂脱层，导致气密性遭到破坏，失去对电池的保护作用。随着电池技术的不断进步，对边封材料的要求也越来越高，丁基胶的发展也将进入一个快速发展期。

3.7.5 硅橡胶密封剂的性能要求

为了实现硅橡胶密封剂在光伏行业的规范化应用，提高企业技术水平，确保光伏组件质量可靠，国家胶黏剂标准化委员会组织业内知名胶黏剂与光伏组件企业通过解读 IEC61215、IEC61730、UL1703 等国际光伏标准，特别是有关安全使用、机械承载、环境老化等方面的要求，深入了解对光伏组件及材料的整体要求。通过具体分析光伏组件不同用胶点的技术要求，对光伏组件用胶进行分类，最终确定了边框密封、接线盒黏结、接线盒灌封、汇流条密封、薄膜组件支架黏结五大类用胶点，并分别制定了技术标准，形成了完整的 GB/T 29595—2013《地面用光伏组件密封材料—硅橡胶密封剂》国家标准。该标准于 2013 年 12 月 1 日发布实施。标准中有关光伏用硅橡胶密封剂的指标要求见表 3-12。

表 3-12 光伏用硅橡胶密封剂指标要求（GB/T 29595—2013）

<table>
<tr><th rowspan="2">指标要求</th><th colspan="6">胶黏剂品种</th></tr>
<tr><th>边框密封剂</th><th>接线盒黏结剂</th><th>接线盒灌封剂</th><th>汇流条密封剂</th><th colspan="2">薄膜组件支架黏结剂</th></tr>
<tr><td>外观</td><td colspan="6">产品应为细腻、均匀膏状物或黏稠液体，无气泡、结块、凝胶、结皮，无析出物</td></tr>
<tr><td>挤出性[a,b]/(g/min)</td><td>25～250</td><td>25～250</td><td>—</td><td>—</td><td colspan="2">25～250</td></tr>
<tr><td>黏度[a]/mPa · s</td><td>—</td><td>—</td><td>≤15000</td><td>—</td><td colspan="2">—</td></tr>
<tr><td rowspan="2">下垂度/mm</td><td rowspan="2">—</td><td rowspan="2">—</td><td rowspan="2">—</td><td rowspan="2">—</td><td>垂直</td><td>≤3</td></tr>
<tr><td>水平</td><td>不变形</td></tr>
<tr><td>适用期[a,c]/min</td><td>≥5</td><td>≥5</td><td>≥5</td><td>—</td><td colspan="2">≥10</td></tr>
<tr><td>表干时间[a,b]/min</td><td>≤30</td><td>≤30</td><td>—</td><td>≤30</td><td colspan="2">≤30</td></tr>
</table>

续表

指标要求		胶黏剂品种				
		边框密封剂	接线盒黏结剂	接线盒灌封剂	汇流条密封剂	薄膜组件支架黏结剂
固化速度[a,b]/(mm/24h)		≥2	≥2	—	≥2	≥2
固化后产品性能	拉伸强度/MPa	≥1.5	≥1.5	—	—	≥2.0
	100%定伸强度/MPa	≥0.6	≥0.6	—	—	≥0.6
	剪切强度(阳极化铝Al-Al,胶层厚度0.5mm)/MPa	≥1.0	—	—	—	≥1.5
	与接线盒拉力[d]	—	合格	—	—	—
	体积电阻率/Ω•cm	—	$\geq 1.0\times10^{14}$	$\geq 1.0\times10^{14}$	$\geq 1.0\times10^{14}$	$\geq 1.0\times10^{9}$
	击穿电压强度/(kV/mm)	≥15	≥15	≥15	≥15	≥15
	热导率/(W/m·K)	—	—	≥0.2	—	—
	阻燃等级与HAI、CTI指标的关系	—	—	满足表3-12的要求	满足表3-12的要求	—
	定性黏结性能	≥C80[e]	≥C80[f]	≥C50[f]	≥C50[g]	≥C80[h]
环境老化后性能[i]	拉伸强度/MPa	≥1.0	≥1.0	—	—	≥1.0
	100%定伸强度/MPa	≥0.2	≥0.2	—	—	≥0.3
	剪切强度(Al-Al)/MPa	≥0.7	—	—	—	≥1.0
	接线盒拉力试验/N	—	≥160	—	—	—
	体积电阻率/Ω•cm	—	$\geq 1.0\times10^{14}$	$\geq 1.0\times10^{14}$	$\geq 1.0\times10^{14}$	—
	击穿电压强度/(kV/mm)	—	—	15	15	—
	定性黏结性能	≥C80[e]	≥C80[f]	≥C50[f]	≥C50[g]	≥C80[h]

a. 允许采用供需双方商定的其他指标值；

b. 适用于单组分硅橡胶；

c. 适用于单组分硅橡胶；

d. 接线盒通过供需双方商定确定；

e. 测试材料为背板、铝合金、玻璃，选用的厂家通过供需双方商定确定；

f. 测试材料为背板、接线盒，选用的厂家通过供需双方商定确定；

g. 测试材料为背板，选用的厂家通过供需双方商定确定；

h. 测试材料为支架、背板，选用的厂家通过供需双方商定确定；

i. 环境老化项目包括湿-热试验、热循环试验和湿-冷试验。

硅橡胶密封剂的阻燃等级与HAI、CTI指标的对应关系，可参考表3-13中不同阻燃等级与HAI、CTI指标的对应关系。

表 3-13 不同阻燃等级与 HAI、CTI 指标的对应关系

阻燃等级	HAI/次	CTI/V
HB	60	250
V-2	30	
V-1	30	
V-0	15	

3.8 组件边框

3.8.1 铝边框

组件的边框必须具有足够的强度和稳定性，才能保证光伏组件在强风、骤雨、暴雪等恶劣环境下安然无恙，正常工作。此外组件边框必须有一定的防腐能力，以防在高温高湿地区受到腐蚀，影响边框的整体性能。

目前组件边框采用的材质主要是铝合金，最常用的铝合金型号是 6063-T5（6063 是铝镁合金牌号，T5 是热处理方式），要求符合 GB/T 16474—1996《变形铝和铝合金牌号表示方法》。铝合金密度低、强度高、塑性好，容易加工成各种型材，具有优良的导电、导热和抗蚀性能，经过表面处理的铝合金，在表面可形成致密的氧化层，提供有效的防腐蚀性能。6063 铝镁合金的表面处理方式主要为阳极氧化处理，氧化层厚度一般大于 10μm（即 AA10 等级）。

铝边框的连接方式主要分为两种：角码连接和螺钉连接。

螺钉连接如图 3-18 所示，一般是在短边框上预先加工螺孔，长边框上的铝型材有自攻螺钉安装结构，装配时，将不锈钢自攻螺钉从短边框一侧旋入，连接长短边框。

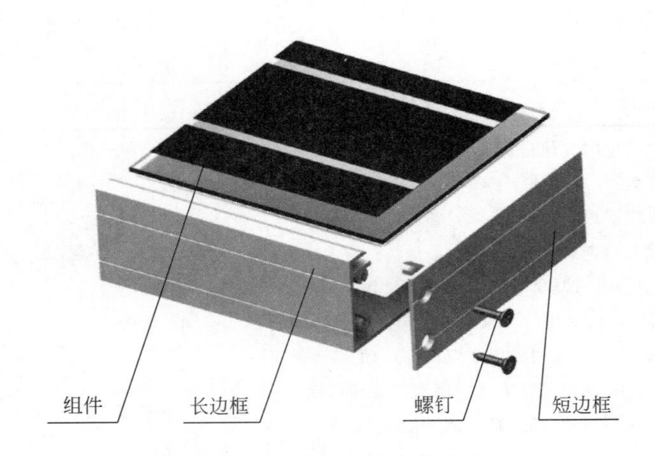

图 3-18 螺钉连接安装方式

角码连接如图 3-19 所示，通过 L 形铝型材与长短边框腔体的过盈配合来连接长短边框。目前角码连接已经是主流方式。

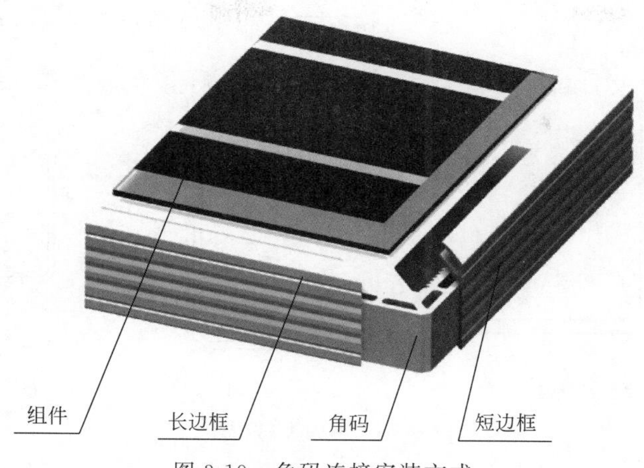

图 3-19 角码连接安装方式

为了保证组件边框有足够的强度，在进行型材设计时需要考虑以下几个方面：

（1）型材的高度。型材的高度对于型材的抗弯截面模量有重要影响，目前主流厂商的组件型材高度基本在 30～40mm 范围内。型材高度对生产成本和运输成本会有影响。所以型材高度的设计要综合考虑；

（2）型材截面的壁厚。截面的壁厚对型材的强度也有影响，目前型材的壁厚一般都要求大于 1.1mm，同时需结合安装端要求进行设计，尤其要注意安装孔等应力集中区域的壁厚设计；

（3）型材的力学性能。型材的力学性能如屈服强度、拉伸强度、硬度等对产品性能有重要的影响。型材拉伸性能主要由型材合金元素（牌号）和热处理工艺所决定。如目前常用的型材材质 6005-T6，要求硬度至少达到 HW15，屈服强度至少 220MPa，拉伸强度 260MPa 以上，伸长率 6%以上。

3.8.2 钢边框

钢边框由高强镀层钢板（如镀锌铝镁钢板）冷弯成型后深加工而成，是近年来比较热门的一种新型边框解决方案。钢边框具有强度高、成本低的优势，但是密度大，重量大，需要在截面设计、重量、力学性能、角落连接方案等方面进行研究和优化设计。钢边框的表面镀层在冷弯成型过程和组件户外安装过程中会受到破坏，长期使用过程中引起腐蚀。

目前钢边框除了常规型截面，还有 2 种典型的设计：开口型截面和封闭型截面（图 3-20），该两种边框产品在外观、客户接受度、力学性能、防腐性能、安装性能、长期稳定性等方面存在差异，各有优缺点，读者可以深入研究和学习。

3.8.3 非金属复合材料边框

非金属复合材料边框通常也称为塑料边框，主要指的是 GFRP（Glass Fiber Reinforced Plastics）边框。比较有代表性的是 GRPU（Glass Fiber Reinforced PolyUrethane）复合材料边框，这种边框以聚氨酯为基体，玻璃纤维为增强材料，采用注射浸胶拉挤生产工艺生产。通过专业的产品结构设计，可以生产出具有高绝缘性、低碳排放、高耐腐蚀性的高性价比的非金属复合材料太阳能边框，还可以具备彩色的外观。其综合性能在不断优

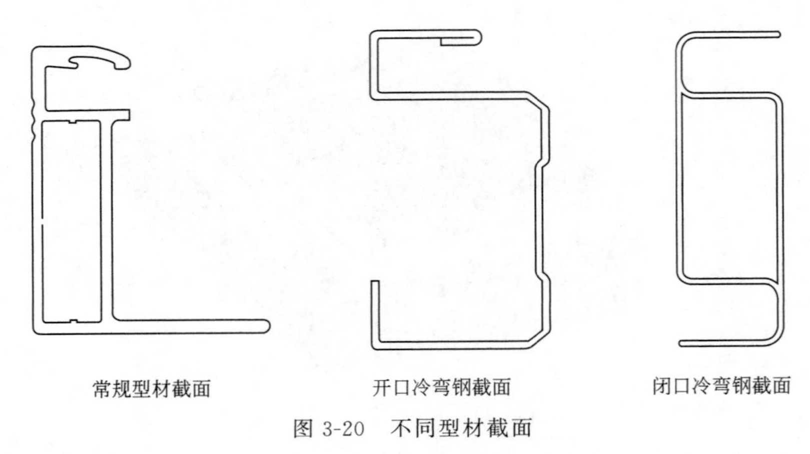

图 3-20 不同型材截面

化和提升，目前我国主要生产商有浙江德壹隆和江苏沃莱新材料等公司。

随着材料技术的进步，各种新型边框技术开始逐步应用。当前组件尺寸越来越大，玻璃越来越薄，可是载荷要求并没有降低，同时边框在组件的非硅材料成本中占比达到20%以上，如何在保证性能的基础上进行降本，是一个重要课题。从应用场景来看，光伏电站已经从地面集中式发展到分布式应用，BIPV 应用也越来越多，这对边框的美观要求、安装速度等又提出了新的要求。综上所述，当前和未来，各种不断变化的需求对光伏组件的边框设计要求越来越高，生产厂家通过材料的优化和安装结构的联合配套，不断设计出新型的安装结构，持续创新，满足光伏行业和客户的需求。

复习思考题

1. 简述涂锡焊带的类型、主要成分、技术指标和发展趋势。
2. 简述光伏玻璃的类型、技术指标和发展趋势，以及它与普通玻璃的区别。
3. 简述不同类型的光伏胶膜及特点。
4. 简述 EVA 的技术指标和对光伏组件的作用。
5. EVA 的交联度如何检测？有哪些方法？
6. 常用的组件背板材料有哪些？生产工艺流程和主要的技术要求是什么？
7. 简述接线盒和连接端子的结构、技术要求与作用。
8. 简述光伏组件密封材料的类型和技术要求。
9. 简述光伏组件边框的类型和铝边框的技术要求。
10. 思考不同材料对组件可靠性的影响，进行案例收集。

第4章

生产设备与检测仪器

本章主要介绍光伏组件生产所需的关键设备与检测仪器。随着工业自动化程度的提高，无论是太阳电池生产车间还是光伏组件生产车间，都在逐渐引进半自动或全自动化生产线，生产线所需的员工越来越少，但是对技术人员的素质要求却越来越高，他们需要了解各个设备并能保证设备稳定可靠运行，从而保证组件产品良率和质量。光伏组件生产常用的关键生产设备包括切割设备、玻璃清洗机、焊接设备、真空层压设备等。

光伏组件在生产过程中，在关键节点处通常需要进行检测，合格之后才可以流入下一道工序，以便提高良品率。主要的检测仪器有太阳能模拟测试仪和隐裂测试仪。太阳能模拟测试仪用来测试组件的电性能参数，从而对组件进行功率评定和分档。隐裂测试仪用来检测组件内部的电池缺陷。

4.1 生产设备

4.1.1 切割设备

光伏行业用切割设备主要有金刚石切割设备和激光划片机，由于激光切割的效率更高，现在许多工厂都采用激光划片机来切割太阳电池和硅片。本节主要介绍激光划片机的原理、设备组成以及关键工艺等。

4.1.1.1 激光划片原理

激光具有高亮度、高方向性、高单色性和高相干性等特点，激光束通过聚焦后，在焦点处可产生数千摄氏度的高温，几乎能加工所有的材料。激光划片就是把激光束聚焦在硅、锗、砷等材料的表面，通过高温，使材料表面熔化蒸发而形成沟槽，因为在沟槽处会形成应力集中，所以沿沟槽很容易将材料整齐断开。激光划片为非接触加工，因此用激光对晶体硅太阳电池进行划片能较好地防止损伤和污染，提高划片的成品率。

4.1.1.2 设备简介

激光划片机一般由激光晶体、电源系统、冷却系统、光学扫描系统、聚焦系统、真空

泵、控制系统、工作台、计算机等组成，如图 4-1 所示。控制台上有电源、真空泵、冷却水开关按钮及电流调节按钮等，工作台面上有气孔，气孔与真空泵相连，打开真空泵后太阳电池就被吸附固定在控制台上，切割过程中不易产生位移。

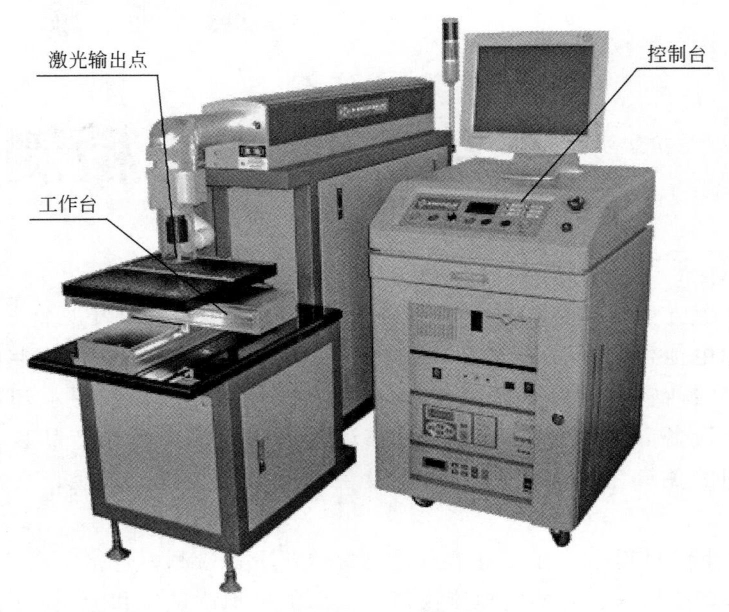

图 4-1 激光划片机

使用划片机切割电池时，先打开激光划片机及与之相配的计算机，将要切割的太阳电池正面朝下放在切割台上，并摆好位置，然后打开计算机中的相关软件，根据所需电池的尺寸设计线路之后，输入 X 轴与 Y 轴方向的行进距离，预览确定路线后，调节至合适的电流进行切割。

4.1.1.3 切割关键工艺控制点

为保证电池在切割过程中的损失程度最小，并且保证不影响后序组件良率，切割过程中需要把握好以下几个关键工艺控制点：

(1) 切片方向　通常从电池背面切割，避免正面切穿 p-n 结，导致电池正负极短路；

(2) 对位精度　根据所切电池尺寸来定，通常 156mm×156mm 电池对半切的对位精度需要小于 0.2mm；

(3) 切割深度　切割深度通常控制在电池厚度的 60%左右，在设备上主要通过调节激光功率和激光划片速度参数来控制切割深度；

(4) 切边平整度　应确保电池紧贴工作面板，激光头应聚焦良好，以保证切边的平整度，避免出现 V 型缺角等缺陷，减少隐裂、破片问题的发生；

(5) 切片破片率　从上料、划片、掰片到下料，每个操作都可能会引起破片，因此要控制好各个步骤的良率；

(6) 产能　在保证切片质量的前提下，通过调节激光功率和划片速度来控制划片产能。

此外，在操作切割机时，需要注意以下几个问题：

(1) 切片时，需根据所切电池的尺寸、厚度、翘曲度以及产能需求等来选择合适的划片参数，尤其需要注意激光功率和划片速度的设置。激光输出功率大，激光束能量强，可以将电池直接划断，但这样容易造成电池正负极短路。反之，功率输出小，则切割深度不够，在沿着划痕将电池掰开时，容易将电池掰碎。在激光功率恒定时，激光切片速度过慢，切割深度会增加，而且长时间高温对电池损伤较大；但如果切割速度过快，会导致划痕较浅，电池容易被掰碎；

(2) 激光束行进路线是通过计算机设置确定的，设置坐标时，一个微小的差错都会使激光束路线完全改变。因此，在切割电池前，可以先使用小功率光束沿设定的路线走一遍，确认路线正确后，再调大激光功率进行切片；

(3) 一般来说，激光划片机只能沿 X 轴与 Y 轴方向进行切割，切方形电池比较方便。当要求将太阳电池切成三角形等形状时，切割前一定要计算好角度，通过改变电池放置的方位，使需要切割的线路沿 X 或 Y 方向；

(4) 在切割不同的太阳电池时，如果两种电池厚度差别较大，在调整激光功率的同时，需注意调整激光束的焦距；

(5) 切割时应打开真空泵，使电池紧贴固定在工作面板上，否则会导致切割不均匀；

(6) 切割之后要定期对设备进行除尘处理，尤其是激光头、负压吸嘴通路和吸盘通路，否则灰尘的存在或电池吸附不平容易引起激光头失焦，造成划痕深浅不一，切口呈锯齿状。

采用皮秒级激光可以有效提高激光划片的良率和切口质量。为了尽可能降低激光对太阳电池的损伤，现在有的设备把激光的脉冲宽度从纳秒级升级为皮秒级，目前业内已经开始用皮秒级激光进行 PERC 电池背面开槽和 MWT 电池激光钻孔。

4.1.2 玻璃清洗机

玻璃的清洁度对组件的层压效果和组件的长期可靠性有重要影响，因此在组件叠层前应根据需要对玻璃进行清洗，清洗设备一般采用玻璃生产制造业常用的玻璃清洗机。目前玻璃供应商一般会在包装之前进行清洗，如果存放期超过 3 个月，则使用之前通常需要重新清洗。玻璃清洗机的清洗方式有刷盘清洗、水过滤清洗和超声波清洗等。

图 4-2 所示的玻璃清洗机用于清洗 1.5～12mm 厚的平板玻璃，为水平卧式结构，采用刷盘清洗方式。通常将平板玻璃放置在进料段的传送辊上，经过清洗段、干燥段后到达出料段（附架），即可得到干燥洁净的玻璃。

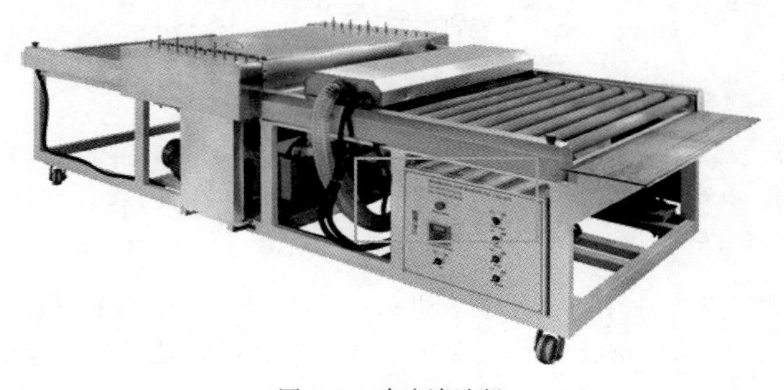

图 4-2 玻璃清洗机

清洗干燥段的传送机构可根据玻璃的厚度自动调节夹送胶辊的距离，动作灵活可靠。清洗部分采用齿轮、链条结合的传动方式，并配置相当数量的清洁毛刷与吸水海绵棒，以确保洁净程度。清洁毛刷与吸水海绵的位置可根据玻璃的厚度上下调节，以便可以在适当的位置上将玻璃清洗完毕。干燥段采用特殊的海绵辊吸水，用于烘干的空气从风机吹出后先经加热，然后再进入上下可调的风刀，均匀地吹向玻璃，使玻璃快速干燥。

使用时的注意事项如下：

（1）注意保持水路清洁，定期清理。光伏玻璃清洗用水一般为去离子水，由于现在大批量使用镀膜玻璃，对玻璃镀膜前清洗用水的水质要求更高，因为镀膜玻璃表面的耐脏污程度不如非镀膜玻璃；

（2）如果玻璃表面不干燥，不能进入叠层和层压工序。

4.1.3 焊接设备

4.1.3.1 设备简介

焊接是组件封装工艺中的关键工序之一，焊接分为手工焊接和自动焊接。手工焊接采用的设备为恒温烙铁，一般温度设置为380～420℃。早期光伏行业基本上都是采用手工焊接，现在已经被逐渐淘汰，改为自动焊接，只有一些特殊的太阳电池才采用手工焊接。自动焊接设备（俗称自动串焊机，见图4-3）可以根据所设定的参数将电池片正反面同时自动连续焊接，一次性完成单焊和串焊，组成电池串。与手工焊接相比，自动焊接速度快，焊接质量可靠，一致性好，过程可监控，电池片翘曲小，破片率低，而且可以避免人为因素的影响，如手指印脏污、流转过程破片等。一台产能为1200片/h的自动串焊机能替代约20名操作工。当然如果一旦出现焊接不良问题，往往是批量出现，因此自动焊接对设备稳定性要求极高。

图4-3 自动串焊机

在我国，自动串焊机一开始主要依靠进口，主要产品有德国的Technical Team（简称TT），日本外山机械的DF系列。现在国产自动串焊机大批涌现，包括先导、Autowell、小牛等。国产串焊机设备性价比很高，价格不到国外设备的1/3，技术质量及售后服务可与国外设备相媲美。自动串焊机最关键的衡量指标为焊接破片率，国产设备在这项指标上能够做到优于进口设备，进口串焊机破片率一般小于0.25%，而国产设备能做到小于0.15%。

太阳电池焊接的主要加热方式有红外加热、电磁感应加热及热风加热等。德国TT、西班牙Gorosabel、国内无锡先导、奥维特以及天津利必优等公司均采用红外加热方式，而瑞士Komax、美国Xcell（Komax重组）、国内宁夏小牛等公司则采用电磁感应加热技术，Somont GmbH（被梅耶伯格收购）公司采用软接触电热棒加热，日本外山机械采用的则是热风加热技术。

4.1.3.2 设备工作流程

一台串焊机主要包括上料区、焊接区、出料区和焊带供给区。图4-4展示了串焊机完整的工艺流程。上料区的主要功能为电池上料、CCD检测等，焊接区的功能为电池加热、焊接、传送等，出料区的功能则主要是将焊好的电池串切断和传送到下一工位，焊带补给区的主要功能是互连条整理牵引、整理和切断，有的还包括助焊剂供给。

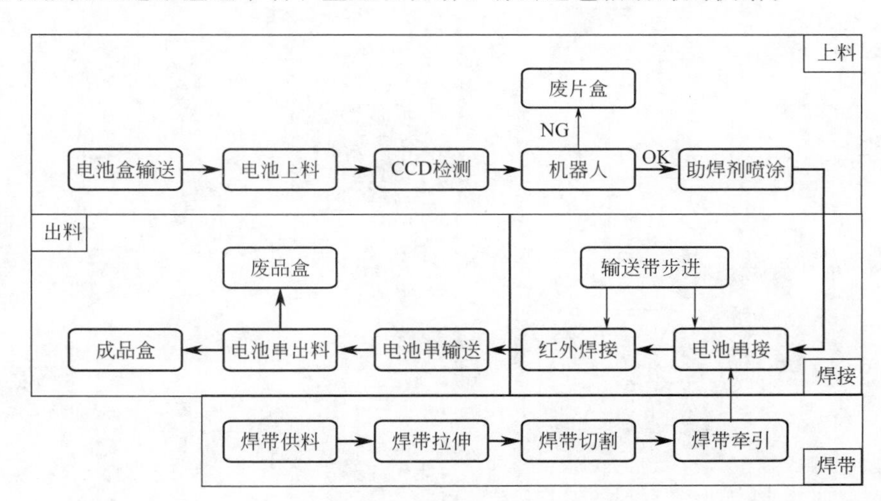

图4-4 串焊机工艺流程图

1. 电池上料

电池盒装载位位于机器外部，不需要停机上料，操作者看到装载盒传输进设备后，就再放入另一盒电池至上料台，见图4-5。

2. 电池上料和CCD检测

电池盒到达上料位后，上料机构将电池逐片抓取到CCD拍照平台拍照检测和定位。上料机构由顶升伺服、升降电缸（带吸盘）和横移伺服组成，并配有防止电池粘连的气刀，如图4-6所示。一般CCD检测采用300万以上像素的工业相机，见图4-7。主要功能如下：

（1）缺陷检测　可检测缺角、裂口、裂纹、栅线不平行等缺陷，缺陷等级（如裂口深度）可根据电脑中设定的标准进行自动判定；

（2）栅线定位　检测电池的中心及主栅线位置，与焊带进行匹配。

CCD将检测结果发送给机器人，机器人根据CCD传来的数据对电池进行精确抓取定位，将不良电池放到不良片盒，合格电池则抓取到输送带，并在抓取过程中根据CCD检

图 4-5　电池上料台

图 4-6　电池上料机构

图 4-7　CCD 检查电池缺陷及定位

测结果对电池进行微调，使主栅线对准焊带，定位精度可以达到 0.01mm，有效避免主栅线焊接露白。

3. 施加助焊剂

一般助焊剂施加方式有喷涂和浸泡两种。喷涂方式一般是在机器人将太阳电池从拍照平台取出时，助焊剂喷涂机构将助焊剂喷涂在电池正反两面的栅线上，这个过程需要掌控好喷涂角度，否则会喷在主栅线和背电极范围之外，影响电池外观，有时会带来其他可靠性问题。浸泡方式是互连条从卷轴上拉出时，直接经过一个助焊剂浸泡盒，烘干后进行焊接。两种方式各有利弊，喷涂方式在调整及切换焊带规格后需要对喷涂的角度等进行调整；而对于浸泡方式，由于助焊剂具有腐蚀性，所以焊带经过的工装配件部位需要经常清洁保养，以防止被腐蚀。

4. 互连条整理及牵引

互连条在卷轴上呈弯曲状态，因此首先需要将其拉直，然后进行切割，需要的时候可以进行一定程度的折弯，以匹配电池从正面折弯到背面的高度，防止破片和组件工作中的热胀冷缩带来的影响。互连条拉伸量可在电脑程序中设定，拉伸量过大和过小都会影响焊接性能，应根据焊带性能和经验设定拉伸量。折弯深度及位置一般用小的工装夹具控制，可以通过人工进行调整。焊带牵引机构将切割后的焊带夹取和定位到电池的主栅线上，焊带定位的精度主要通过焊带牵引机构的伺服电机、直线模组及导向机构来保证。

5. 焊接区输送带

焊接区输送带如图4-8所示，一般采用特氟龙材质，它耐高温且不粘锡。为了减少温度变化在太阳电池内部引起的应力，焊接区输送带下方设置多块加热板，在焊接前对电池进行多段不同温度的预热，在焊接后也可使电池多段缓慢冷却。输送带由伺服电机驱动，步进精度较高。

图4-8 焊接区输送带

6. 加热和焊接

通过同时加热电池的正反两面，将互连条同时焊接在太阳电池的主栅线和背电极上，直接将电池焊接成串。除了传输带下面有加热板对电池背面进行预热，电池正面还通过红外或者热风进行加热，或者采用电磁加热。一般焊接底板温度精度约±5℃，红外灯管温度精度约±10℃。焊接台如图4-9所示。

7. 分串机构

分串机构如图4-10所示，主要功能是将已焊好的电池串按照所需要的串联电池数量进行切断，并可以自动连续切断，切断与焊接同步进行，无需等待，一方面提高了单位时间产能，另一方面有效避免了电池串首尾片的焊带偏移。

8. 出料区

出料区由输送带、下吸取机构、上吸取机构、横移机构、成品盒支架、废品盒支架组成。出料区可设置为检查模式或自动模式。在检查模式下，通过机侧按钮可将电池串翻转至设定的角度，方便人工检查；在自动模式下，每串电池串自动翻转，延时一定时间（一般留有5s的检测时间）后放入成品盒。常用的自动串焊机的技术指标参考表4-1。

图 4-9 焊接台

图 4-10 电池分串机构

表 4-1 常用的自动串焊机的技术指标

适用尺寸	125、156 晶体硅电池，电池厚度：150～220μm； 主栅数量：2～5，兼容市场上大部分太阳电池栅线形状
电池片供给方式	电池水平码放到送料仓中，一般要求每个电池盒装载电池数量不少于 120 片
焊带供给	多组卷轴焊带自动供给，数量根据客户定义； 焊带宽度：0.9～2.0mm，厚度：0.2～0.3mm
CCD 检测	CCD 画像处理系统对电池外观缺陷进行检测，同时完成以电池的边缘定位和栅线的定位
助焊剂喷涂	业内分为两大类：直接喷涂在电池上和喷涂在焊带上
焊接方式	红外线灯式焊接，上下栅线同时焊接（TT、ATW、先导）； 电磁感应焊接（小牛、Komax）； 热风焊接（NPC、DF）

续表

控制系统	单片机控制，扩展性能低且稳定性一般； PLC控制，扩展性能好且稳定性高。主流为德国西门子系列或日本三菱系列的控制模块，如TT及3S为Siemens，DF及ATW为Mitsubishi，先导为OMRON
取片机器人	主要作用是抓取电池及将电池精确定位，属于要求最高的控制运动模块。业内一般采用EPSON（日本）、FANUC（日本）、ABB（瑞士）这几家提供的工业机器人
传输带	采用不锈钢带或涂特氟龙的聚四氟乙烯高温布传送
焊接速度	目前一般达到1200片/h，最新的设备达到2400片/h，有的到达3200片/h
焊接不良率	主要体现在：焊接偏移、空虚焊、片间距不良、隐裂破片。一般要求不良比例低于0.1%
破片率	一般要求为：<0.1%

4.1.4 真空层压设备

组件封装主要依靠真空层压设备，即真空层压机实现。通过真空层压机在一定真空、温度、时间条件下的压力作用，组件叠层件中的黏结材料EVA胶膜可以将背板、太阳电池和玻璃黏结在一起，变成层压件，实现对电池的保护。

4.1.4.1 层压机简介和分类

层压机集真空技术、气压传动技术、PID温度控制技术于一体。其外形结构多种多样，图4-11所示是早期的半自动层压机，一次可以层压1块常规组件；图4-12所示是传动式层压机，一次可以层压3～4块常规组件。两种层压机工作原理基本一致，在控制台上可以设置层压温度、抽气时间、层压时间、充气时间，控制方式有自动与手动两种。

图4-11 半自动层压机

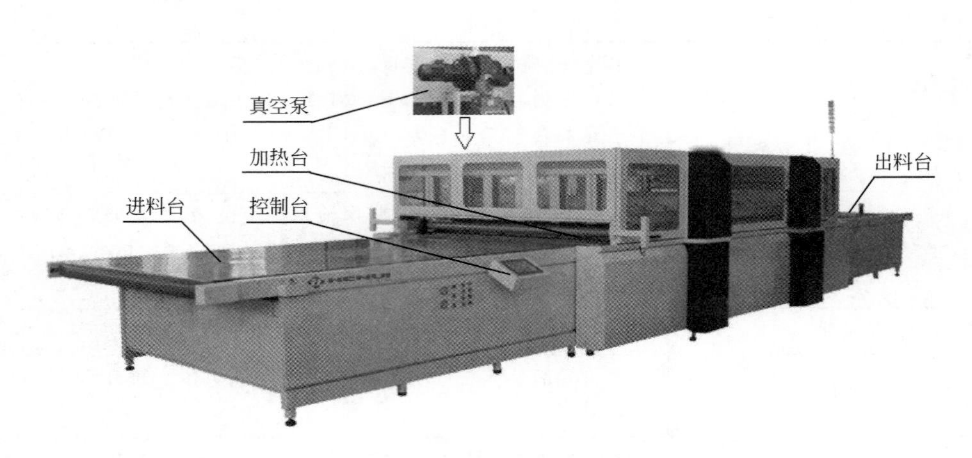

图 4-12 传动式层压机

整套层压机包括进料台、控制柜、电脑显示屏、加热站、层压腔体（主机）和出料台。层压的主要过程在层压腔体内完成，其他机构都起到辅助作用。层压机腔体的内部结构主要包括上室、下室和热板。层压机的上盖内侧有个胶皮气囊，上室指的就是这个气囊和上盖板之间的腔体。上盖与热板之间的距离一般为 15～30mm，周围有密封圈，上盖盖下后，形成一个密封的腔体，称为下室。底板为加热板，加热板上为由耐高温的聚四氟乙烯高温布做成的传输带。

层压机的加热方式和抽真空能力是影响层压效果的关键因素。层压机的加热方式一般有油加热、电加热和油电混合加热三种。油加热方式中，加热板一般采用一整块钢板，钢板中间打循环孔，让热油在热板内部循环，实现加热的功能；电加热一般采用分块加热的方式，例如一个尺寸大约 3000mm×40000mm 的热板，通常分为 16～32 个加热区域分别控制，从而实现整板加热。油加热成本低，比较容易实现温度均匀，一般精度为±2℃，但需要一直使用油泵，并不断对油进行加热，同时油路需要维护，定期更换加热油；电加热成本较高，但是升温快，温度均匀性更好，精度通常能达到±1.5℃。现在高级的电加热方式还能实现局部温度补偿，如层压件在进入腔体后，在整个抽真空过程中玻璃会发生翘曲，使组件四个角落的 EVA 交联率偏低，因此可以将这四个角落的加热模块设定温度提高 1～3℃，保证 EVA 的交联均匀性。电加热可缩短层压时间，提高产能。

早期有一种进口的顶针式层压机，在电加热板上安装了顶针结构，在刚开始加热的时候，可以将层压件顶出，不接触热板，而利用空气传热，实现组件叠层件的均匀受热和升温，这样有利于 EVA 均匀熔融，减小叠层件的初始变形，提高工艺良率，但这种加热方式工艺复杂、成本高，因此这种层压机没有得到继续发展。随着双玻组件的迅速发展，又出现了上下都可以加热的层压机，这种层压机的下腔室加热板不变，而在上盖板采用红外加热的方式对组件叠层件背面进行加热，能有效缩短层压时间，提高产能。

国产层压机最开始大多采用油加热方式，现在多采用电加热方式。层压机的真空度主要由真空泵控制，抽真空的方式有多种，如旋片泵和罗兹泵组合抽真空，更高级的有采用旋杆泵和罗兹泵组合实现抽真空。

层压机根据操作方式，又可分为手动层压机、半自动层压机和全自动层压机；根据腔体的热板大小，又可分为一压一（以常规60片电池串联成的270W组件为基础，一次层压一块组件）、一压三、一压四；根据工作腔个数，可以分为单腔层压机和双腔层压机。单腔层压机只有一个加热腔，层压一次完成；双腔层压机有前后两段加热腔体，可以实现两步层压，不但节约空间，还能提高产能，并且可以一段层压采用低温，以便较好地抽真空，避免产生气泡，二段层压采用高温，以达到快速交联的效果。另外层压机还可根据所压层数分为单层层压机和多层层压机。图4-13所示为不同层压机结构图。

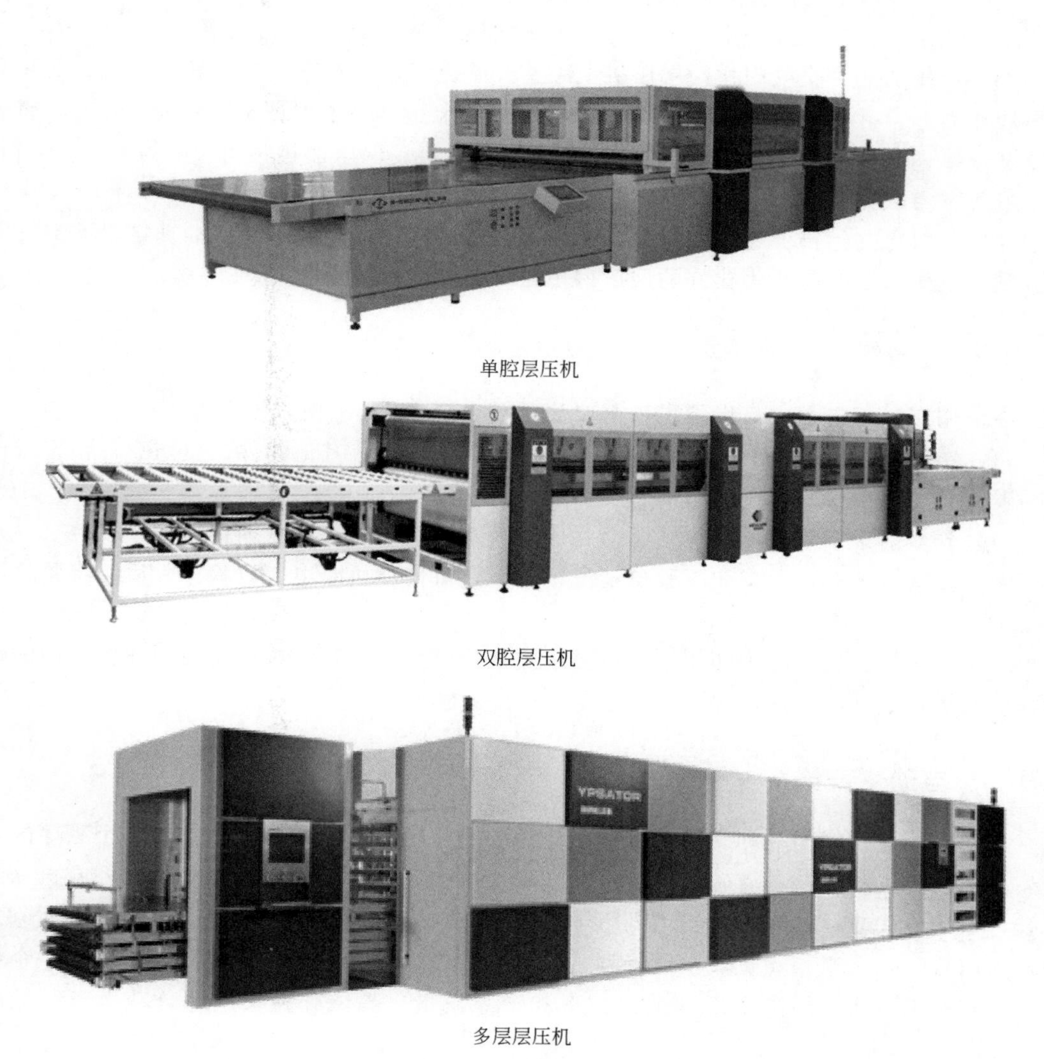

单腔层压机

双腔层压机

多层层压机

图4-13 不同层压机结构图

层压机的生产企业较多，国内厂家主要有秦皇岛奥瑞特、上海申科、秦皇岛博硕光电、秦皇岛瑞晶，国外主要有Meiya、3S、日清纺等。

4.1.4.2 层压机的工作过程

层压的时候需根据 EVA 的特性设定好热板温度，一般温度范围为 135～150℃，抽真空和层压时间也需要根据不同 EVA 的特性进行调整，调整的原则为层压后组件没有气泡、电池破裂等现象，交联率合格，EVA 与背板的剥离强度合格。

层压机的工作过程主要分以下四步：

（1）入料　组件叠层件通过进料台传送带送进层压机加热板区域；

（2）抽真空加热　层压机迅速合盖，上、下腔室同时抽真空。上室抽真空是为了把硅胶毯吸附到上盖板上，防止硅胶毯压到叠层件。通常要求下室的抽气时间为 4～6min，一般在 20s 内下室真空度都会达到－20Pa 以上，几乎处于完全真空状态，否则组件内部就会产生小气泡。在这个过程中层压件开始逐步加热升温，EVA 开始熔融；

（3）保压加热、交联固化　层压机上腔室开始充气，下腔室继续抽真空，上、下腔室间形成压力差，硅胶毯开始对叠层件施加压力，这个压力除了保证 EVA 和背板、玻璃的黏结强度，还能把 EVA 交联固化过程产生的气体排出。保压加热时间一般为 10～20min，整个过程下室保持真空、上室保持充气状态；

（4）出料冷却　待保压固化时间到达设定值以后，下室充气，上室抽真空，下室气压上升到大气压值后开盖，固化好的层压件传送到出料台进行自然冷却。

4.1.4.3 注意事项

在使用层压机过程中有以下事项需要注意：

（1）层压机合盖时压力巨大，切记下腔室的边沿不能有其他物件，以防意外伤害或设备损毁；

（2）开盖前必须检查下室充气是否完成，否则不能开盖，以免损坏设备；

（3）控制台上有紧急按钮，紧急情况下按下，可使整机断电。故障排除后，将紧急按钮复位；

（4）层压机若长时间未使用，开机后应空机运转几个循环，以便将吸附在腔体内的残余气体及水蒸气抽尽，从而保证层压质量。

4.1.5 自动生产线

在光伏行业发展的初期，国内组件生产线上每个工序基本都是独立的，每个工序的半成品件都需要人工搬运和流转，因此产品质量受很多人为因素的影响。虽然国外有自动流水线，但是价格非常昂贵，因此几乎没有公司购买采用。这些年随着光伏行业的迅速发展，国内自动化、半自动化流水线得到了快速发展，以较高的性价比得到了广大组件企业的青睐和使用，大大提高了组件生产效率和产品质量。晶体硅光伏组件自动生产线见图 4-14。

与传统的手工线比较，自动生产线的布局除了电池串矩阵敷设单元有明显不同外，其他生产设备大部分都是相同的，自动生产线主要增加了每个工站之间的流转轨道，实现了组件在整个生产过程的自动流转，同时用机器人或者机械手实现了每个设备的自动上料和下料，图 4-15 是自动化流水线现场。

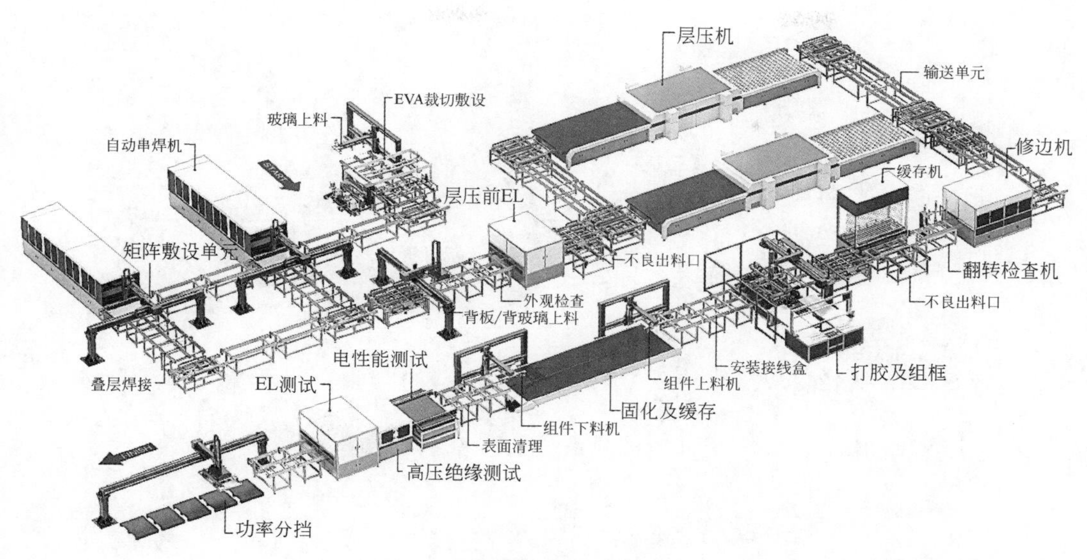

图 4-14 晶体硅光伏组件自动生产线

图 4-15 自动化流水线现场

全自动电池串矩阵敷设单元的自动排版工作站如图 4-16 所示，主要由玻璃归正输送单元、前 EVA 上料敷设机构、电池串吸附和摆放归正机构、汇流条摆放机构、汇流条和互连条自动焊接机构、后 EVA 和背板上料机构和检测机构组成，主要控制器件有伺服电机、步进电机、编码器、激光传感器、气动元件、光电传感器、变频器、PLC 通信模组、I/O 模块、电机减速机等。主要机械部件有框架结构、传动轴、传输带、吸盘组、横移模组、升降模组、导轨、机械手等。一般采用激光传感器边缘定位或 CCD 图像计算定位，将电池串根据生产工艺要求快速准确摆放到位，节拍间隔小于 15s/串，排版精度要求为小于±0.5mm，角度偏差低于±0.5°。

在实际应用中一般采用半自动化流水线进行排版和叠层，将整个叠层的工序分解成不同的工位，有的工位采用自动化操作，有的工位采用人工操作，人工操作一般只需进行一个非常简单的动作，从而大大提高了工作效率。采用半自动流转时，通常是在线下用设备把 EVA 和背板裁切好，玻璃在线上自动上料，然后敷设第一张 EVA，电池串自动吸附和敷设，接着摆放和焊接汇流条，最后敷设 EVA 和背板，即整个过程的各个动作分解为流水线上的不同工序，实现高效合理的运转节奏。

图 4-16　自动排版工作站

自动化流水线有如下优点：

（1）设备采用全自动化管理运行模式，自动排版，组件自动流转和在线清洗检测，自动打胶，自动测试，不需采用人工；

（2）采用流程化生产及准时化流转方案，节拍可以控制（一般小于 50s/件）。流水线各工作站实现数据集成、计算、分析、监控，品质可控及可量化；

（3）采用 PLC 主从站通信进行控制，能够单独控制每个工序；任何工序，只要存在堆积情况，系统都能够自动判断，并对堆积产品进行变向分配流通，确保生产线的顺畅；

（4）可以实现智能化和大数据管理，实时监控每个工段的产能和良率情况等。

4.2　检测仪器

4.2.1　太阳能模拟测试仪

太阳能模拟测试仪（又称太阳模拟器，或 I-V 测试系统）主要用于测试太阳电池或组件的电性能。通过测试太阳电池或组件的伏安特性曲线，并进行分析计算，得到其最大功率 P_{max}、最大功率点电流 I_{mpp}、最大功率点电压 V_{mpp}、短路电流 I_{sc}、开路电压 V_{oc}、填充因子 FF（Fill Factor）、光电转换效率 E_{ff}、串联电阻 R_s、并联电阻 R_{sh} 等参量，这些参量能够反映出太阳电池或组件的电性能，不仅可用于太阳电池或组件的生产工艺研究，还可以用于太阳电池或组件的功率等级评定。因此，一台可靠的太阳模拟器不仅对生产工艺改进具有指导意义，更关系到产品的品质和制造企业的利润和信誉。

4.2.1.1　太阳模拟器测试原理

太阳模拟器是用来测试光伏组件或电池的 I-V 曲线的，主要记录被测样品在确定的工作温度、确定的入射光谱和辐照强度下，其负载变化时输出电流和输出电压之间的关系，测试原理等效示意图见图 4-17。

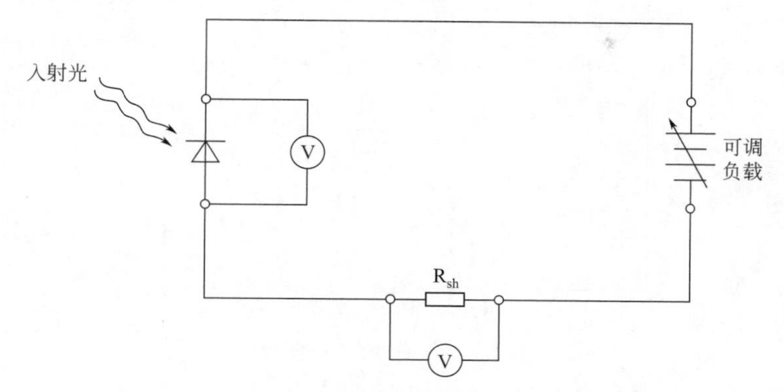

图 4-17 太阳模拟器测试原理等效示意图

常见的 I-V 测试系统主要由光学系统、电子负载、控制电路、计算机、数据采集系统等功能模块组成。典型 I-V 测试系统的结构如图 4-18 所示。

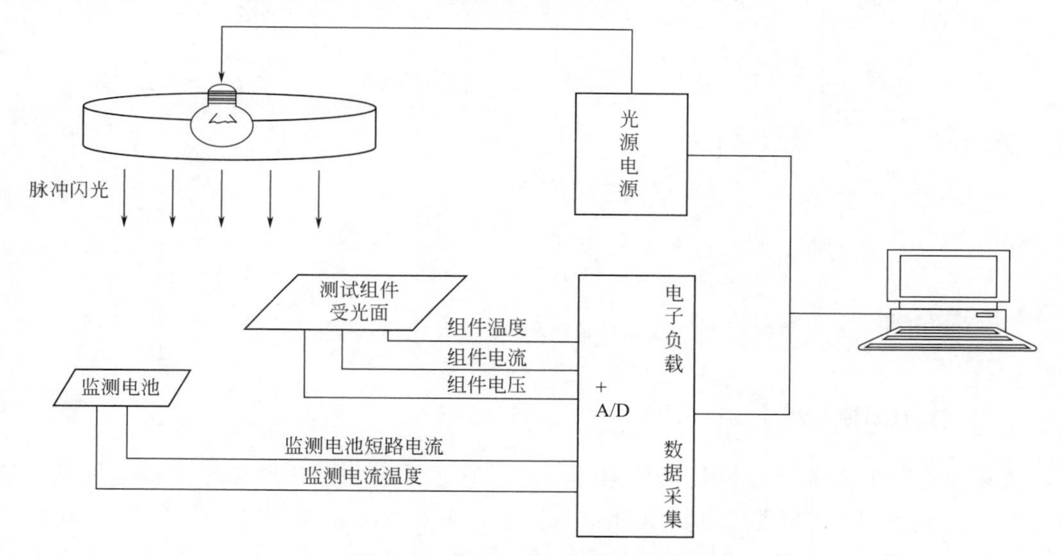

图 4-18 典型 I-V 测试系统结构图

典型的 I-V 曲线如图 4-19 所示。关键测试参数有短路电流 I_{sc}，开路电压 V_{oc}，峰值功率 P_{max}，最佳工作点电流 I_{mpp}，最佳工作点电压 V_{mpp}，其他还有填充因子 FF，转换效率 η，串联电阻 R_s 和并联电阻 R_{sh} 等。

太阳模拟器的光学系统主要由光源、聚光系统、光学积分器、准直系统、太阳光谱辐照度分布匹配滤光片等组成。光源（氙灯或金卤灯）发出光，经椭球面聚光镜汇聚到光学积分器的入射端，形成辐照度分布，该分布经光学积分器各通道对称分割、叠加再成像，再经过准直系统和滤光片过滤除去杂散光，得到与自然太阳光非常接近的光谱分布。从准直镜前方看去，辐射光束来自位于准直镜焦面上的圆形视场，光阑如同来自无穷远处的太阳，从而实现了具有均匀辐照的太阳光的模拟。太阳模拟器的光学系统结构示意图如图 4-20 所示。

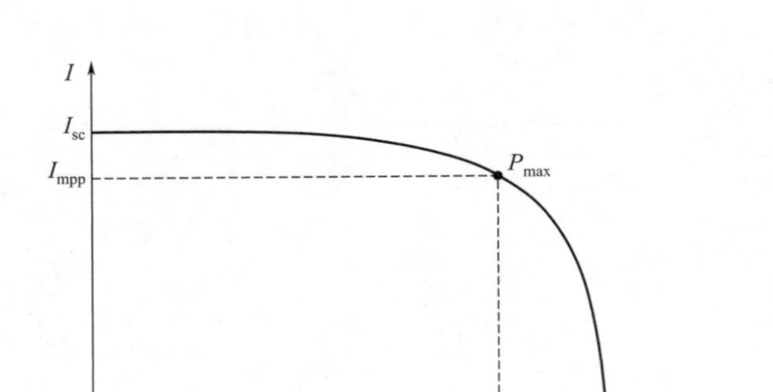

图 4-19 典型的 I-V 曲线

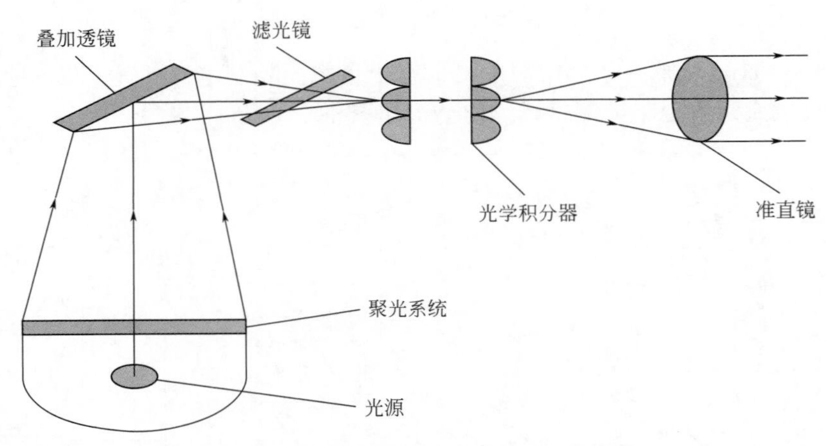

图 4-20 太阳模拟器的光学系统结构示意图

4.2.1.2 太阳模拟器的光源

太阳模拟器的光源可以说是模拟器的心脏，它直接影响到辐照度、光谱范围及稳定性。光源一般采用人工模拟太阳光，光谱与自然太阳光越接近越好。

太阳模拟器根据光源类型主要分稳态光源和脉冲式光源。稳态光源工作时能输出辐照度稳定不变的太阳模拟光，便于测量工作的稳定进行，因此还可应用于光老化试验和热斑耐久性试验等，其缺点是设备功率大，且在测试时容易受温度影响，为了获得较大的辐照面积，需要非常庞大的光学系统和供电系统，因此稳态光源一般不用于组件测试，通常仅用于小面积测试，如可以用于太阳电池模拟测试仪。脉冲式光源能在很短的时间内（通常是毫秒级）以连续脉冲的形式发光，其优点是瞬间功率很强，而平均功率很小，缺点是由于测试在极短的时间内完成，因此对数据采集系统要求比较高。对于高效太阳电池组件，如 TOPCon、IBC、SHJ 光伏组件，由于存在较大的电容效应，利用脉冲式光源会带来较大的测试误差。

脉冲式光源常见的有金卤灯和氙灯两种。金卤灯在光谱能量分布上与太阳光谱差别较大，一般很少采用。氙灯是利用氙气放电而发光的光源，光谱的连续性很强，光谱分布与太阳光谱相似，但是在 800～1000nm 范围有许多尖峰，比太阳光大几倍，需要用滤光片滤除。目前航天系统的太阳模拟器和大型的聚光型太阳模拟器都采用氙灯作为光源。

近年来，为提高光伏组件测试的准确性，降低高效组件的电容效应对测试准确性的影响成为行业焦点。对于10ms左右的短脉冲模拟器，以瑞士PASAN公司的龙背扫描方式为代表：在扫描IV过程中，将电压升高过程划分为若干阶段，在每阶段电压上升时，留有足够释放电容的时间，从而提高测试准确性；后来德国TÜV将该技术进行优化，形成动态IV扫描法，曾经引领光伏组件测试的潮流。后来，长脉冲模拟器应运而生，典型的组件模拟器厂家包括日本WACOM、德国HALM、中国台湾乐利士、陕西众森、北京德镭射科。长脉冲模拟器的脉冲时间在100ms左右，由于增加了脉冲时间，能够在一定程度上降低高效组件的电容效应对测试准确性的影响。如陕西众森的智能逼近法，在整个IV曲线上，仅在I_{sc}、V_{oc}取2个特征点，无限增加P_{max}点附近的扫描次数，使得P_{max}点附近测试结果的电容得到最大释放，从而提高测试准确性。HALM磁滞扫描法的原理是通过拟合正、反扫描结果，得到最终测试结果。

目前有企业在研发LED太阳模拟器。LED太阳模拟器一般为下打光式，有多个LED光源均匀分布在组件测试玻璃台下的光线发射区域，例如在1000mm×2000mm的模拟器测试面积上可分布112个LED灯源。目前这种模拟器技术日趋成熟，但是市场的占有份额还有待提高。太阳模拟器灯源和主要生产厂家见表4-2。

表4-2 太阳模拟器灯源和主要生产厂家

类型	优点	缺点	主要厂家
氙灯	光谱匹配好 电流功率高	寿命短 耗电量大	PASAN，SPIRE，ALL REAL，Berger，HALM，北京德雷射科，陕西众森，秦皇岛博硕等
金属卤钨灯	连续性好 寿命长	色温低 需预热	ATLAS，ALL REAL等
LED灯	光谱匹配较高 均匀性好	需多种波长的LED光源	Wavelab，PASAN，陕西众森
多类型组合灯	光谱匹配较易达到	需多种供电电源	Optosolar，WACOM

随着双面电池双玻组件的快速发展，一些测试仪厂家也在研发双面打光的太阳能模拟器，以实现在组件正面和背面同时施加光源。

总体而言，太阳模拟器灯源的未来发展趋势主要有以下几个方面：

① 光谱分布更加接近标准太阳光谱；

② 辐照度的均匀性更好；

③ 辐照强度总能量尽可能接近真实的太阳能量；

④ 能实现功率的连续可调。最终要实现的是一个最接近真实太阳的光源。

太阳模拟器根据光源的位置可以分为卧式侧打光、立式上打光和立式下打光三种类型。卧式侧打光太阳模拟器示意图见图4-21，组件需要在垂直放置状态下进行测试，且需要较长的距离，因此需要一个很长的暗室，典型产品有PASAN 3B、PASAN 3C、德雷射科产品等。采用立式下打光（即光源在组件下方，见图4-22）时，组件需要在水平放置状态下进行测试，典型立式下打光太阳模拟器产品有美国SPIRE公司的单脉冲

4600SLP、5600SLP 及陕西众森的 9A+等。立式上打光模拟器对测试暗房的建筑高度要求较高，要大于 8m 以上，更换灯管以及保养都不太方便，一般很少采用。

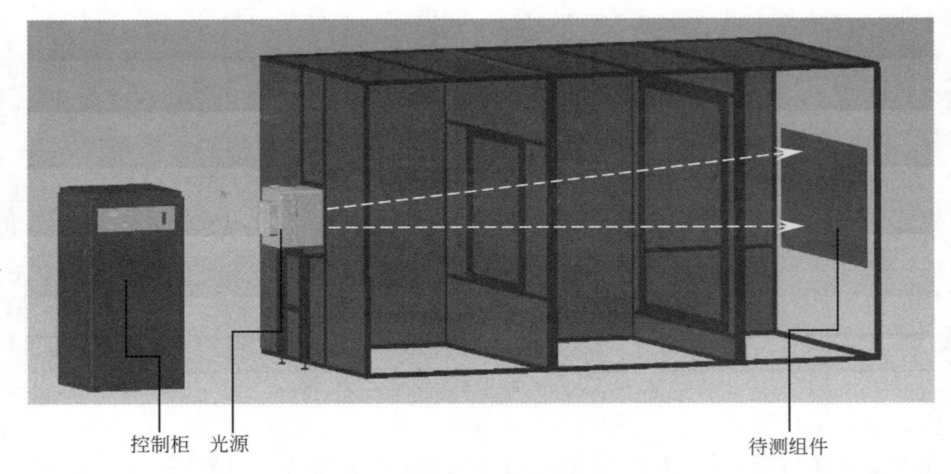

图 4-21 卧式侧打光太阳模拟器示意图

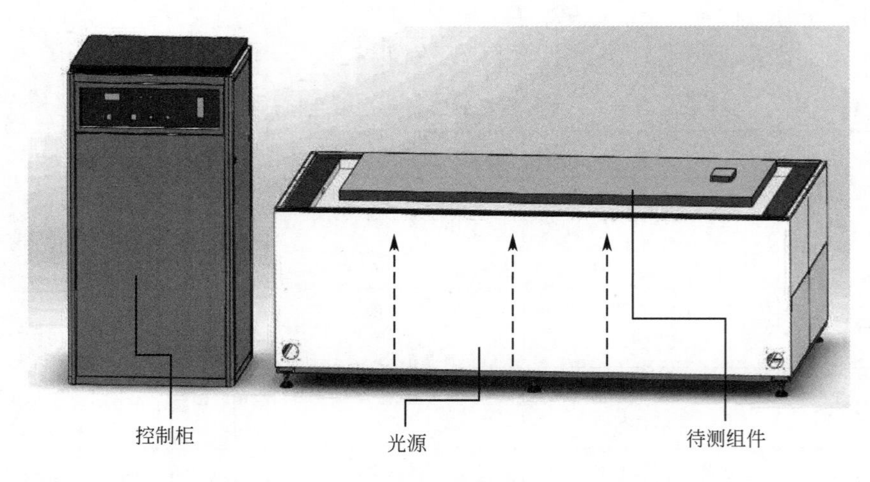

图 4-22 立式下打光太阳模拟器示意图

目前在进行大规模的光伏组件测试时通常采用连续脉冲式下打光太阳模拟器，如果是用于实验室高精度的测试，则采用卧式侧打光太阳模拟器，以得到更高的光强均匀度和实现不同辐照度的调节。

4.2.1.3 太阳模拟器的性能评价

太阳电池是光谱选择性器件，其光电响应特性随光谱分布的变化而变化。全球各地的自然阳光光谱分布不同，而且自然阳光的总辐照度也一直处于变化中，且无法调节，这会影响测试结果的可重复性。为使地面用太阳电池（组件）的测试结果既具有可比性，又能反映出太阳电池（组件）在户外正常使用时的性能，国际组织制定了地面光伏器件的标准测试条件（STC，Standard Testing Condition）：太阳辐射强度 $1000W/m^2$，环境温度 25℃，大气质量 AM 1.5G。

目前光伏测试用太阳模拟器的等级划分标准主要有 IEC 60904、ASTM E927-10 和 JIS C8912。按照国际标准 IEC 60904-9，判定太阳模拟器的光谱匹配级别主要有三个参数：光谱匹配性、光谱空间不均匀性和辐照不稳定性（这三个参数又分短期性能和长期性能），根据这三个参数的精度，将模拟器分为 A、B、C 三个等级，见表 4-3。

表 4-3 太阳模拟器的等级划分

等级	光谱匹配	辐照的不均匀度	辐照不稳定度	
			短时间不稳定度	长时间不稳定度
A	0.75～1.25	2%	0.5%	2%
B	0.6～1.4	5%	2%	5%
C	0.4～2.0	10%	10%	10%

1. 光谱的匹配性

鉴于目前已知的太阳电池光谱的相应特性，现行的 IEC 60904-3 标准推荐使用 6 个波段对模拟太阳光进行光谱匹配，见表 4-4，如果每个波段的辐照值与 AM1.5G 相应波段总辐照的比值的标准偏差在±25%以内，则可以评定达到了 A 级标准。目前多数设备厂家能做到 A+级，有少量厂家采用稳态模拟器可以做到±5%的范围波动，但制造成本也急剧增长，不适合量产。

表 4-4 IEC 60904-3 中规定的太阳光谱辐照比例数据表

序号	波段/nm	400～1100nm 波长范围辐照占总辐照的百分比	序号	波段/nm	400～1100nm 波长范围辐照占总辐照的百分比
1	400～500	18.4%	4	700～800	14.9%
2	500～600	19.9%	5	800～900	12.5%
3	600～700	18.4%	6	900～1100	15.9%

ASTM E927-10、JIS C8912 标准规定的辐照度分布与 IEC 60904-9 一致。ASTM E927-10 还规定了用于地面聚光光伏器件用的 AM1.5D 的光谱分布和 AM0 的光谱分布，见表 4-5。

此外，由于高效电池和组件扩展了在红外和紫外波段对太阳光谱的响应范围，目前的模拟器光谱评估范围已经无法覆盖高效电池的光谱响应范围，IEC 在修订标准 IEC 60904-4 中将模拟器评估范围扩展到 300～1200nm。

表 4-5 ASTM E927-10 规定的辐照度分布

序号	波长范围/nm	AM1.5D	AM1.5G	AM0
1	300～400	—	—	8.0%
2	400～500	16.9%	18.4%	16.4%
3	500～600	19.7%	19.9%	16.3%
4	600～700	18.5%	18.4%	13.9%
5	700～800	15.2%	14.9%	11.2%

续表

序号	波长范围/nm	AM1.5D	AM1.5G	AM0
6	800～900	12.9%	12.5%	9.0%
7	900～1100	16.8%	15.9%	13.1%
8	1100～1400	—	—	12.2%

2. 辐照均匀性

在测试平面的指定测试区域内的辐照均匀性是太阳模拟器的一项重要指标，用辐照不均匀度表示。在太阳模拟器的光学系统中设计匀光系统和准直系统的目的就是为了提高光线的辐照均匀性，但绝对意义上的均匀是很难实现的。按照 IEC 60904-9 标准规定，将整个测试平面划分为不小于 64 个区域进行测试，每个区域的测试面积不大于 $400mm^2$，辐照不均匀度的计算方法为：

$$u=\frac{G_{max}-G_{min}}{G_{max}+G_{min}}\times100\%$$

式中 u——辐照不均匀度，%；

G_{max}——测试区域内辐照度的最大值；

G_{min}——测试区域内辐照度的最小值。

如测试辐照面积为 2000mm×1200mm 的模拟器，进行校准测试时，一般采用单片 125mm 或 156mm 电池进行。以 156mm 电池为例，整个测试区域进行划分，沿长度方向划分为 2000/156=12.8 个区域，取整为 13，宽度方向划分为 1200/156=7.69 个区域，取整为 8，共有 13×8=104 个区域。通过测试这 104 个区域的辐照度，最终计算出辐照不均匀度。

3. 辐照稳定性

在整个数据采集期间内，辐照度应该具有一定的稳定性。将一段时间内测试平面上某点的辐照度随时间变动的关系定义为辐照不稳定度，计算方法为：

$$\delta=\frac{G_{max}-G_{min}}{G_{max}+G_{min}}\times100\%$$

式中 δ——辐照不稳定度，%；

G_{max}——整个测试过程中辐照度的最大值；

G_{min}——整个测试过程中辐照度的最小值。

辐照不稳定度分为长时间不稳定度和短时间不稳定度，见表 4-6。

表 4-6 辐照长时间不稳定度和短时间不稳定度指标

等级	辐照不稳定度/%	
	短时间不稳定度	长时间不稳定度
A	≤0.5	≤2
B	≤2	≤5
C	≤10	≤10

太阳模拟器的等级判定原则是：以光谱匹配性、辐照均匀性、辐照稳定性三个指标中最差的指标定位设备的最终级别，如表 4-7 是对某个测试仪的综合判定，最终级别是 C 级。

表 4-7 某个测试仪的综合判定

光谱匹配性	辐照均匀性	辐照稳定性
400～500nm 0.81(A) 500～600nm 0.71(B) 600～700nm 0.69(B) 700～800nm 0.74(B) 800～900nm 1.58(C) 900～1100nm 1.74(C)	测试区域面积，测试至少 64 个点，每个区域为 100cm×170cm，不同区域的辐照不均匀度是 2.6%	短时间不稳定度：多通道同时采集组件的电流、电压和辐照度数值，单次采集通道之间的触发延迟低于 10ns，数据采集期间，短时间辐照不稳定度低于 0.5%(A)； 长时间不稳定度：*I-V* 曲线测试期间，长时间辐照不稳定度小于 3.5%(B)
C 级	B 级	B 级

IEC61215-2：2016 规定：用于测试组件功率的测试仪，若光谱响应一致，测试仪只需达到 BBA 级别即可；用于光老化测试的模拟器，只需要达到 CCC 级别就可以。

4.2.1.4 太阳模拟器的溯源和操作

组件测试之前需要利用参考电池或标准组件对太阳模拟器光源的光强进行校准，即调整模拟器的辐照度，使标准电池的短路电流达到要求的数值，其目的是把模拟器的测试基准调整至量值传递方案要求的基准点。标准电池的校准需符合 IEC 60904-4 量值溯源标准要求。图 4-23 所示为 IEC 60904-4：2009 标准规定的参考电池的量值传递方案，这个是现行版本。图 4-24 所示为 IEC 60904-4：2017 标准规定的参考电池的量值传递方案。

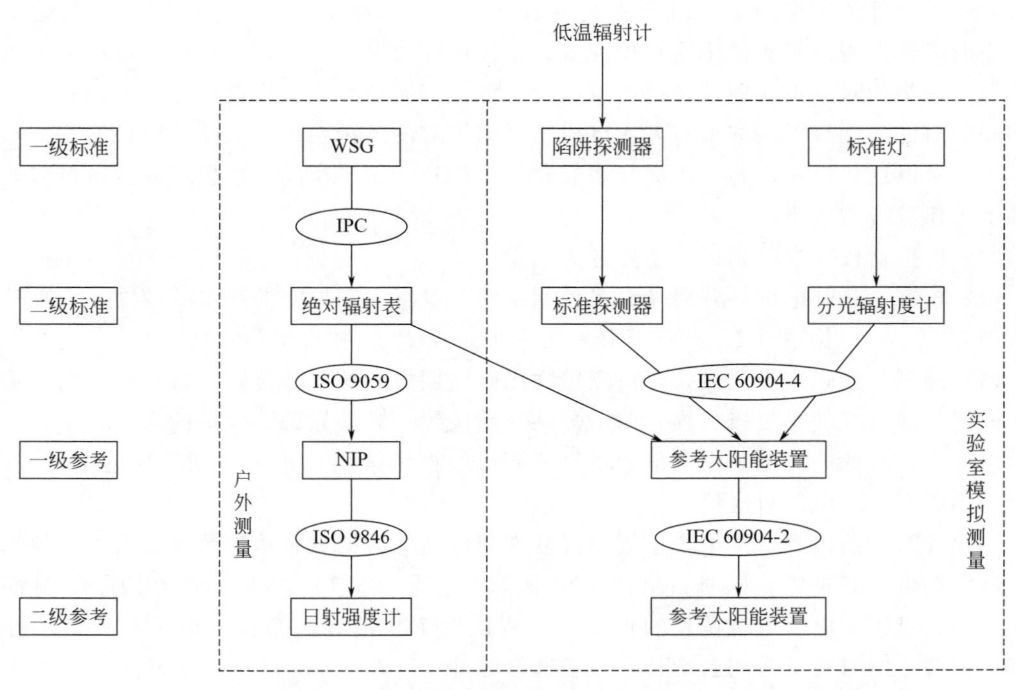

图 4-23 IEC 60904-4：2009 标准规定的参考电池的量值传递方案

目前国际上一般采用户外法、微分光谱响应法、模拟器法（分别通过二级标准绝对辐射计、标准探测器、绝对光谱分光度计）将电池标片校准值向参考电池传递。在电池标准片使用过程中，传递次数越多，校准值的不确定度越大。

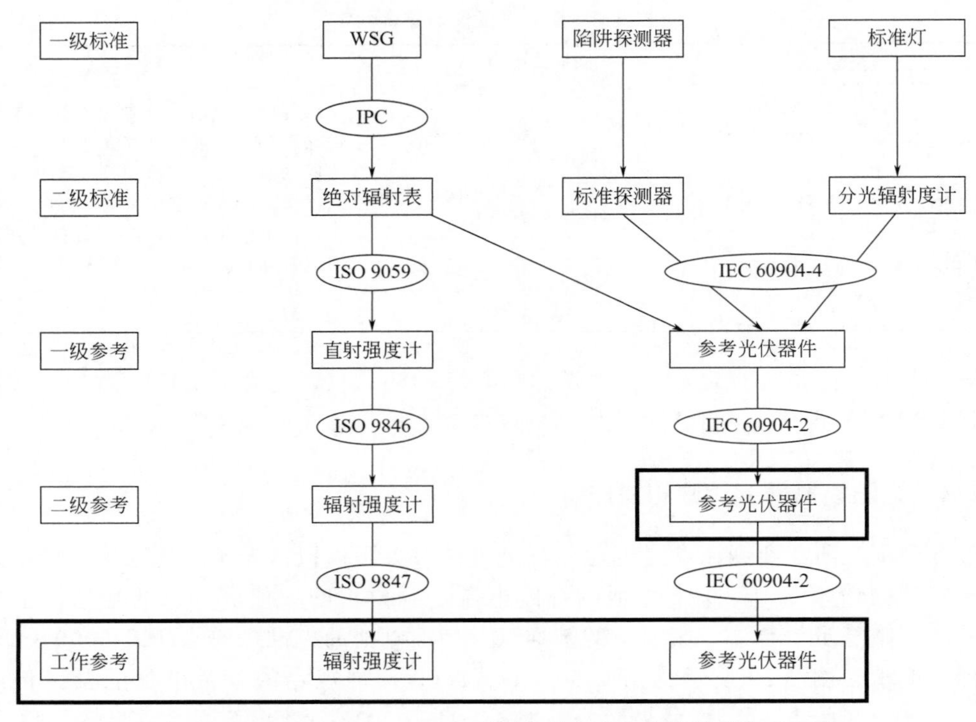

图 4-24　IEC 60904-4：2017 标准规定的参考电池的量值传递方案

常用的组件测试仪的标片校准方式一般分两种：一种是绝对测量，即参考电池法测试，一般第三方测试机构使用这种校准方式，并用标片对测试系统进行日常点检的测试验证；另一种为相对测量，即参考板法测试，一般生产制造企业采用这种方案，把和产品基本相同的组件送到有资质的第三方测试机构，用绝对测量法给出该组件的电性能参数，然后生产厂家以这块组件作为一级标片，复制二级标片，用于车间批量生产和测试过程，标板属于工作参考的等级。

太阳模拟器校准操作和运行主要分为三步：

（1）校准：打开电源，开启计算机控制系统，进行太阳模拟器光强的校准，校准一般有两种方式，一种是通过 I_{sc} 校准光强，另一种是以 P_{max} 校准光强；

（2）测试：光强校准之后，将待测组件正确地摆放到相应的位置上，将组件的正负极端子分别与测试仪的正负极相连，单击测试开始按钮，启动光源，模拟的太阳光线照射到被测组件上，与此同时测试仪内部通过迅速调整组件负载的大小来控制组件的电流变化，得出不同的电流、电压对应值；

（3）计算和给出测试结果：系统内部软件根据这些数据和其他参数（如实测组件温度等）做出整个 I-V 曲线，同时给出最大功率点的电流、电压、功率和填充因子等电性能参数。测试过程中电子负载调整的点越多，测试的 I-V 曲线越精确，但是对设备的性能要求也越高，同时测试时间会变长，一般选择脉冲宽度在 80ms 以上的瞬态模拟器测试。

在操作过程中注意以下几点：

（1）测试人员避免直视光源，以免伤害眼睛，根据需要选择佩戴防护眼镜；

（2）测试台面干净、无灰层、无异物、无遮挡物，接地线连接完好；

（3）测试仪引线夹具应与组件接线端子可靠接触，尽量减少接触电阻；

（4）对测试仪光照区、光强参考电池和标准电池组件进行擦拭，使其保持清洁，同时质量管理人员核对测试仪设置的温度补偿值是否与标片的温度补偿系数匹配；

（5）待测样品温度足够稳定，一般控制在（25±2）℃；

（6）测试环境相对密封，不受太阳光等其他光线的影响，测试区域没有大的气流波动。

4.2.1.5 影响光伏组件测试不确定度的因素

科技发展，计量先行。光伏组件的室内功率测试贯穿着光伏产品研发的始终：利用已知效率的太阳电池，通过 CTM 计算模型计算光伏组件的理论功率；并通过组件模拟器验证和确认组件的电学性能，达到产品研发的预期功率值。同时，通过改变 CTM 模型中各种组件辅材的参数，兼顾产品成本和优化组件功率，进而科学有效地指导组件研发和生产。另外，在销售方面，组件产品的功率直接决定了产品价格。可见功率测试准确性的重要地位。

在光伏组件测试方面，电学参数室内测试的不确定度备受各大光伏研究和测试机构的关注，逐年降低的测试不确定度是衡量光伏测试机构质量体系和测试水平的重要指标。国外开展光伏组件室内测试不确定度研究的机构包括：美国国家可再生能源实验室（NREL），德国莱茵（TÜV），日本产业技术综合研究所（AIST），德国夫琅霍夫太阳能系统研究所光伏组件校准实验室（Fraunhofer ISE）。目前，在晶体硅光伏组件功率室内测试中，最低的测试不确定度为 1.3%，由德国 Fraunhofer ISE 发布。中国作为光伏产品制造大国，在光伏产品检测方面也应当有所建树。由于大量光伏产品在中国生产，运输到国外的组件难免存在隐裂等缺陷，并且海外运输昂贵、耗时，所以在国内建立光伏组件测试机构对于光伏产业发展是极其有利的。在国内开展该工作的单位包括：中国计量科学研究院，无锡市产品质量监督检验院-国家太阳能光伏产品质量监督检验中心，广东产品质量监督检验研究院-国家太阳能光伏产品质量监督检验中心，福建计量院。国内光伏组件的室内测试不确定度较高。光伏组件的测试不确定度与测试实验室的质量体系、溯源链、测试方法和不确定度来源的控制息息相关。表 4-8 列出了光伏组件测试不确定度的来源，降低每个不确定度来源数值，会使得最终合成不确定度结果降低，从而提高测试准确性。

表 4-8 光伏组件室内测试不确定度来源

辐照度	标准太阳电池的校准
	电子负载中标准太阳电池电流测试通道的测量精度
	标准太阳电池长期稳定性
	标准太阳电池温度偏差
	标准太阳电池与被测组件的光谱失配
待测组件温度	电子负载中待测组件温度测试通道的测量精度
	热电偶的测温精度
I-V 曲线参数	电子负载测试精度
	接触电阻
	电容效应
	温度不均匀性
	p-n 结结温和背板温差
	长脉冲的温升效应
	冷光灯

续表

几何位置及角度	标准太阳电池与被测光伏组件平行度
	标准太阳电池与被测光伏组件前后位置偏差
	标准太阳电池与被测光伏组件上下位置偏差
	标准太阳电池与被测光伏组件左右位置偏差
重复性	测量重复性

4.2.2 隐裂测试仪

组件内部的太阳电池经过焊接、叠层、层压、装框等操作和流转过程，不可避免地会产生一定的破片、微小裂纹或断栅现象，而且太阳电池本身可能也会出现暗片和“黑心片”。除了破片，其他缺陷都是无法用肉眼直接观察到的，这些缺陷对组件的长期可靠性有着很大影响，因此需要在制造过程中加以检测并控制。通过隐裂测试仪可以检测出太阳电池是否存在一些外观缺陷，如微小裂纹、暗片等。目前光伏行业的隐裂测试仪有两种，一种是光致发光（Photoluminescence，简称 PL）式，一种是电致发光（Electroluminescence，简称 EL）式。

PL 是半导体材料的一种发光现象，半导体中的电子吸收外界光子后被激发，处于激发态的电子是不稳定的，在向较低的能级跃迁的过程中会以光辐射的形式释放出能量。PL 测试仪使用激发光源照射组件，使电池内部的电子辐射出光线，然后通过 CCD 相机捕捉光线，拍摄出组件内部电池的图像，并将拍到的图像与标片图像比较，从而发现组件内部的微观缺陷。PL 测试仪示意图见图 4-25。目前电池端的 PL 在线检测设备一般都是使用线阵相机，电池片在传输的同时进行 PL 图片的排照，然后检测系统利用自动检测算法进行在线自动检测。

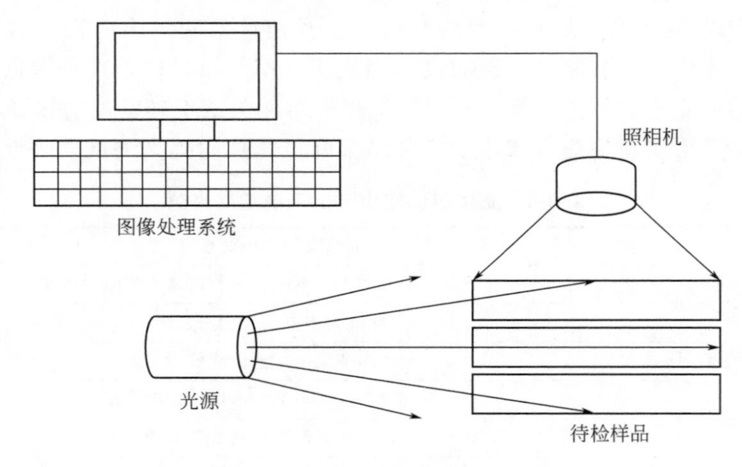

图 4-25　PL 测试仪示意图

目前电池端的 PL 在线检测设备一般都是使用线阵相机，电池片可以在传输运动的同时进行 PL 图片的拍摄，然后检测系统利用自动检测算法进行在线自动检测。

EL 通过对电池片或组件施加正向偏压，使少数载流子注入到 p 区或 n 区，这些注入的少数载流子会通过直接或间接的途径与多数载流子复合，产生自发辐射。EL 测试仪将这些辐射光线传到其 CCD 相机，拍摄出组件内部电池图像，根据图像发现组件内部电池的微观缺陷，EL 测试仪的示意图如图 4-26 所示。

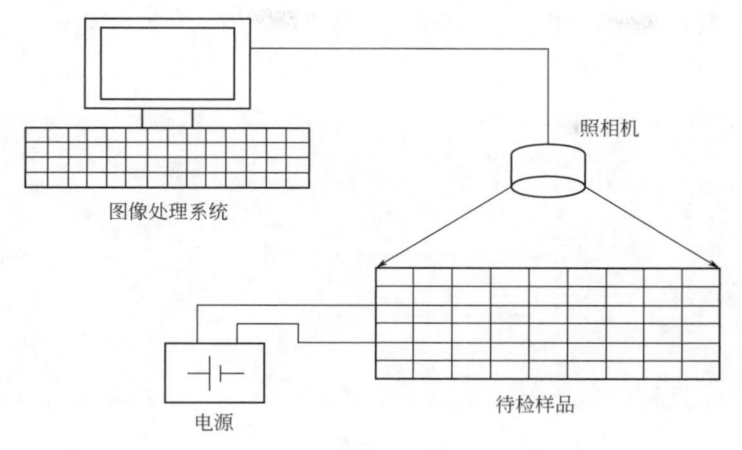

图 4-26 EL 测试仪示意图

目前组件生产过程中主要采用 EL 测试仪进行缺陷检测，EL 测试仪通常要求 CCD 相机像素大于 500 万，测试时间小于 25s，并具备条码水印图像、自动连续测试功能，同时要求测试电流可调，以实现在高、低电流状态下测试组件和电池的 EL 图像，再根据电脑里的 EL 判断标准自动识别电池的 EL 等级。拍照系统包括带冷却功能的 CCD 相机、带通信卡和备用硬盘的 PC、带通信接口的可控多输出恒流源、通信模块等。拍照系统的软件组成主要包括 CCD 相机的拍照软件及图片处理软件（进行不同电流条件下的曝光时间及增益调整）、PC 的操作系统、控制软件等。

设备的运行流程：组件首先进行归正定位，输送至测试镜头上方，连接组件和 EL 测试仪，通电测试，CCD 相机获取整个组件的图像，经软件处理后在 PC 上显示图像，然后根据每片电池的图像判断是否存在不良现象，从而判断组件的等级。

组件 EL 行业标准和 Semi 国际标准把可以通过检测发现的电池缺陷分成形状类、位置类、亮度类三大类，形状类缺陷主要包括电池的微裂纹、裂片、黑斑、绒丝、网络片、刮伤、同心圆等；位置类缺陷主要包括电池的栅线断栅、四周黑边、角落黑角等；亮度类缺陷主要指不同电池串联在一起失配后电池亮度不均匀，以及由于电池工艺或者虚焊、过焊等原因引起的某一片电池的亮度不均匀，或短路引起的黑片等。

1. 形状类

(1) 贯穿性微裂纹　此类微裂纹走向与焊带平行，从电池的一个边缘延伸到另一个边缘（图 4-27）。

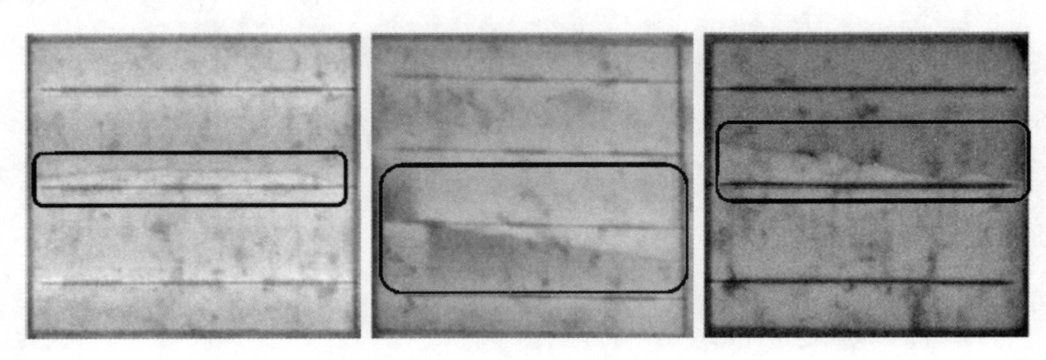

图 4-27 贯穿性微裂纹

（2）非贯穿性微裂纹　指从电池边缘或电池内部开始，在电池内部延伸并结束的裂纹（图 4-28）。

图 4-28　非贯穿性微裂纹

（3）裂片　电池上的局部区域已经与整个电池发生分离（图 4-29）。

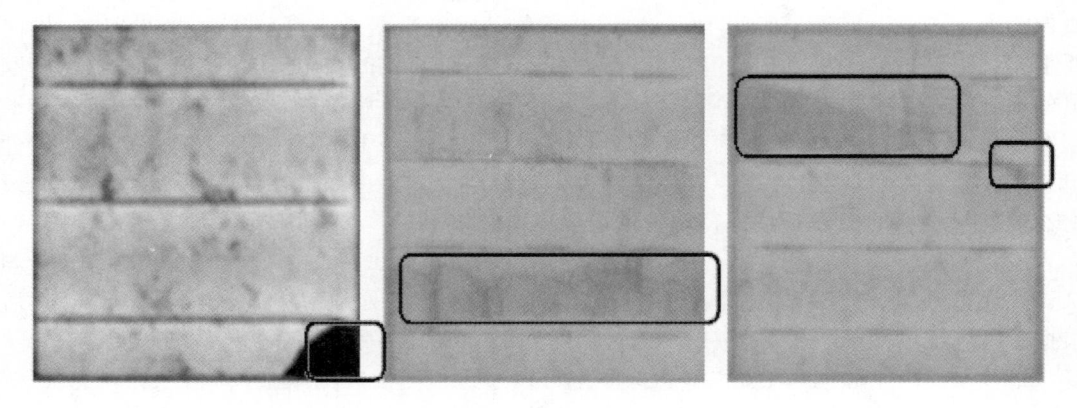

图 4-29　电池裂片

（4）黑斑或同心圆　分布在电池上的不规则黑色斑状区域，黑斑严重的，整个电池都是黑色的，一般称“黑心片”或“同心圆”（图 4-30）。

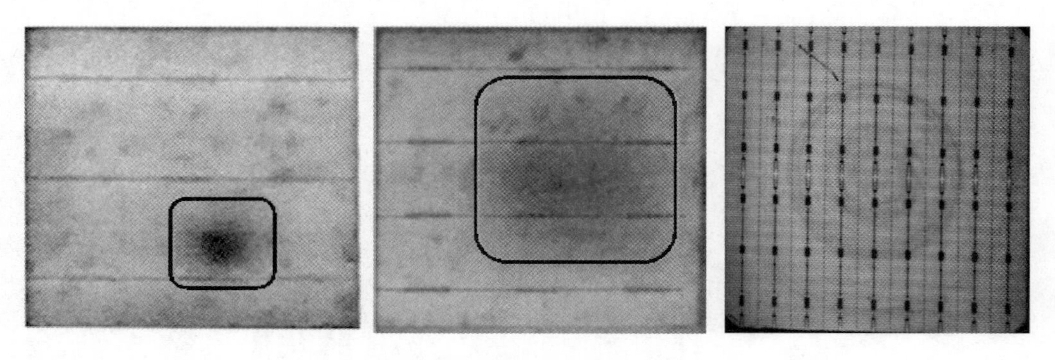

图 4-30　电池黑斑

2. 位置类

（1）黑边　电池的边缘出现黑色区域（图 4-31）。

（2）黑角　电池的一个或多个角落出现黑色区域（图 4-32）。

图 4-31 电池黑边

图 4-32 电池黑角

3. 亮度类

（1）电池之间的失配 同一组件中不同电池呈现不同的亮度（图 4-33）。一般是因为在一块组件内不同效率等级的电池串联在一起，电池之间的电性能参数不同，从而引起串联失配。对于这类的组件，如果明暗程度在施加高电流（一般为组件的短路电流，约 8～9A，模拟强光照射）时差异不明显，则可以通过施加低电流（如 1A，模拟弱光照射）轻易分辨出组件内部各个电池的差异，见图 4-34。

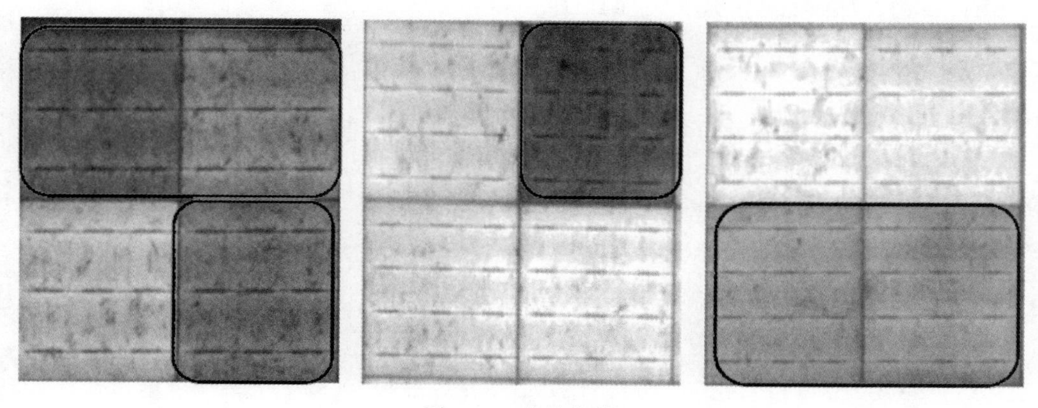

图 4-33 电池失配

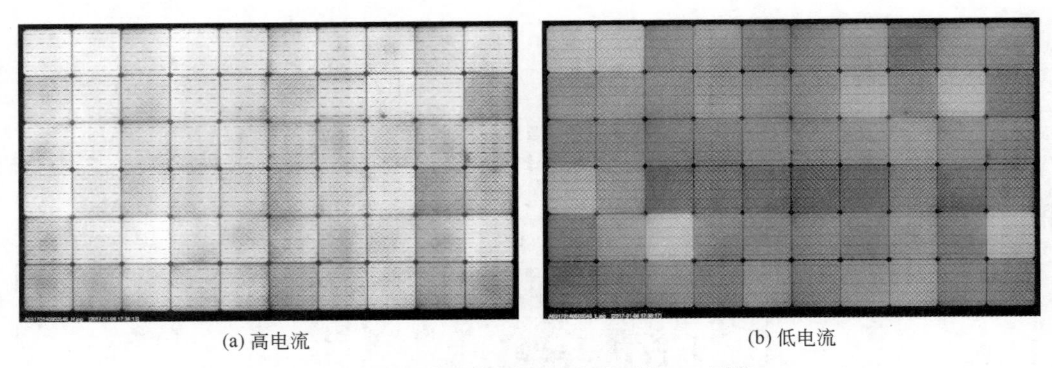

(a) 高电流　　(b) 低电流

图 4-34　组件在不同测试电流下的 EL 图像

（2）亮斑　因电池局部过焊引起的分布在焊带两边的明亮区域，是电流分布不均的表现（图 4-35）。

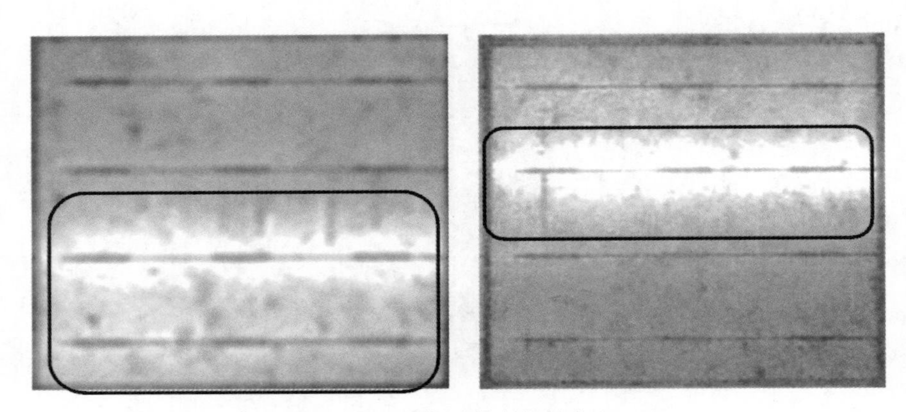

图 4-35　局部过焊引起的亮斑

复习思考题

1. 光伏组件常用的主要生产设备有哪些？
2. 激光机切割电池的工艺控制点有哪些？
3. 玻璃清洗机的特点与要求有哪些？
4. 简述电池自动焊接设备的加热方式和优缺点。
5. 电池自动焊接设备的技术指标有哪些？
6. 简述真空层压设备的结构组成、工作过程和注意事项。
7. 简述太阳模拟器的原理和光源要求。
8. 如何评价和划分太阳能模拟器的等级？简述划分特点与相关功能。
9. 简述太阳能模拟器中的标准电池的溯源和量值传递方案。
10. 简述隐裂测试仪的两种不同原理。

第 5 章

光伏组件生产工艺

晶体硅光伏组件生产工艺的研究始于 20 世纪 70 年代，从 20 世纪 80 年代起才逐步发展与成熟起来。早期的组件生产工艺自动化程度非常低，主要依赖手工操作。自 2005 年开始，得益于自动化生产装备的进步，光伏组件生产工艺得到了质的提升，生产成本大幅下降，光伏组件产能得到快速扩张。无论采用自动生产还是手工生产，其检验标准和目的都是相同的，都是为了生产出合格的组件。本章主要光伏组件主要生产步骤以及有关注意事项。

5.1 常规生产工艺

晶体硅光伏组件常规生产工艺流程如图 5-1 所示。

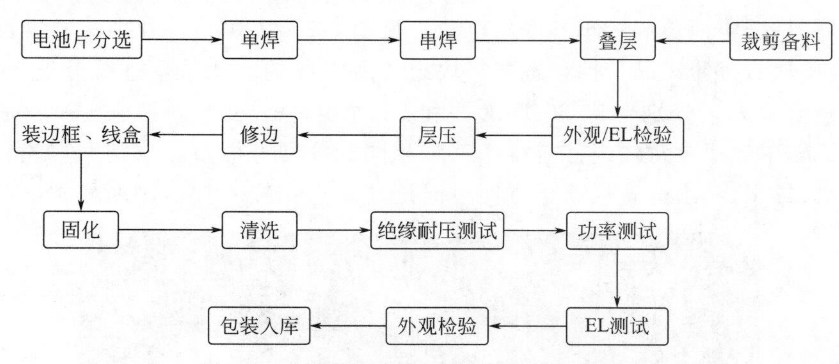

图 5-1 晶体硅光伏组件常规生产工艺流程

在整个工艺流程中，电池的焊接和层压是最关键的两个工序，它们直接影响光伏组件的成品率、输出功率和可靠性。电池虚焊、过焊容易导致光伏组件在后期的热循环试验中产生电池隐裂，甚至功率下降。此外，层压过程的真空度、温度和时间参数的选择对 EVA 的交联度、组件电学性能以及组件外观都有决定性的影响。

5.1.1 电池分选

单片电池分选是晶体硅光伏组件生产的第一步，原则上只有电学、光学性能一致的晶体硅电池才能串联在一起。

5.1.1.1 分选要点

电池分选的主要目的是剔除有缺陷的电池，同时保证同一组件内的所有电池性能一致，且没有色差。分选时应注意以下几个要点：

（1）对每片电池都要进行外观检查，挑出有崩边、缺角、脏污等的不良电池；

（2）根据颜色封样对每片电池的颜色进行比对，避免一块组件中电池之间有色差；

（3）对每片电池按照功率、电流挡位、类型及厂商进行分挡，保证同一块组件中使用的电池性能一致；

（4）对每块组件进行序列号绑定和流转单跟踪，并记录该组件的材料信息、生产过程信息，以方便后续质量控制和跟踪。现在一般都采用 MES（Manufacturing Execution System）软件实现这个功能。

5.1.1.2 所需物件

所需物件主要有电池、序列号标签、流转单、手套、指套、固定胶带、电脑、扫描枪等。

5.1.1.3 准备工作

操作人员需穿戴防静电服装、帽子、口罩和指套，特别要保证头发不外露。此外要保持工作台的整洁卫生，严格遵守 5S 卫生管理制度。

5.1.1.4 作业程序

首先轻轻划开电池包装，小心取出电池，见图 5-2。按照组件外观检验标准对电池外观进行检验。然后按照产品特性，根据每块组件所需要的电池数量进行分选，如 60 片或者 72 片为一个单元，分别对应 60 片组件和 72 片组件。分配序列号（一般是采用条形码），填写流转单，通常每块组件需打印三个相同的序列号标签，分别贴在流转单上、组件内部（永久标识）、组件背板面，方便不同流转站点扫描。扫描序列号到电脑中，并且

图 5-2 取出电池

输入电池信息，如厂家、型号、效率挡位及批次等。最后与对应的流转单一起，摆放到周转箱中或者放到流水线上，进入单焊工序。

5.1.1.5　注意事项

(1) 接触电池前必须戴防静电橡胶手套或指套，严禁裸手操作，以免造成电池表面污染；

(2) 电池要轻拿轻放，严禁扔砸，破损电池用胶带粘贴好以示区别，之后需存放到指定区域，此时需要一片相同等级的电池进行替代。总之，在同一块组件里面的每片电池的挡位要相同（一般会按照电池的效率和电流分成不同的档位），一般来说，不同挡位的电池不能混放在一块组件中，除非技术工艺有特殊规定。

5.1.2　单焊

单焊是指单片电池焊接，目的是将电池与涂锡铜带连接在一起，以准备与其他电池焊接。焊接所需材料主要包括太阳电池、涂锡铜带（互连条）和助焊剂，所用的工具主要包括单焊加热台、单焊工装和恒温电烙铁，此外还需辅助工具如点温计、电池周转盒及电池隔离垫、指套、无尘布等。

5.1.2.1　准备工作

(1) 操作人员需穿戴防静电服、帽子、口罩和指套，保证头发不外露；

(2) 保持工作台的整洁，严格遵守5S卫生管理制度；

(3) 浸泡互连条。穿戴好工作服、乳胶防护手套以及活性炭口罩等。在浸泡盒内倒入助焊剂（用量一般不超过浸泡盒容积的1/2），pH值为4～5，然后将涂锡铜带平铺在浸泡盒底部，保证全部浸入助焊剂后，盖上盒盖浸泡3～5min。之后要取出晾干，通常需要使用专用的具有良好通风效果的烘干设备，一方面用于排除助焊剂的味道，另一方面可以快速晾干焊带；

(4) 打开单焊加热台，单焊加热台温度设置为(60±10)℃；

(5) 设置电烙铁温度，根据不同烙铁和电池性能，一般设置温度为(350±15)℃。具体根据每个员工的操作手法和烙铁性能等确定，每个烙铁设定好固定温度后，用点温计测量烙铁温度，精度要求±2℃，需每6h测量一次并记录。

5.1.2.2　作业程序

(1) 焊接前对整块组件的电池进行目视检查，主要检查缺角、崩边和破片，然后取单片电池，检验外观后放置于单焊台上，取互连条放置于电池上（一般互连条需提前根据电池尺寸、电池间距预制准备）；

(2) 如图5-3所示，将互连条对准电池主栅线放好，轻压住互连条及电池，烙铁头充分贴紧互连条表面，从互连条起点平稳焊接，按每条主栅线2～3s的速度平稳、匀速地一次焊接完成。互连条起焊位置一般为电池细栅线的第2根或者第3根处，收尾处保证3～5mm不焊接，并注意防止收尾处堆锡；

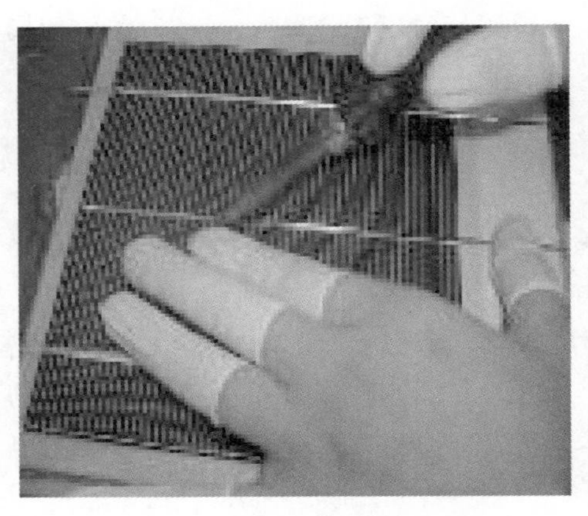

图 5-3　电池与互连条焊接

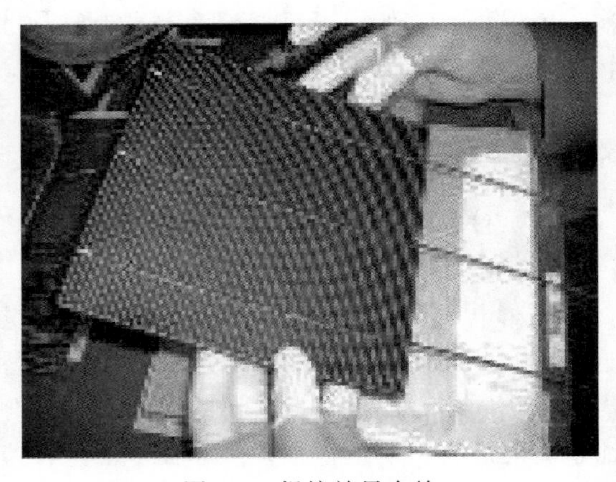

图 5-4　焊接效果自检

图 5-5　焊接后放置待用

（3）如图 5-4 所示，检查焊接情况，即检查有无脱焊、虚焊、堆锡、锡钉及脏污。合格的焊接互连条表面光亮、无锡珠和毛刺，且互连条均匀、平直地焊在主栅线上，焊带与电池主栅线的错位不超过 0.5mm。焊接完成经检测合格之后放入周转盒中，自检不合格的必须返工；

（4）如图 5-5 所示，每 10 片或 12 片（每串需要的电池数量）放置在一张泡沫隔离垫片上，方便后面串焊时取用；

（5）一块组件的电池焊接完成后，在流转单上记录相关信息，如互连条批次、操作人员、焊接时间等。用无尘布及时清理作业台面如锡珠和异物等，才能开始下一块组件电池的焊接。

5.1.2.3　检验要求

（1）除了焊接外观检验外，还需要进行焊接效果的检查，保证没有出现虚焊、过焊。具体检测方法为：以 100mm/min 的速度，沿 180°的方向进行焊接拉力的测试，焊接拉力一般要求高于 1N/mm。根据主栅线的宽度计算拉力值；

（2）每 6h 进行电烙铁温度的点检，如果不符合要求，及时通知技术人员；

（3）每 6h 进行助焊剂 pH 值测试。

5.1.2.4　注意事项

（1）电池要轻拿轻放，操作过程严禁裸手接触，焊接时轻压住互连条及电池，烙铁头下压不得用力过度，避免电池划伤破损；

（2）浸泡后的互连条需在 6h 内使用，超过 6h 需要重新浸泡，否则会影响焊接效果；

（3）助焊剂更换频次为 24h，更换时将浸泡盒内助焊剂倒入废助焊剂回收桶内并清洗浸泡盒（避免污垢残留），再倒入正常未使用过的助焊剂；

（4）助焊剂使用过程要注意安全，禁止裸手接触助焊剂和互连条，同时要保证通风。皮肤接触助焊剂后，应用大量清水冲洗，避免引发皮肤不适等症状。助焊剂溅入眼睛时，要立刻用清水冲洗眼睛至少15min，并尽快采取医疗措施。如果不慎摄入口中，切记不要催吐，以防吸入呼吸道系统，引起支气管炎和肺部水肿，应尽快采取医疗措施；

（5）返工时，助焊剂不可直接倒在电池上，可用医用针管类的工具将助焊剂涂在需要返工的互连条上。

5.1.3 串焊

串焊是指将若干数量的电池串联焊接成一个单元，通常是10片或者12片为一串的。所需材料主要有单焊好的电池、互连条和助焊剂。所需要的专用工具包括串焊工装、串焊模板、恒温电烙铁、点温计、串焊周转托盘、吸盘及吸嘴、指套、无尘布及周转盒等。

5.1.3.1 准备工作

（1）操作人员需穿戴防静电服、帽子、口罩和指套，保证头发不外露；

（2）保持工作台的整洁，严格遵守5S卫生管理制度；

（3）打开串焊加热台，加热台温度（75±5）℃，将串焊模板放置在加热台上预热；

（4）设置烙铁温度：根据不同烙铁和不同电池的特性设置温度，一般设置温度为(375±15)℃，具体根据每个员工的操作手法和烙铁性能等确定。烙铁设定好固定温度后，用点温计测量烙铁温度，精度要求为±2℃，每6h测量一次并记录。

5.1.3.2 作业程序

（1）如图5-6所示，进行电池的摆放。按照每串数量要求，将电池依次放入焊接模板相应位置，摆放需要一次到位；

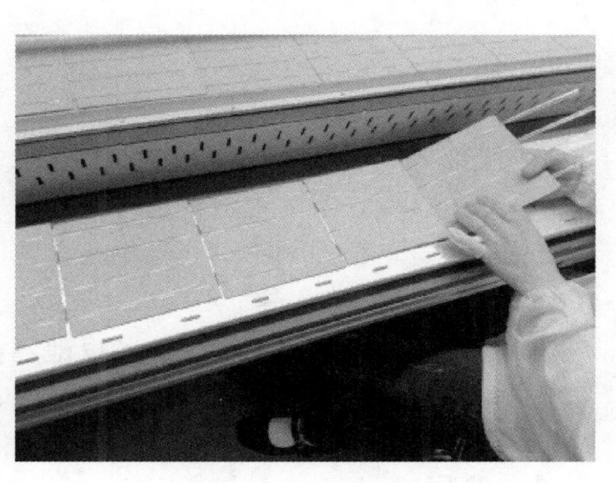

图5-6 串焊摆片

（2）先焊第一片电池背面的背电极引出线，然后依次将上一片电池留出的正面互连，如图5-7所示。按每根背电极2～3s的速度匀速平稳地一次完成，一串焊接完成后，目测自检，不合格的进行返工，然后将合格的电池串转移到周转托盘，一般采用图5-8所示的吸盘进行转移。在吸出电池串的时候，可以检查整串的焊接情况；

（3）检查和清理串焊模板，重复以上步骤，完成其他5串电池的焊接和放置，本书介绍的是60片电池（6串×10片）的光伏组件，具体串数应根据产品要求而定。放置电池串时要注意正、负极标识与周转模板上标识对应，电池串与电池串之间在长度方向错开20～30mm，以方便后面叠层时进行摆串。在流转单上记录相关信息，如互连条批次、操作人员及焊接时间等；

（4）清理作业台面，将隔垫收集到隔垫盒里，继续下一个电池串的焊接；

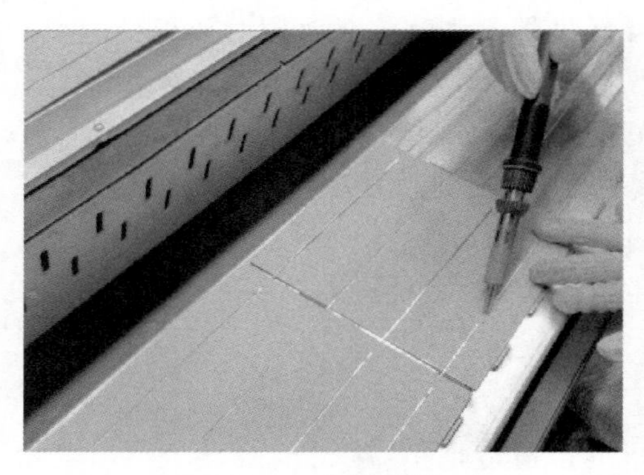

图 5-7　串焊焊接

图 5-8　串焊后吸串

(5) 所需要的检验要求和注意事项，与单片电池焊接工序相同。

应该注意的是焊接工艺是光伏组件加工的第一步，不管是单片电池焊接还是电池串之间串联焊接，都是至关重要的工艺过程。焊接不良会导致虚焊、过焊，将会使光伏组件在后期热循环试验中产生电池隐裂，而最终导致组件功率下降甚至产品报废，所以所有操作过程必须要严格按照工艺流程执行。

5.1.3.3　检验要求

(1) 除了焊接的外观检验外，还需要进行焊接效果的检查，保证没有出现虚焊、过焊、焊接偏移等，并按照相关要求进行焊接拉力测试；

(2) 首次焊接时检查电池间距、电池串长度、电池首片和尾片互连条伸出长度、电池背面互连条焊带收尾位置。

5.1.3.4　注意事项

(1) 电池要轻拿轻放，操作过程严禁裸手接触，焊接时轻压住互连条及电池，烙铁头下压不得用力过度，避免电池划伤破损；

(2) 返工时，助焊剂不可直接倒在电池上。同一个组件中，只允许使用同一颜色和同一效率级别的电池；

(3) 注意不同等级或不同色差的电池不要混放在同一个周转盒内；

(4) 每焊完一块组件，将串焊模板立起，清理残留的锡丝和锡渣等。

5.1.4　叠层

叠层的目的是将一定数量的电池串串连成一个电路并引出正、负电极，并将电池串、背板、EVA和玻璃按照一定顺序进行叠放。所需材料主要有电池串、超白钢化玻璃、EVA、背板、耐高温胶带、汇流条（材质同互连条，宽度一般为5～8mm）、序列号标签、EVA隔离方块、隔离长条（一般为TPT或EPE）等，辅助材料为美纹胶带。所需设备工具主要有叠层台（配有模拟太阳光的灯源，并具备电流检测功能）、叠层模板、恒温烙铁台、斜口钳、剪刀、镊子及吸尘器等。

5.1.4.1 准备工作

（1）清洁超白玻璃；

（2）裁剪好 EVA 和背板；

（3）设置电烙铁温度为（385±15)℃，并进行温度测量；

（4）操作人员穿戴防静电服以及帽子、口罩和指套，头发不外露；

（5）保持工作台的整洁，严格遵守 5S 卫生管理制度。

5.1.4.2 作业程序

（1）放置与检查玻璃。一般需要 2 人同时将超白玻璃（绒面向上）抬至叠层台上，然后在光照下进行玻璃外观检查（气泡、划痕、脏污等）；

（2）铺设前 EVA。将 EVA 绒面向上（绒面对着电池，有利于层压中排气）铺在玻璃上，用手抚平 EVA，检查 EVA 有无灰尘、异物、缺损及脏污等，在头尾部放置叠层模板。模板与玻璃边缘对齐，如图 5-9 所示；

（3）摆放电池串。按照模板上的正、负极位置，用吸盘吸取电池串，正确摆放 6 串电池串的位置，如图 5-10 所示。按照模板标识，两人配合调整电池串之间的距离，并通过胶带固定。定位后用长度为 2～3cm 的耐高温胶带在规定的位置粘贴好，防止层压过程电池串移位（耐高温胶带需要进行评估，数量尽量少用，如果能够不用是最好的）；

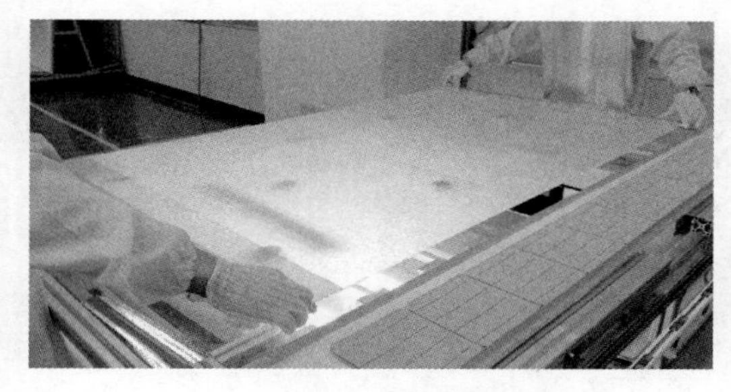

图 5-9 铺玻璃、EVA 和模板

图 5-10 摆放电池串

（4）汇流条和引出线焊接。按照图纸要求，用汇流条连接相应的电池串，并且连接 4 根引出线；

（5）隔离长条和隔离 EVA 放置。在汇流条重叠的地方以及 4 根引出线与电池之间放置隔离 EVA 和隔离长条 EPE，如图 5-11 所示。同时将序列号标签贴在隔离长条或汇流条上；

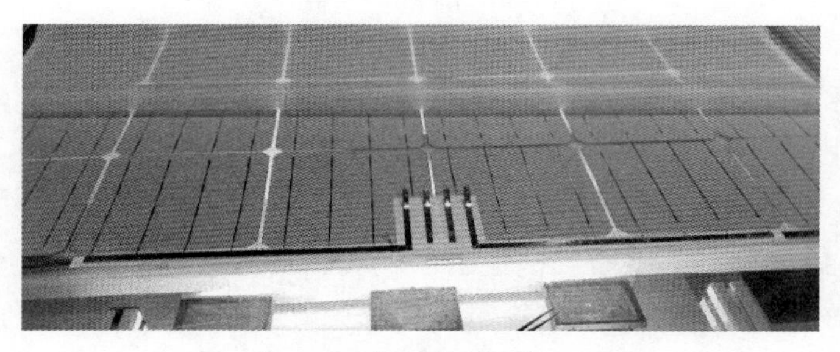

图 5-11 放置隔离长条 EPE

（6）铺设后 EVA。将 EVA 绒面向下对着电池平整铺好；

（7）铺设背板。背板与 EVA 复合的那一面要朝下，盖在 EVA 上，注意背板开孔处和 EVA 开孔处重合，如图 5-12 所示；

图 5-12 铺背板穿引出线

（8）从开孔处引出汇流条，检查汇流条引出位置到玻璃边沿的距离是否正确，在背板面指定位置贴一个序列号标签；

（9）测量电压值。用测试工装连接第一和第四根引出线（正极和负极引出线），测试电压值，检查是否符合要求，记录电压值，如图 5-13 所示，如果发现异常要及时通知工艺人员；

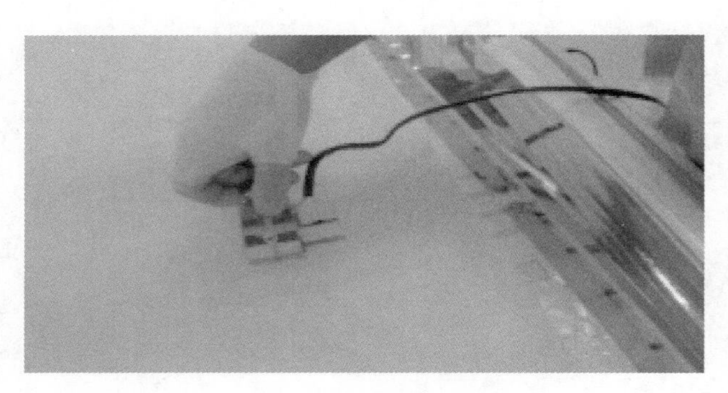

图 5-13 电压初测

（10）在背板上用美纹纸固定引出线；

（11）记录玻璃、EVA、背板等信息，将流转单贴在背板上，将叠层件搬运到待层压周转架上；

（12）清理工作台，进行下一个叠层的准备。

5.1.4.3 检验要求

（1）电池间距、电池串间距、电池和汇流条离玻璃边沿距离以及引出线位置等都需要符合叠层图纸的要求；

（2）电池串间的高温定位胶带长度控制在 2～3cm，胶带不能粘到互连条上；

（3）注意背板的正反面，与 EVA 的复合面要朝着电池，空气面朝外；

（4）叠层内部电池片没有破片、缺角，电池焊接没有偏移，组件内没有异物，如毛发、纸屑、锡渣、电池碎渣等；

(5) 使用的 EVA、背板无破损脏污。

5.1.4.4 注意事项

(1) EVA 裸露在空气中的时间（从裁剪到进入层压机的时间）不得超过 12h；

(2) 背板裸露在空气中的时间（从裁剪到进入层压机的时间）不得超过 24h；

(3) 环境温度范围为 5～30℃，湿度小于 70%RH；

(4) 每 6h 对烙铁的焊接温度进行点检。

5.1.5 EL 检查和外观检查

利用 EL 对叠层的每片电池进行检查，看是否存在隐裂、虚焊、暗片、破片、死片及黑心片等，EL 设备的具体介绍可参见本书 4.2.2 节。如果层压前进行监控，可以很大程度地避免层压后有不良产品产生，提高良品率。

所需物件：叠层好的组件、隐裂测试仪、扫描枪、电脑、照明灯及菲林尺等。

5.1.5.1 准备工作

(1) 穿戴防静电服、帽子、口罩，保证头发不外露，开始工作前进行 5S 检查以及设备点检；

(2) 开启测试软件，检查电压值是否符合对应组件型号的设定范围值，如不符合要通知工艺及设备工程师排查解决。以沛德测试仪为例，对于 6 串×10 片 156mm×156mm 电池的光伏组件，一般电压设置为 (50±5)V，电流为 (8±0.5)A，曝光时间为 (5±0.5) s。

5.1.5.2 作业程序

(1) 电池串叠层上料到架子上，目视检查叠层内部有无锡渣、头发等异物；

(2) 记录或者扫描序列号，通电测试 EL，如图 5-14 所示；

(3) 根据电脑屏幕显示的图像，按照判断标准（参考本书附录 2)，判断 EL 检测是否合格，如合格即可进入下一道工序，否则进入返工台。

图 5-14 叠层组件 EL 测试

EL 隐裂测试是一道重要的工序。隐裂会对光伏组件功率产生严重影响，而且隐裂在光伏组件运输、安装使用过程中会有继续扩大的风险，所以组件中要避免出现电池隐裂的情况。

5.1.5.3 检验要求

(1) 组件内无异物脏污，电池无破片，焊带无焊偏和缺失，所有电池的颜色均匀一

致，没有明显色差；

（2）电池串间距、片间距、电池和头尾汇流条到边距离符合要求；

（3）背板无划伤破损，组件序号清晰可识别；

（4）组件 EL 测试：无隐裂，无破片；黑心、云片、断栅的面积和电池数量应符合要求；无空焊、无死片，电池间无明显的明暗对比。

具体检验要求：外观参考附录 1；EL 标准参考附录 2。EL 相机像素配置最好达到 500 万像素以上，以保证得到比较清晰的图像，缺陷容易被识别，能够取得良好的 EL 检测效果。

5.1.5.4 注意事项

（1）组件搬运时动作要平缓，防止电池串整体移位，搬运时手不能压到电池；

（2）检验时将组件中所有异常现象检出，并标识清楚位置和不良类型，送到返工处；

（3）所有返工的组件都要重新检验外观和 EL 测试后才能层压。

5.1.6 层压工艺

层压是在一定的温度、压力和真空条件下，使电池串叠层的各个材料黏结融合在一起，从而对电池形成有效的保护。层压过程的真空度、温度、时间等参数的选择设置对 EVA 的交联度、剥离强度以及外观都有决定性的影响，而交联度和剥离强度是影响组件长期可靠性的重要因素。

5.1.6.1 准备工作

（1）穿戴好工作衣、帽、鞋及专用棉手套，做好岗位 5S 准备工作，按层压机操作规范检查设备，确认层压机上室硅胶毯平整、无破损，层压机聚四氟乙烯高温布无断裂、破损、皱褶等现象；

（2）检查加热系统、真空泵的各个开关是否开启；

（3）用长杆点温计进行层压机热板的温度测量，如图 5-15 所示。一般至少测量 9 个点，位置如图 5-16 所示。要求每个点的温度与设定值之间的差异符合工艺要求；

图 5-15 层压机点温测量

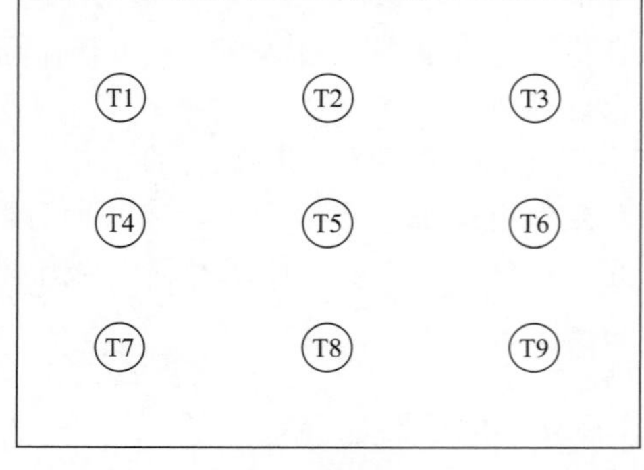

图 5-16 层压点温位置示意图

(4) 确认层压参数，包括设定温度、抽真空时间、层压时间及压力值等，确认后进行记录，不同的品牌型号的EVA的层压参数不同，要注意区分；

(5) 配备几把磨好的削边刀，保证一次性削边后组件边沿无EVA残留和毛刺。注意定期更换削边刀。

5.1.6.2 作业程序

以一次层压4块组件的层压方式为例，操作程序如下。

(1) 在层压机上料台上铺一张聚四氟乙烯高温布，如图5-17所示。居中放置4块待压层压件，层压件之间的间距最少保持2cm，完成后录入组件MES信息；

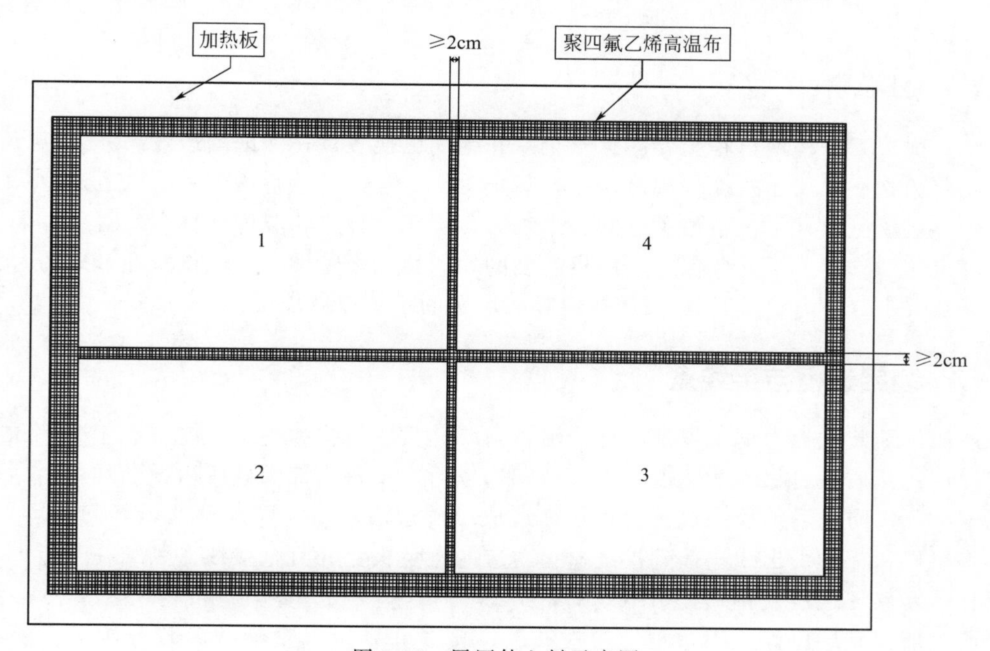

图5-17 层压件上料示意图

(2) 在层压件表面再盖上一张聚四氟乙烯高温布，单击计算机层压软件界面上的“进料/运行”按钮，开始进料；进料到层压机内部指定位置后合盖，此过程时间越短越好，应控制在30s内完成。合盖之后观察真空表，需在120s内真空度达到100Pa以下；

(3) 层压结束，从层压机出料后在出料台上掀去上盖聚四氟乙烯高温布，组件冷却5min以上，然后将其传输到削边台；

(4) 用削边刀依次削去超出玻璃四边的EVA和背板材料，保证层压件四边没有EVA残留和毛刺。

5.1.6.3 检验要求

(1) 在层压机停机后复机、更换EVA种类或厂家、待机时间超过2h、层压参数更换等四种情况下，必须先进行1～2次空循环，然后只放1块层压件进行首压，层压结束出料后进行外观检查，留样EVA进行交联度测试，然后才可进行第二次层压，第二次层压可以放置2块层压件，合格后即可进行正常层压；

（2）每班开班应点检一次层压机热板温度（一般9个点以上），记录测量值，实测温度与设定温度的误差一般要求在−1～+2℃，若超过该范围，则应该停止层压，并通知有关人员进行设备、工艺处理；

（3）交联度检测时可采用二甲苯测试，交联率一般要求在75%～90%。通常情况下，抽样频次为每台层压机每12h送样一次，每组样品2个，一个测试一个备用。当出现（1）中所述的情况时，都需要留样测试；

（4）EVA和玻璃的剥离强度测试。用当天生产使用的EVA、背板和玻璃制作样品，和正常组件一起层压，测试EVA与玻璃、EVA与背板的剥离强度，要求不低于40N/cm，抽样频次一般为每台机每24h一次，当出现（1）中的4种情况时，都需要制样测试。

5.1.6.4 注意事项

（1）削边刀片使用过程中要注意安全，并定期更换刀片，保证削边效果；

（2）严格按照层压机操作规范操作，防止烫伤和层压机上盖压到手等事故发生；

（3）层压是组件工艺中最关键的一个工序，层压过程中的温度和真空度对组件的性能起着决定性的作用，因此要保证层压机温度的均匀性和稳定性，保证下室在最短的时间内达到真空要求（100Pa以下），要严格遵守层压机的维护保养规定。

5.1.7 装铝边框与接线盒

层压件须装配铝边框，保证组件边沿密封，并具有较强的力学性能，易于搬运和实际安装使用；从质量可靠性的角度考虑，装铝边框时，型材内部的硅胶需饱满均匀，尽可能充满空隙，以防止后续使用过程中积水，造成组件边沿脱层，引起湿漏电等问题。另外，需要将组件背板的引出线连接到接线盒里对应的正负极，并且把接线盒黏结在背板上，这个过程需要保证接线盒特别是引出线的密封。

所需部件有层压件、铝边框、边框硅胶、接线盒、接线盒黏结硅胶及接线盒灌封胶（一般为AB组分）等。辅助材料包括组件隔离垫块、抹布、美纹纸、AB胶混合管及锡丝等。所需设备工装有边框打胶机、自动装框机、接线盒打胶机、AB胶自动灌胶机、恒温烙铁、气动胶枪、接线盒工装、卷尺、塞规、镊子及美工刀片等。

5.1.7.1 准备工作

（1）工作时必须穿工作衣、安全鞋，戴安全帽。清洁整理台面，做好5S工作；

（2）检查边框打胶机、装框机、接线盒打胶机、AB组分自动灌胶机是否正常运行；

（3）检查烙铁等小件工装，烙铁头采用5C或6C型号，设定温度为（400±15）℃；

（4）已经打好硅胶的铝边框型材，打好硅胶的接线盒。

5.1.7.2 作业程序

（1）铝边框组装　完成削边的层压件流转至自动装框机上，流水线机器夹具自动夹取打完边框胶的边框，放置在装框机对应的位置，然后装框机自动进行组件装框，这是针对角码型材的组装工艺，如果是用螺钉装框，则一般只能手工操作；

（2）安装接线盒　组件在装框结束后会流至接线盒安装工位，用定位工装安装接线盒，用力要合适，接线盒底部四周的硅胶均匀溢出2mm以上；

（3）引出线焊接　将汇流条引出线焊接到接线盒的对应位置；

（4）灌胶　将灌胶枪头对准接线盒灌胶区域的中心，按下启动开关，AB胶自动按照设定好的程序灌装完毕；

（5）记录相关信息，流入下道工序，进行固化。

5.1.7.3 检验要求

（1）型材内部打胶量要根据型材腔体尺寸和层压件的厚度来计算，保证装配间隙被硅胶填充密封，然后通过自动打胶机的程序设定打胶量。可以通过称量型材的重量等手段来检验打胶量；

（2）对装好边框的组件进行尺寸抽查，要求短边框平直度 $|BF\text{-}AG|\leqslant 1.5\text{mm}$，长边框平直度 $|HD\text{-}AC|\leqslant 2.0\text{mm}$，对角线差异 $|AE\text{-}CG|<4.0\text{mm}$，如图5-18与图5-19所示。同时，长短型材的拼缝处高低差≤0.8mm；

图5-18　组件尺寸测量

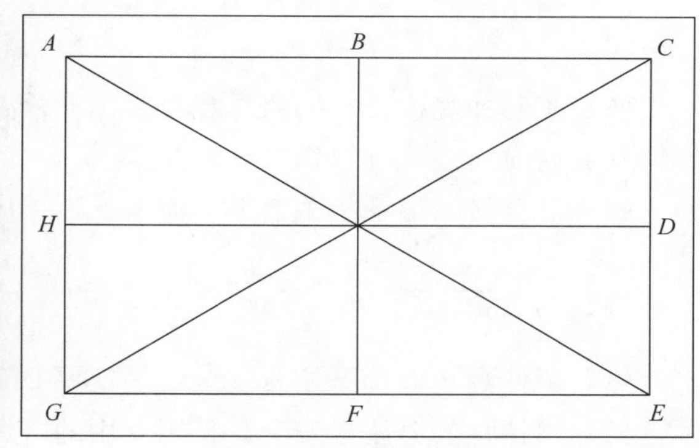

图5-19　组件尺寸测量示意

（3）黏结接线盒的硅胶需要沿着接线盒背面的密封轨迹均匀打满，不能有断胶和漏胶点，接线盒安装固化后，必须保证安全密封；

（4）接线盒离组件长边和短边的距离应符合图纸设计要求；

（5）汇流条长度要和焊接点尺寸匹配，不能过长或过短，要求每根汇流条的焊接时间在3s以上，整个焊点需包裹汇流条，不允许有空焊、虚焊；

（6）接线盒的A、B组分胶要严格按照配比设定，灌装后检查外观，外观必须饱满，接线盒盒体内不允许有带电体裸露、气泡和孔洞等现象。

5.1.7.4 注意事项

（1）打好硅胶的型材和接线盒需要在规定的时间内安装完毕；

（2）焊接过程中不能损伤背板；

（3）每个托盘堆放的组件一般不超过20块，可以错开放置，以减少固化时间。

5.1.8 固化与清洗

装完框的组件经过一段时间的放置后，硅胶初步固化，然后再进行下一步工序，对组件进行清洗。清洗所需材料：酒精、抹布、锉刀、环氧板及尼龙刷等。

5.1.8.1 准备工作

（1）穿戴工作衣、帽、鞋及棉手套，做好工作区域的5S工作；

（2）一般固化房温度设定为20～28℃，湿度设定为60%～80%RH，固化时间4h以上。如果湿度偏低，就需要延长固化时间。组件固化好后才可以进行搬运。

5.1.8.2 作业程序

（1）将固化好的组件背板面朝上放到工作台上，用锉刀对组件型材拼角的4个角进行打磨；

（2）清洗组件背面；

（3）按照外观检验条款检查背板外观和型材表面是否有划伤；

（4）翻转组件，玻璃面向上，清洗玻璃表面的EVA残留等异物，刮去型材边沿的硅胶；

（5）正面外观检查。按照外观检验标准检查每片电池的外观、颜色、组件内部是否有异物及玻璃表面是否有划伤等；

（6）对合格品记录相关信息，流入下道工序，不合格品执行返工程序。

5.1.8.3 注意事项

（1）组件翻转操作要注意安全，一定要2个人操作；

（2）酒精存放要注意安全，采用专用的防爆柜，使用过程中也尽量不要接触皮肤；

（3）工作环境特别是检验外观要保证合适的灯光。

5.1.9 耐压绝缘测试

该工序主要按照IEC 61215和IEC 61730的耐压绝缘及接地测试要求检验组件的整体绝缘性能和边框接地性能。所需物件包括待测组件、耐压绝缘测试仪及绝缘手套等。

5.1.9.1 准备工作

（1）清洁工作场所、测试仪器，并做好5S卫生，确认绝缘垫清洁、干燥；

（2）每班开班测试前，将设备正、负极连线断开测试，若机器报警，则设备异常，需进行检修；若机器不报警，再将正、负极连线短接测试，若机器报警，则设备正常，若不报警，则设备异常，要通知相关人员进行检修。可使用标准电阻对设备测试的准确性做进一步检验；

（3）打开耐压测试仪电源，进行自检，确定仪器正常，参数设定正确。

5.1.9.2 作业程序

（1）两人将待测组件抬上测试台；

（2）按图5-20所示进行组件绝缘耐压测试的连线。组件的正负极短接，连接耐压测试仪的正极，耐压测试仪的负极连接组件型材的安装孔，要确保和型材安装孔的内壁非阳极氧化区域连接可靠；

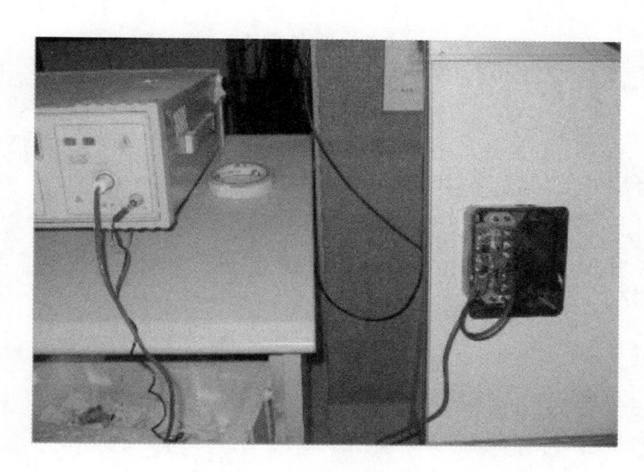

图5-20 组件绝缘耐压测试连线

（3）按下测试启动开关进行测试；

（4）测试完毕，松开测试端子，如合格，则记录信息，流入下一道工序，如测试不合格品，则执行不合格品程序；

（5）漏电流测试设置：测试模式“Test mode”＝DCW，电压“Voltage”＝3.6kV，升压时间“Ramp time”＝7.5s，延迟时间“Dwell time”＝1.0s，漏电流上限“HI-Limit”＝0.05mA，漏电流下限“Lo-limit”＝0.00mA，连续测试“Connect”＝YES。

绝缘测试设置：测试模式“Test mode”＝IR，电压“Voltage”＝1kV，延迟时间“Dwell time”＝1.0s，绝缘电阻“Resistance”≥500MΩ。连续测试“Connect”＝YES；

接地测试设置：测试模式“Test mode”＝GR，电流“Current”＝38A（根据组件最大过流保护电流确定，约为最大过流保护电流的2.4～2.6倍），延迟时间“Dwell time”＝2.0s，绝缘电阻“Resistance”＜0.1Ω。连续测试“Connect”＝No。

整个测试过程操作人员须戴绝缘手套，站立在绝缘垫上。测试时，操作人员身体不可接触组件，以防高压电击，不允许无关人员靠近。

5.1.10 组件功率测试

该工序是在标准测试条件下（即AM 1.5G，辐照强度＝1000W/m^2，温度＝25℃）测试组件的 I-V 曲线、标定组件的额定功率及电流电压参数，并对组件进行分档。光伏组件的功率参数是表征组件户外发电能力的重要技术指标，一般来说组件在交易时是按照所标定的功率来定价的，因此进行准确的功率测试是保证公司和客户利益的重要环节。组件功率测试所需物件有待测组件、铭牌、太阳能模拟测试仪等。

5.1.10.1 准备工作

（1）清洁工作场所、测试仪器，并做好工作区域的5S工作；

（2）按照校准作业指导书对测试仪进行校准，一般按照组件标片的 I_{sc} 进行校准，要确保 I_{sc}、V_{oc}、FF、P_{max} 在规定的范围内。

5.1.10.2 作业程序

（1）两人将组件抬上测试仪，组件正极连接测试仪的正极端子，负极连接测试仪负极端子；

（2）扫描序列号，按下测试开关，开始测试 I-V 曲线，根据显示的最大功率判断组件的功率等级，并将对应的铭牌贴在背板指定位置；

（3）将相关信息记录在流转单上，流入下道工序。

5.1.10.3 检验要求

（1）测试仪所显示的光伏组件的 I-V 曲线没有明显异常，曲线平滑、无明显台阶；

（2）根据设定功率范围判定组件功率等级，一般以5W为一挡；

（3）环境温度和待测试组件温度保持在23～27℃，每2h点检一次；

（4）测试仪要定期进行三个指标的检测：①重复性；②光谱匹配性；③辐照均匀性。每个指标都要符合测试仪的既定等级范围，保证功率测试的准确性。一般每个月进行一次检验；

（5）机台停机时间若超过2h，需重新测试，测试前要对机器进行热机工作。灯管要定期进行更换，更换灯管后，需对组件太阳模拟器的光谱、辐照度不均匀性、稳定性进行重新确认。

5.1.10.4 注意事项

（1）灯管达到额定的使用寿命就必须进行更换，并进行设备的校准；

（2）检测人员必须经过培训，严格考核合格后才能上岗；

（3）测试环境需相对密封，避免太阳光等其他光线的影响，测试区应避免较大的气流波动；

（4）每班开线时候、校准时间间隔达到6h、测试仪软硬件关闭后重启、切换产品类型时，需重新用标片组件对测试仪进行校准。

5.1.11 EL 隐裂测试

与层压前的EL测试目的不同，本环节检验的是组件成品。按照层压前EL测试的相关规定和作业程序进行操作。根据检测标准对光伏组件进行等级判定，将图片上传到MES系统中。

5.1.12 外观检查

该工序的目的是将外观不良的组件挑出，进行返修，如无返修价值可降级处理。所需物件为清洗后的组件、检验台、照明灯及菲林尺等。作业程序如下：

(1) 如图 5-21 所示，两人将组件抬放到检验台上，抬组件时注意轻拿轻放。先检查组件背面，重点检验背板有无褶皱、刮伤、破损、脏污，边框胶、线盒胶是否密封良好，检查边框有无变形、刮伤划伤，接线盒和线缆是否有破损，线盒卡接/焊接是否牢固，线盒灌封胶是否完全密封，检验后应将接线盒盖子盖好；

(2) 两人将组件抬起翻过来，将正面朝上，检验正面外观。重点检验电池有无外观缺陷，如破片、崩边、缺角、断栅及脏污等，检验组件内部是否有气泡、脱层、异物等，同时检验组件内电池间距、串间距是否符合要求；

图 5-21 组件外观检验

(3) 根据正反面检验记录，按照外观检验标准对组件进行等级判定，并将外观等级及不良信息录入 MES 系统中。检验标准可参考外观检验标准，见本书附录 1。

5.1.13 包装入库

包装的目的是将组件按照产品外观、EL 等级、功率及电流挡位等进行分类，将同类产品包装在同一个包装箱内，对产品进行保护，以方便后续的运输。所需物件为光伏组件、包装箱、A4 纸、塑封袋、条码纸、纸护套、碳带、打包带、打包扣及塑料或瓦楞纸护角等。

所用的工具有包装台、打包机、打印机及计算机等。作业步骤如下：

(1) 准备好包装箱，将包装箱居中放置在托盘上；

(2) 将组件抬上包装台，在四个角套上纸护套，将组件条码扫入计算机，MES 软件会根据组件功率、电流、外观及 EL 等级等信息对组件分配一个托盘号，两名操作人员将组件抬入相对应的包装箱内；

(3) 打印组件托盘标签和条码标签，条码标签贴在组件边框侧壁上，托盘标签贴在包装箱外指定位置；

(4) 将组件送到质量检验区进行抽检盖章，检验合格后盖上盖，打好包带，打印功率清单和条码清单，贴在纸箱的指定位置。如图 5-22 所示；

(5) 将组件信息通过 MES 系统输入到仓库系统中，最后将组件送到仓库中等待拼柜出货。

图 5-22 完成打包的纸箱

5.2 其他封装工艺

市场上销售的主流光伏组件一般是通过层压封装工艺生产的，但是根据不同的产品需求以及不同的应用领域，组件生产还可以采用滴胶封装、高压釜封装和灌封封装等形式，下面分别作简要介绍。

5.2.1 滴胶封装

滴胶封装通常采用全自动点胶机进行环氧树脂的灌封（图 5-23），一般用于几瓦的小功率组件。小功率组件的尺寸较小，不易采用层压机封装，一般用液态的环氧树脂覆盖太阳电池，再与 PCB 线路板黏结，然后用烘箱进行烘干。这种生产工艺固化方便，生产速度快，透光性能好，收缩性低，也具有良好的黏结强度，但化学稳定性和耐候性较差，多用于消费类小产品，如草坪灯、庭院灯、玩具飞机、玩具车、太阳能手电筒及太阳能充电器等，而且这类组件的质保要求不高，使用寿命通常只有 1～5 年。

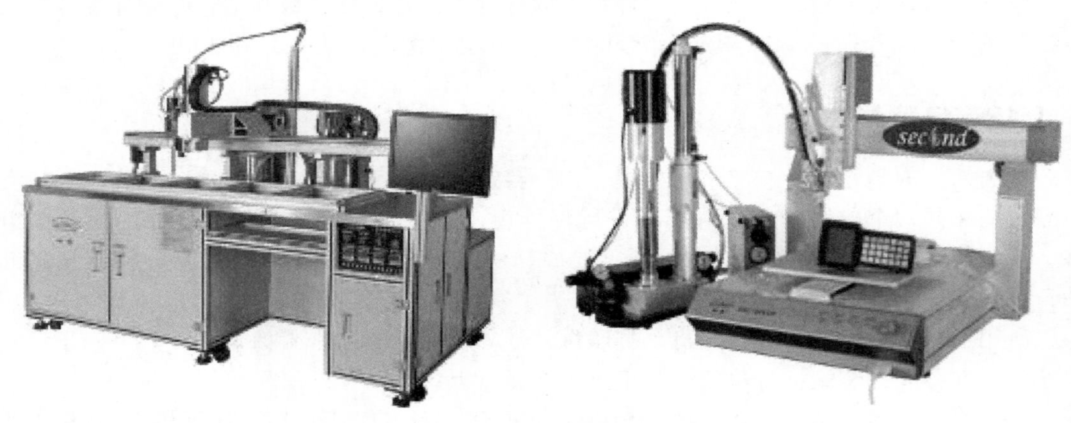

图 5-23 全自动点胶机装置

全自动点胶机装置广泛应用于半导体、电子零部件、LCD 制造等领域，它的原理是通过压缩空气将密封胶压进与活塞相连的进给管中，当活塞上冲时，活塞室中填满密封胶，当活塞下推时，胶从点胶头压出。全自动点胶机适用于流体点胶，效率远远高于手动点胶机，从点胶的效果来看，产品的品质级别更高。全自动点胶机装置具有三维点胶功能，不但可以走平面上的任意图案，还可以走空间三维图；全自动点胶机带 USB 接口，各机台之间可传输程序；全自动点胶机还具有真空回吸功能，确保不漏胶、不拉丝。当要点的胶量较大时，可配点胶阀和大容量的压力桶。

5.2.2 高压釜封装

建筑型光伏组件对强度的要求更高，一般要求采用夹胶钢化玻璃，而且单层玻璃厚度要求 5mm 以上，整个组件厚度达到 11mm 以上。封装材料一般需要采用较厚的 PVB 来代替 EVA，以实现较好的抗冲击性能。这种结构的组件，一般尺寸比较大，重量也很大，若在传统的层压机上制备，容易出现气泡、电池移位、边缘密封不良等问题，特别是进料后，玻璃受热容易成弓形，4个角落非常容易出现气泡和缺胶等不良现象，导致层压良率低，所以一般采用高压釜进行制作。高压釜属高压容器，是生产PVB夹胶玻璃的必需设备，也可用于生产较厚的建筑型光伏组件，在制作一些异形光伏组件方面，如有一定弧度的建筑用双玻组件，具有明显优势。高压釜由釜体、釜门、循环风机、加热器、冷却器、电控柜等部分组成，可以完成升温加压、保温保压、降温降压等功能。

5.2.3 硅酮胶灌封

硅酮胶（有机硅胶）化学稳定性好，紫外透过率高，同时还具有很高的电阻率，在户外长期使用几乎不会降解老化，可以弥补EVA在户外长期使用会变黄和老化的缺陷，大大提高组件的长期可靠性。硅酮胶为热固性材料，而且也很难成膜，一般都是膏状物质，因此不能采用常规的层压方式封装，只能通过灌封的方式进行封装。灌封方式的最大问题是容易产生气泡、位移等，因此需要通过专用的配套设备来进行封装，电池敷设、层压等工序也都需要全新的设备。这种生产工艺比较适合双玻组件生产，现在只有道康宁、陶氏化学等几家化学公司在进行研发，目前比亚迪和道康宁合作研发了一条试验线，已经开始进行批量生产。

复习思考题

1. 简述晶体硅光伏组件的通用生产工艺流程。
2. 组件生产过程中电池分选的目的是什么？
3. 如何确定焊接电池的工艺温度？
4. 简述电池焊接的注意事项和检验要求。
5. 简述叠层工序的步骤、注意事项和检验要求。
6. 简述层压工序的注意事项和检验要求。
7. 简述装铝边框的注意事项和检验要求。
8. 组件固化的一般条件是什么？
9. 简述功率测试的检验要求和注意事项。
10. 光伏组件的其他生产工艺有哪些？

第 6 章

光伏组件认证标准与测试

光伏组件进入市场之前，为了避免在实际应用中出现各种故障与失效情况，必须保证光伏组件结构设计合理、材料选择合理、生产工艺流程合理。只有达到相关技术标准的要求，获得认证证书，才允许进入市场。

本章主要介绍光伏组件的总体认证要求、相关技术标准、国内外的检测与认证机构，以及光伏组件的性能、安全、可靠性测试的重点测试项目。需要说明的是，光伏组件取得相关检测与认证证书，是对组件性能及可靠性的最基本要求。在实际户外使用过程中，环境和应用场景复杂多样，因此对组件老化的影响不同，组件功率衰减的机理也有较大差异，所以要保证组件的长期可靠性，对组件的设计、选材和测试评价要求也是有区别的，这一点需要特别关注。

6.1 光伏组件的认证要求

光伏组件要进入市场，基本上都要求通过相关标准的检测评价和认证，以提供产品安全和性能保证。不同国家和地区针对光伏组件产品的检测和认证要求有所差异，目前比较典型的认证要求有三大类：光伏组件性能和安全的测试认证，市场准入与监管机构注册认证，制造工厂质量保证体系认证。这些认证都需要第三方认证机构在按照相关标准和要求进行测试和评估之后出具相应的认证证书。

除了上述三类典型认证，全球很多光伏项目融资需要组件厂商提供银行可融资性 Bankability 的评估报告，评估报告通常由有影响力的第三方机构出具，评估内容包含多个维度，其中的一个重要维度就是产品的可靠性和性能。第三方机构通过随机抽样对待评估的产品进行加严可靠性测试及性能测试，并对产品的生产工厂进行严格的现场审核，测试和审核结果会对可融资性评估报告产生重要影响。因此，组件设计在考虑满足常规的产品设计鉴定和定型标准 IEC61215 和安全标准 IEC61730（或 UL61730）之外，也需要考虑相应的可靠性加严测试要求。目前大部分金融机构都接受来自如 UL、PVEL（PV Evolution Labs，现为 DNV GL 全资子公司）等第三方机构出具的评估报告。组件的加严测试序列通常由测试机构根据 IEC61215、IEC61730（或 UL61730）等相关标准，结合组件长期可靠性保证而制定。如 PVEL 的 PQP（Product Qualification Program），主要包括加严可靠性测试序列、性能测试和现场审核，性能测试则包括 Panfile 测试和户外发电量测试，通过一系列评估来证明光伏组件的技术和质量是非常优秀、值得信赖的。这方面内容读者可以查阅相关资料，本书就不做详细介绍。

6.1.1 测试认证

测试认证主要是对光伏组件的性能、可靠性和安全进行测试和评估，其中IEC61215系列标准是光伏组件的性能及可靠性测试和认证的基本要求，IEC61730/UL61730是光伏组件安全评估和认证的基本要求，在新产品设计完成后，组件制造厂商都需遵循这两个标准对组件进行设计验证，并送样至第三方检测认证机构进行设计鉴定与定型的测试，从而获得产品认证的证书，这也是光伏组件销往全球各个国家和地区的最基本认证要求。这2个标准在6.4和6.5会重点进行介绍。各个国家和地区的认证机构，会对申请认证的产品进行抽样，按照标准和检验要求进行光伏组件的性能和安全测试，测试合格颁发证书。这是光伏组件最基础最重要的认证。

目前全球主要的测试认证机构分布在德国、美国和中国，这些认证机构都需要具备光伏组件全套性能测试、可靠性测试、安全测试要求的设备和技术能力；目前比较知名的第三方测试认证机构有德国的TÜVRH、TÜV-NORD、TÜV-SUD，美国的UL和中国的CPVT、CQC、CTC、CGC。目前大部分的国外测试认证机构在中国设有分公司或分支检测机构，其出具的认证证书在大部分国家都被认可。

6.1.2 注册认证

光伏组件取得测试认证后，可以销往大多数国家，但是不同国家和地区针对光伏组件产品的检测和认证要求也有所差异。因此，为了取得不同国家和地区的市场准入资格，需要根据当地监管机构的要求进行注册认证。监管机构注册认证是指提交相关的产品资料给监管机构进行登记和注册的认证方式，有些国家和地区除了要求产品首先得到相关的基础测试认证，还需要在当地进行监管认证，甚至增加一些特殊的测试，这样也有助于获得一些政府政策的补贴，例如澳大利亚、美国加利福尼亚州、巴西、日本。

表6-1列举了一些重要的国家和地区的市场准入的监管要求。

表6-1 部分国家和地区的市场准入特殊要求

国家/地区	市场准入特殊要求
欧盟	进入欧盟的强制要求：CE认证； LVD低电压指令2014/35/EU和CE EMC电磁兼容指令2004/108/EC
意大利	意大利国家内政消防部门对光伏组件的防火等级做了相应的等级划分，需要在本地试验室测试，按照UNI 9177对于光伏组件的防火等级划分要求，最低可燃性要求为等级II。 说明：UNI 9177是综合考虑光伏组件在UNI 8457和UNI 9174中的燃烧表现来判定的
法国	对于超过100kW的光伏发电项目，光伏组件必须进行碳简化评估(ECS)+LCA产品生命周期评估
英国	MCS(Microgeneration Certification Scheme)认证；基于获得授权的NCB颁发的IEC/EN61215的TEST REPORT，再进行工厂生产控制体系审核
美国加州	CEC列名：产品获得UL 61730证书后，还需要在有NRTL认可资质的试验室增加一些特殊测试，然后将所有相关信息提交到California Energy Committee进行登记注册。只有进入注册列表后，才可以在加利福尼亚州周边地区进行销售和使用
韩国	KS认证：对应的光伏组件产品需要符合强制性的认证要求，凡是出口到韩国的光伏组件产品，必须通过韩国政府指定的组件生产车间的审核，并完成抽样，抽样必须发往韩国当地的试验室进行测试，测试通过后方能获得韩国的KS认证

续表

国家/地区	市场准入特殊要求
日本	JP-AC 列名：日本太阳能光电协会(JPEA)颁发的权威认证，光伏组件产品要能够满足日本电网兼容标准，并符合国家安全等相关法规规定，才允许采购并用于光伏项目建设
印度	光伏组件产品需要在印度标准局 BIS 或印度新能源与可再生能源部 MNRE 认可的印度本地试验室进行相关测试，获得测试报告后，在 BIS 机构进行注册，获得合规性的认证才能进行销售，2018 年 9 月 5 日开始强制执行。 2019 年 1 月，印度新能源与可再生能源部 MNRE 颁发 ALMM 法令，列名符合 BIS 标准的太阳能光伏电池和组件型号及制造商，公布 ALMM 清单
澳大利亚	澳大利亚政府没有指定专门的认证机构，但是要求生产企业必须将产品信息提交到 Clean Energy Council 进行注册。只有进入注册列表的产品，才可以顺利销售使用，其注册的前提是相关产品必须通过 IECEE 认可的试验室测试
巴西	巴西将 INMETRO 认证作为强制准入要求，光伏组件产品获得独立的第三方机构的葡萄牙语报告(相关的测试条款)后，在当地的 INMETRO 进行注册，获得相关的列名后，才可以进行认证工作

6.1.3 体系认证

为保证光伏组件的产品质量和可靠性的一致性，还需要对产品制造工厂建立质量体系，实现产品从研发到售后全生命周期的质量保证，因此除了需要进行测试认证和注册认证，还需要按照 IEC62941 技术规范建立整个体系，并通过第三方现场审核予以认证。

IEC 62941 光伏组件制造质量体系（Terrestrial photovoltaic（PV）modules-Quality system for PV module manufacturing）是光伏行业组件制造商的专用国际质量体系标准，由美国国家可再生能源试验室（NREL）和国际电工委员会（IEC）以及国际光伏质量保证工作组（PVQAT）的研究人员和专家经过 5 年联合工作完成，2016 年 1 月正式发布 IEC TS 62941，成为 ISO 9001 质量文件的补充。2019 年 12 月 12 日 IEC 62941 标准正式推出，该标准对光伏组件从设计、生产到售后服务的整个产品生命周期中各环节的质量和可靠性保证都制定了规范和要求，能够更好地确保光伏组件厂商恪守产品质量和可靠性的承诺，提高投资者、公用事业部门以及用户对组件产品的信心。目前光伏组件制造商正在积极采用这项新的标准并接受认证机构的监督检查。

6.2 光伏测试认证机构

随着光伏行业的快速发展，光伏组件的测试和检测需求也越来越多。很多机构经过多年的发展和积累，具备了光伏组件的全套性能和可靠性测试、安全测试要求的设备和技术能力，可以按照光伏产品的标准如 IEC61215、IEC61730 的要求，对光伏组件、光伏材料和零部件、系统及应用工程的试验、检测、验收等进行测试评估和提供技术服务。各个机构还建有不同气候的户外测试和实证基地，可以进一步对光伏组件和材料进行差异化测试和评估。目前主要有德国的 TÜV，美国的 UL 和中国的 CQC、CTC、CGC、CPVT 及中国计量院、江苏合创检测等，其中大部分具备 IEC61215、IEC61730 标准的测试认证资格，其他的一般出具 CB/CBTL 测试报告。

6.2.1 德国

德国是最早大规模应用光伏发电的国家之一，德国政府目前指定的认证机构是德国技术检验协会 TÜV（Technischen Uberwachungs Vereine）。目前获得德国政府授权并且在中国设置有测试机构的 TÜV 认证机构有 3 家：TÜV 莱茵（TÜV Rheinland）、TÜV 南德意志（TÜV SUD）和 TÜV 北德（TÜV Nord）。

TÜV 莱茵集团总部设在莱茵-威斯法伦州莱茵河畔的科隆市，是德国最著名也是全球权威性的第三方认证机构。德国 TÜV 莱茵集团在光伏产品检测领域拥有超过 30 年的丰富经验，测试产品种类多，包括地面用晶体硅电池组件、薄膜太阳电池组件、聚光太阳电池组件、控制器、逆变器、离网系统，并网系统等；服务客户分布面广，在德国、中国、日本、美国等国均设有太阳能检测试验室。德国 TÜV 莱茵公司同时是欧、美、日等主要认证体系下正式注册的发证单位，是全球唯一能够提供横跨欧、美、日的“一站式”认证服务的单位。2007 年，TÜV 莱茵集团承担了全球 70%的光伏组件测试和认证业务，同年在上海成立光伏试验室，该试验室占地约 1000m^2，是早期我国唯一一家经 DATECH 认可并拥有 100%光伏测试能力的专业机构，为我国太阳能产品出口提供完整的组件差异化测试、组件设计性能和安全测试。2022 年，德国 TÜV 莱茵集团成立 150 周年之际，位于江苏太仓的亚太地区规模最大、检测能力最全的 TÜV 光伏产品试验室正式开始运营，为中国光伏行业上下游产业链提供一站式服务。莱茵在海外的科隆、沙特，国内的海南、漠河、银川、上海等地，建有湿热、干旱、寒冷、高原等不同气候的户外实证基地。

TÜV 南德意志集团成立于 1866 年，前身为蒸汽锅炉检验协会。目前 TÜV 南德意志集团在 50 个国家设立了 1，000 多个分支机构，集团的技术专家在工业 4.0、自动驾驶及可再生能源的安全与可靠性方面均做出了显著的技术创新。TÜV 南德意志集团能够提供从原材料到系统终端全产业链的一站式、多市场技术解决方案。

TÜV 北德集团在全球 70 多个国家设有超过 150 家分支机构，在太阳能领域，可以为制造商、安装商、服务供应商及投资商提供从太阳能光伏组件、零部件到光伏发电系统整个产品供应链的全方位测试和认证服务，为客户提供光伏组件的全过程质量监督、出货前检验等服务。目前，TÜV 北德通过“一检多证”实现全球市场准入，其范围覆盖亚洲、欧洲、非洲、大洋洲、北美洲、南美洲；同时在我国的宁夏、海南地区及意大利、西班牙等国建有不同气候的户外实证场地。

6.2.2 美国

在美国，只有获得美国职业健康与安全管理委员会 OSHA 授权的 NRTL（国家认可试验室）才有资格对在美国销售和使用的商品进行认证。目前在光伏产品领域获得授权的 NRTL 主要有 UL、CSA 等。其中 UL 是一家独立的安全认证机构，成立于 1894 年，是美国第一家产品安全标准发展和认证机构，也是美国产品安全标准的创始者。在光伏产品领域，UL 是全球首家制定光伏产品标准的第三方认证机构，也是 CB 体系下美国唯一一家具备核发和认可双重资格的国家认证机构，可颁发 IECEE CB 证书。2009 年 2 月，位于苏州的 UL 光伏卓越技术中心正式成立，它是 UL 在亚洲地区规模最大的光伏试验室，为全亚洲光伏厂商提供测试和认证服务。

6.2.3 中国

国内光伏组件测试机构，比较重要的有4家单位，其中直属于国家政府机构的主要有3家：国家太阳能光伏产品质量检验检测中心、中国质量认证中心（CQC）、国家建筑材料工业太阳能光伏（电）产品质量监督检验中心（CTC），还有一家民营机构，即北京鉴衡认证中心（CGC）。这4家测试机构都是国家认证认可监督管理委员会（CNCA）批准的认证机构，是中国合格评定国家认可委员会（CNAS）认可的认证机构、检验机构、检测和校准实验室，并且需要获得中国计量认证（CMA）资质。

国家太阳能光伏产品质量检验检测中心目前已建成两个国家光伏质检中心，分别位于无锡和佛山。无锡的国家太阳能光伏产品质量检验检测中心是于2007年经原国家质检总局批准筹建的我国首个国家级光伏产品质检中心，2016年中心选址宁夏银川，建设国内首个兆瓦户外实证基地，2022年启动海南东方、泰国春武里的高温高湿环境下户外实证基地，2023年与中集来福士建设全球首个海上漂浮式户外实证基地。广东的国家太阳能光伏产品质量检验检测中心由广东产品质量监督检验研究院（简称广东质检院）负责组建，位于广东佛山市顺德区，是华南地区第一家国家级太阳能光伏产品检测机构。

中国质量认证中心（CQC）是由中国政府批准设立，被多个国家和多个国际权威组织认可的第三方专业认证机构，隶属中国检验认证集团。CQC建设的户外实证基地目前已覆盖全国6大典型气候，分别是新疆吐鲁番干热气候、青海西宁寒温气候、西藏拉萨高原气候、内蒙古海拉尔寒冷气候、上海亚湿热气候、海南琼海湿热气候，是覆盖我国地域面积最广、应用环境类型最全的新能源户外实证研究和测试重点试验室。

国家太阳能光伏（电）产品质量检验检测中心（CTC）作为国检集团的核心成员，在海南建有国内首个国家级光伏产品户外实证基地，同时在北京、漠河还分别建有城市气候环境和严寒极端气候环境的光伏产品户外实证基地。

北京鉴衡认证中心（CGC）是国内第一批从事光伏产品认证检测的第三方机构，可提供光伏产品全产业链检测认证服务及光伏电站全生命周期解决方案。CGC在浙江嘉兴建有华东光伏检测中心，并在内蒙古托克托、浙江嘉兴、河北张家口、海南海口、海南三亚、黑龙江漠河等多地建有户外实证基地，是国内首家同时具备寒温带、中温带、亚热带、热带等实证能力的权威第三方机构，可提供不同气候类型、不同安装条件、不同地面条件的长期实证测试。

中国计量科学研究院（简称中国计量院）是一家专业检测单位，成立于1955年，隶属国家市场监督管理总局，是国家最高的计量科学研究中心和国家级法定计量技术机构，属社会公益型科研单位。在光伏领域，其主要进行光伏电池和组件的权威标定，具备光伏组件、太阳电池的光电参数I-V特性测量，太阳模拟器性能校准和评定，新型太阳电池（含钙钛矿电池）光电性能测试等多项测试和校准能力。中国计量院建立了国际公认准确度最高的光学基准低温辐射计—陷阱探测器—光电探测器—标准电池—电池片/光伏组件的完整传递体系，优化了从SI单位制到产业用量值的传递过程，凭过硬的光伏领域校准的能力进入世界第一梯队。

中国电子科技集团公司第18研究所（简称18所）是我国成立最早的光伏测试单位，也是我国最大的综合性化学物理电源研究所。18所参加了1993年的国际太阳电池标准比对活动，是世界上四个具有光伏计量基准标定资格的试验机构之一。2015年以后，18所主要业务转移到航天电池制造及服务，对外标定服务逐年减少。

上海空间电源研究所（811 所）在早期也对外进行一些光伏产品的检测，在光伏方面主要是做空间砷化镓电池的研究、检测和应用。

6.3 光伏组件技术标准

标准是一个行业健康有序发展的保证，也是行业技术迭代更新的重要产物，它凝聚了行业在发展过程中所积累的技术创新成果，以及技术创新成果产业化过程中所沉淀的经验教训、解决方案。一个行业标准体系的完备程度直接反映了该行业的成熟度水平。行业从业人员特别是技术人员，一定要充分重视标准，持续跟进标准的动态，掌握最新标准的内容。

6.3.1 光伏组件标准发展历史

光伏组件标准起源于 1975 年，发展至今已形成一套相对完整的评价体系。光伏组件标准可以分为三个主要发展阶段：第一阶段是 1975～1989 年，第二阶段是 1990～1999 年，第三阶段是 2000 年至今。美国 NASA 喷气推进试验室（JPL）、欧盟委员会的联合研究中心（JRC）以及美国国家可再生能源试验室（NREL）是光伏组件标准发展的主要贡献者和推动者。

1975 年至 1986 年，美国 NASA 喷气推进试验室（JPL）在实施 FSA 项目过程中，在 16 个户外实证场地，包括热带、寒冷、沙漠、高原、沿海和极地地区，测试了 150 种不同设计的组件，形成了 460 份主要失效分析报告，在此基础上制定了 Block 系列测试规范（表 6-2），成为光伏行业中第一个针对地面用晶体硅光伏组件的质量测试规范。从 Block Ⅰ至 Block Ⅴ，试验条件不断优化和加严，但通过这些测试只能发现光伏组件的早期失效情况，测试失效比例比较高。

表 6-2 Block 系列测试规范

试验	Block Ⅰ	Block Ⅱ	Block Ⅲ	Block Ⅳ	Block Ⅴ
热循环	100 个循环 －40～90℃	50 个循环 －40～90℃	50 个循环 －40～90℃	50 个循环 －40～90℃	200 个循环 －40～90℃
湿热	68h 70℃ 90% RH	5 个循环 23～40℃ 90% RH	5 个循环 23～40℃ 90% RH	5 个循环 23～40℃ 90% RH	10 个循环 －40～85℃ 85% RH
热斑	—	—	—	—	3cells，100h
机械载荷	—	100 个循环 ±2400Pa	100 个循环 ±2400Pa	10000 个循环 ±2400Pa	10000 个循环 ±2400Pa
冰雹	—	—	—	5 个冲击 3/4"，45mph	10 个冲击 3/4"，45mph
高压锅	—	＜15μA 1500 V	＜50μA 1500V	＜15μA 1500V	＜15μA 2 倍系统电压＋1000V

注：1mph＝1.609km/h。

1980～1984年，欧盟委员会的联合研究中心（JRC）根据前期的研究，先后发布了CEC201、CEC501和CEC502测试规范；值得关注的是1984年在CEC502标准中首次提出了户外试验，增加了高温储存试验（90℃，20天）和高温/高湿试验（90℃/95%RH，20天）。

1981年，IEC成立太阳光伏能源系统技术委员会TC82，其WG2工作组负责研究光伏组件质量的测试标准，开始研究Block V、CEC等的光伏相关测试规范，为后续IEC 61215标准的建立奠定基础。1988年，IEC发布标准草案，提出了组件终极目标是满足组件户外环境下使用超过20年。

1986年，美国UL公司发布光伏组件安全性标准UL1703，成为美国市场准入的基本标准之一，该测试更关注测试后的光伏组件是否会对人身造成危险，目前最新的是2018年9月16日的版本。2017年，UL根据相关情况更新和发布了UL61730，目前UL主要按照UL61730的标准进行相关测试和认证，在此之前，主要按照UL1703进行测试和认证。因为目前的IEC61215和IEC61730系列标准内已经包括了UL1703和UL61730的大部分测试项目，所以本书后面重点介绍IEC标准。

1988年，基于JPL的工作，NREL发布针对薄膜组件的测试序列IQT，该试验规定组件功率衰减小于10%，包括湿敏电阻试验、高压锅试验、热斑试验、20个循环湿冻试验等。

1989年，日本发布了本国的晶硅组件质量测试标准JIS C8917。

1990年，在NREL召开的光伏组件可靠性研讨年会上，研究者提出一个关键的试验——湿电阻试验，它可以反映出许多组件的制造缺陷，包括背板气孔、脱层和旁路二极管失效等；另外，研究者还发现在干热气候使用的光伏组件经常会发生EVA严重变色现象，导致光伏系统发电效率下降。

1993年，IEC基于前期发布的标准草案，正式发布了地面用晶体硅光伏组件的质量测试标准IEC61215，成为第一份非政府性正规质量测试标准。考虑UV测试的时长及测试设备灯源与实际不符等因素，IEC61215第一版中并未包含UV测试。

1994年，JRC发布薄膜组件质量测试序列CEC701，参考CEC503测试方法，另外还引入了光老炼试验和IQT中湿电阻试验。

1996年，IEC发布针对薄膜组件的试验标准IEC61646，其中采用了光老炼试验来促使组件发生早期的光致衰减。为了提高光伏组件在海洋地区的应用要求，TC82工作组制定了盐雾腐蚀试验标准IEC61701。

1998年，为保证光伏组件经受起户外应用时紫外线影响，IEC发布了紫外暴露试验标准IEC61345。

2000年开始，NERL、JRC试验室等研究机构对户外使用多年的大量组件进行失效分析验证，为后续的标准优化和长期可靠性研究提供了依据。

2004年，光伏组件安全鉴定标准IEC61730诞生，它包括IEC61730-1、IEC61730-2两部分，用以测试光伏组件在其使用期内的安全性。

2005年，IEC/TC82 WG2工作组对IEC61215标准进行了重要修改，删除了扭曲试验，增加了源自IEEE1262的绝缘电阻试验和旁路二极管热性能测试，此后工作组不断根据相关的数据进行修订，并且补充实施文件。

2008年，IEC/TC82发布第二版薄膜组件标准IEC61646，对组件输出功率衰减、紫外条件、NOCT、湿漏电流测试进行了修改。

2011年，由美国国家可再生能源试验室（NREL）发起成立了PVQAT（PV Quality Assurance Taskforce），设立在IEC/TC82下面，设立了15个任务组（TG，见表6-3），以不同的专题形式联合全球各国光伏行业从业者，围绕光伏组件耐久性、制造质量一致性和系统质量保证三大方面开展了大量研究工作。PVQAT在成立之初便与IEC标准的制定紧密连接，多项研究成果输出为IEC/TC82的标准草案。

表6-3 PVQAT任务组

任务组	研究项目
TG1	制造一致性 Manufacturing Consistency
TG2	热和机械疲劳，包括振动 Thermal & Mechanical Fatigue Including Vibration
TG3	湿度、温度和电压 Humidity, Temperature & Voltage
TG4	二极管、遮挡和反向偏置 Diodes, Shading & Reverse Bias
TG5	紫外线、温度和湿度 UV, Temperature & Humidity
TG6	不同区域的光伏质量保证分级的讨论 Communication of PV QA ratings to the community
TG7	雪载荷和风荷载 Snow & Wind Loading
TG8	薄膜光伏 Thin-Film Photovoltaics
TG9	聚光光伏 Concentrator Photovoltaics
TG10	接线盒和连接器 Junction Box Connectors
TG11	平衡部件和电能测试 Balance of System and Power Electronics Testing
TG12	污染物与沙尘 Soiling
TG13	电池 Cells
TG14	印度光伏的可靠性 Reliability of PV in India
TG15	光伏的修复、再利用、重新认证和回收 Repair, Reuse, Recertification, and Recycling of PV

基于光伏组件的大量研究和测试，IEC61215第三版和第四版分别于2016年和2021年发布，进行了一些重要的更新；2016年IEC61730也发布了第二版，2023年发布第三版。这些内容后面会具体介绍。

6.3.2 标准研制和管理机构

6.3.2.1 国际电工委员会IEC

国际电工委员会IEC（International Electrotechnical Commission）成立于1906年，是世界上成立最早的非政府性国际电工标准化机构，是联合国经济社会理事会（ECOSOC）的甲级咨询组织及半导体产业协会，负责有关电气工程和电子工程领域中的国际标准化工作。IEC标准制订和修订工作由覆盖不同领域的技术委员会负责承担。截止到目前，IEC共有技术委员会（TC）112个，分技术委员会（SC）102个。其中TC82（Technical Committee 82）是太阳能光伏能源系统技术委员会，专门从事太阳能光伏领域国际标准制订和修订工作。TC82下设7个标准工作组（WG）、1个项目组（PT）、2个联合工作组（JWG）。这10个小组分别为：WG1术语表，WG2非聚光组件，WG3系统，WG6 BOS部件，WG7聚光组件，WG8光伏电池，WG9 BOS支撑结构PT600汽车光伏一体化系统（VIPV），以及JWG1可再生能源离网系统所涵盖的电力供应、农村电气化和混合系统（与IEC/TC88联合），和JWG11建筑一体化光伏（BIPV）（与ISO/TC160/SC1联合）。

IEC标准研制通常需要经过7个阶段，见表6-4，不同阶段的文件会用不同的字样进行标识，如NP、WD、CD、CDV、FDIS、IS等字样。

表6-4 IEC标准研制阶段

阶段程序	阶段结果	指导时限
初始阶段(Preliminary stage)	前期准备工作收集相关信息或数据	—
提议阶段(Proposal stage)	新项目提议(NP)	—
起草阶段(Preparatory stage)	草案文件(WD)	6个月
评论阶段(Committee stage)	草案(CD)提交给TC委员会并分发成员国进行评论和建议	12个月
草案投票阶段(Enquiry stage)	所有国家成员体对CDV草案文件进行投票，项目组需尽力解决反对票中提出的问题	24个月
批准阶段(Approval stage)	FDIS文件分发给所有成员国进行为期2个月的投票(如果CDV有反对票)	33个月
出版阶段(Publication stage)	在1个月内更正技术委员会和分委员会秘书处指出的所有错误，并且印刷和分发国际标准(IS)	36个月

IEC发布的技术标准有两大类：一类是国际标准（IS），例如IEC61215-1，会在封面标识有INTERNATIONAL STANDARD；另一类是技术规范（TS），例如IEC TS 63902-2，会在封面标识有TECHNICAL SPECIFICATION。TS经过一段时间的应用和修订完善后，可以根据需要转换成IS，成为国际标准。另外也用发布技术报告的形式对一些技术和质量的研究成果做分享，引起行业的早期关注、重视或借鉴，其目的是快速将新的技术研究成果应用于行业实践，促进行业的健康发展。技术报告后续可以根据其使用情况发展和升级成技术规范或国际标准。因此，标准可以反映一个行业的最新技术发展动态，凝聚了行业在发展过程出现的大量典型失效案例和解决过程，体现了行业最新技术和可靠性的进展，一定要充分重视、跟踪和学习。

6.3.2.2　美国保险商试验室（UL）

美国保险商试验室（UL）是美国最有权威，也是世界上非常有影响力的从事安全试验和鉴定的独立的、非盈利的专业机构。UL 创建了其全球检测认证机构和标准开发机构，是美国产品安全标准的创始者。UL 标准涉及的领域主要为安全、质量和可持续发展。UL 迄今发布了将近 1800 项标准，其中 70%以上成为美国国家标准。UL 也是加拿大国家标准的开发机构。UL 标准中，针对光伏组件产品的安全标准为 UL1703 平面光伏电池板标准（2021 年升版为 UL61730）。光伏组件产品要在北美市场销售，均需要获得满足 UL61730 组件安全标准的认证，因此 UL 标准也是光伏产品制造商和光伏技术开发人员需要特别关注的内容。

6.3.2.3　全国太阳光伏能源系统标准化委员会（SAC/TC90）

全国太阳光伏能源系统标准化技术委员会（SAC/TC90）成立于 1987 年，目前为第七届，是国家标准化管理委员会下属的专注于光伏能源系统领域的技术委员会，秘书处设在中国电子技术标准化研究院，负责全国太阳光伏能源系统的标准化技术归口及光伏行业标准和国家标准的制订、修订工作，对光伏行业标准和国家标准的申报、立项和发布进行管理。业务涉及光伏电池、组件、电气部件、支撑结构、系统及应用等领域。TC90 通过标准工作组和标准专题组开展标准的制订和修订工作，目前共有包括术语、电池、组件、电气部件、支撑结构、光伏系统 6 个标准工作组，以及绿色建筑、智能光伏、光电建筑 3 个标准专题组。TC90 已经对一些欠缺的材料、产品、测试方法等制订了相关的行业标准或国家标准。TC90 也是 IEC/TC 82 在中国的对口组织，负责对国际上重要的光伏标准进行识别，通过等同翻译或者等同采用的方式，将国际标准转化为行标或者国标，便于中国企业采用。与此同时，TC90 也会选择有价值和意义的标准提交 IEC/TC82，促进中国标准国际化进程，为提高中国光伏企业在国际上的话语权提供支持。截至 2022 年，我国已经申请和主导了 12 项 IEC 标准，其中 12 项成为现行标准，8 项在研制进行中，大大促进了我国光伏行业的健康有序发展，也提升了我国光伏在国际上的地位。光伏国家标准编号为 GB/T *****，行业标准的编号为 SJ/T *****。

6.3.2.4　中国光伏行业协会标准化技术委员会

中国光伏行业协会（CPIA）标准化技术委员会成立于 2016 年 3 月 25 日，是协会专门从事标准化工作的技术组织，其发布的标准为团体标准，编号为 T/CPIA ***，是我国目前光伏行业最有影响力的团体标准组织，秘书处设在中国电子技术标准化研究院；其根据光伏行业的特点建立了相应的标准体系，识别行业标准需求，并通过标准工作组和标准专题组开展标准的制订、修订工作。截至 2022 年，共成立了制造设备、硅材料、电池、组件、系统电气部件、系统支持部件、系统及应用 7 个标准工作组，以及水上光伏、家庭户用光伏、组件回收再利用、BIPV、钙钛矿 5 个标准专题组。中国光伏行业协会标准化技术委员会负责光伏协会的团体标准申报、立项和发布等工作。团体标准的制定和发布时间相对比较快，从实际操作来看，可以解决一些行业急迫技术规范需求，规范行业发展，加快行业技术创新成果产业化的进程，对行业发展起到重要的推动作用。团体标准后续也

可以根据需要升级成行业或国家标准。

6.3.3 IEC 标准介绍

如前所述，IEC 的光伏组件技术标准凝聚了行业在发展过程出现的大量典型失效案例和解决过程，所以，现在最全面的可靠性评估标准、测试要求和测试方法，可以参考 IEC 的系列标准。附录 3 列出了 WG2 的非聚光组件中和晶硅光伏组件相关的重要标准和 WG1 术语中和晶硅光伏组件相关的重要标准，总共 79 个，同时也列出已经转换成国家标准的编号，还有很多国际标准需要尽快转化成国家标准，更好地进一步指导行业。

从这些标准来看，可以分成 4 大类：测量标准和能量评定、质量鉴定和安全要求、组件材料和部件、可靠性与应力实验。

（1）测量标准和能量评定标准指的是光伏组件在电性能测试中需要遵循和参考的标准和技术规范，其中比较重要的参见表 6-5。

表 6-5　测量标准和能量评定标准（部分）

序号	标准编号	标准内容简介
1	IEC 60904 系列	共 14 个标准或者技术规范，规定了光伏组件的 *I-V* 测量、溯源、光谱适配因子、太阳能模拟器评级等和测量有关的技术和质量要求
2	IEC 60891	规定了光伏设备测量的 *I-V* 特性曲线中温度和辐照度校正应遵循的程序
3	IEC 61853 系列	共 4 个标准，规定了各种不同条件（辐照、温度、入射角、气候等）下的不同组件性能参数的测量和评定
4	IEC TS 63109	规定了一种通过电致发光图像的定量分析来测量光伏电池和组件的二极管理想系数的方法

（2）质量鉴定和安全要求标准包括光伏组件的基础性能测试标准、安全测试标准及制造质量体系标准。其中比较重要的参见表 6-6。

表 6-6　质量鉴定和安全要求标准（部分）

序号	标准编号	标准内容简介
1	IEC 61215 系列	共 7 个标准，规定了光伏组件（包含晶硅、薄膜、碲化镉、铜铟镓硒、柔性组件）的性能测试要求和测试程序
2	IEC 61730 系列	2 个标准，规定了光伏组件安全测试的要求和测试程序
3	IEC TS 63092 系列	2 个标准，规定了 BIPV 组件要求和 BIPV 系统要求
4	IEC TS 63163	消费品级组件设计鉴定和型式认可
5	IEC 62941	地面用光伏组件制造质量体系

（3）组件材料和部件标准指的是光伏组件封装材料及材料性能指标的通用测试要求和方法，其中比较重要的可参见表 6-7。

表 6-7　组件材料和部件标准（部分）

序号	标准编号	标准内容简介
1	IEC 62788 系列	15 个标准，规定了一些光伏组件用的封装材料的要求，还有材料的一些重要性能指标的测试要求

续表

序号	标准编号	标准内容简介
2	IEC 62805 系列	2个标准，规定了光伏玻璃的雾度、透过率和反射率测试要求
3	IEC 62790	规定了接线盒的安全要求及测试方法
4	IEC 62852	规定了连接器的安全要求及测试方法

（4）可靠性与应力试验标准指的是对光伏组件的加严可靠性测试或者加速老化测试的方法，以进一步评估真实户外使用条件下的光伏组件的性能，其中比较重要的参见表6-8。

表6-8 可靠性和应力试验标准（部分）

序号	标准编号	标准内容简介
1	IEC 61701	光伏组件盐雾腐蚀试验
2	IEC 62716	光伏组件氨气腐蚀试验
3	IEC TS 63342	组件LeTID测试
4	IEC 61345	光伏组件紫外暴露试验
5	IEC 62892	光伏组件扩展热循环测试
6	IEC 62938	光伏组件不均匀雪载荷测试
7	IEC TS 62782	光伏组件动态机械载荷DML测试
8	IEC TS 63397	冰雹加严测试
9	IEC TS 62804 系列	3个标准，用来评估晶硅和薄膜组件的电位诱导衰减PID性能
10	IEC 62759-1	组件包装单元的运输包装测试
11	IEC TS 63209 系列	3个标准，光伏组件、光伏材料和零部件的加严可靠性测试，并且提出了适用于材料筛选的综合环境老化测试
12	IEC TS 63126	规定了高温下运行的光伏组件、零部件及材料认可导则。 一般认为组件户外工作时候，温度一般不高于70℃，可采用IEC61215/61730/62790/62852相关标准的测试要求；但是在一些特殊环境下，例如屋顶和BIPV的安装环境条件下，组件温度会超过70℃，因此规定了需要额外测试的要求，并规定了$t \leqslant 80$℃和$t \leqslant 90$℃的两个等级

由上可见，质量鉴定和安全要求、组件材料和部件测试、可靠性与应力试验这三大类型的相关测试体现了目前已知的可以识别和采取针对措施的光伏组件的可靠性要求，需要引起充分重视。本书重点介绍IEC61215标准、IEC61730标准和IEC 62915技术规范的重要内容。

6.4 IEC61215

IEC61215系列标准规定了地面用光伏组件的设计鉴定和定型的试验要求和试验程序。该系列标准旨在适用于所有地面用平板组件材料，如晶体硅光伏组件及薄膜光伏组件，不适用于带聚光器的组件，但是可适用于1～3倍的低聚光组件。所有试验使用预期的设计聚光倍数下的电流、电压和功率等级。

IEC61215系列标准的试验目的是在尽可能合理的经费和时间内进行组件的电性能和耐环境性能测试，用来鉴定和评估组件能够在规定的气候条件下长期使用的性能。当然组件的实际使用寿命期望值将取决于组件的设计以及真实运行的环境和条件。

IEC 61215-1是地面用光伏组件设计鉴定和定型测试要求，IEC 61215-2是地面用光伏组件设计鉴定和定型测试程序。如前所述，IEC61215标准不断更新，这里介绍最近的主要更新变化。2016年IEC/TC82再次更新，和2005版本比较，主要合并了IEC61646标准，通用要求和测试要求分开，所以又重新定义为第一版本。在其中的通用要求中，IEC61215-1是基本测试要求，然后对5种不同类型组件（晶体硅组件、CdTe薄膜组件、非晶/微晶硅组件、CIGC薄膜组件和柔性组件）提出了特殊的测试要求，见图6-1。其他的主要更新点有：NMOT（Normal Module Operation Temperature）取代了NOCT，测试过程中组件要在最大功率的条件下而不是在开路状态；功率的判定规则发生重大变化，铭牌电性能参数判定Gate1和型式试验最大功率衰减Gate2；修改了热斑的选片方式；冰雹测试加严，删除较低的测试条件；旁路二极管测试热性能拟合曲线，增加旁路二极管功能测试；UV预处理和稳定化处理要求在短路条件下或加电阻负载，辐照量变化；引出端强度测试定义为线缆强度和接线盒强度两个测试内容。

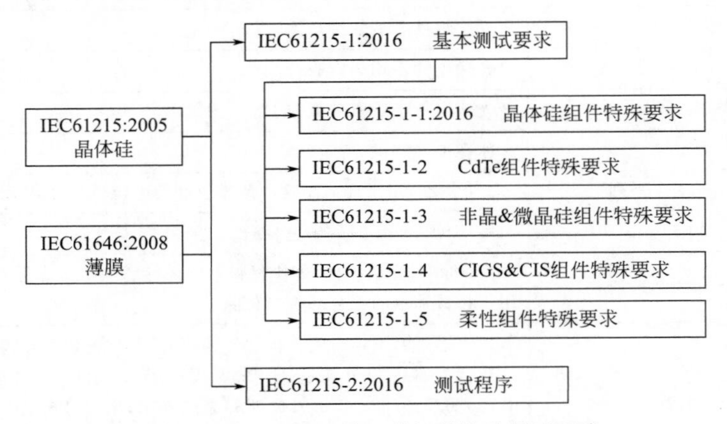

图6-1 IEC61215-1的5种组件特殊测试要求

2021年，IEC61215又做了标准升级，主要增加了以下内容：增加了对双面光伏组件的双面系数、双面铭牌辐照度BNPI、双面应力辐照度BSI（条款3.10，3.11，3.12）的定义和相关性能测试的补充要求；增加柔性组件的定义（条款3.6，光伏组件至少在一个方向上有500mm或更小的曲率半径，并且能够形成一个平面或曲面）和所需的弯曲测试（MQT 22）；增加了超大尺寸组件（条款3.8，超过商用模拟器尺寸2.2m ×1.5m的组件）的定义；在温度循环试验（MST51）的测试项目中，增加接线盒引出线需要悬挂5N重量的要求；增加电势诱导衰减PID测试（MST21）和动态机械载荷测试项目（MST20），删除了NMOT测试以及在NMOT下的相关性能测试。

双面系数：在标准测试条件下测量的双面组件背面和正面的I-V特性的比值，包括短路电流双面系数$\Phi_{I_{sc}}$、开路电压双面系数$\Phi_{V_{oc}}$和最大功率双面系数$\Phi_{P_{max}}$，需要体现在铭牌上。完整的定义见IEC TS60904-1-2:2019的条款6.2。

双面铭牌辐照度BNPI：采用IEC TS60904-1-2允许的任何方法，选择$\Phi_{I_{sc}}$和$\Phi_{P_{max}}$较低值，在组件正面施加$1000+\phi*135$的辐照条件，测试I-V曲线，测试所得的短路电

流 I_{sc}、开路电压 V_{oc} 和最大功率 P_{max} 也需要体现在铭牌上。

双面应力辐照度 BSI：采用 IEC TS60904-1-2 中允许的任何方法，选择 $\Phi_{I_{sc}}$ 和 $\Phi_{P_{max}}$ 较低值，在组件正面施加 1000＋ϕ * 300 的辐照条件，测试 I-V 曲线，记录所得的短路电流 I_{sc}，不需要体现在铭牌，但是需要在测试项目采用这个辐照或者电流。

对于双面组件，在 IEC61215-2:2021 中规定的测试差异主要有如下方面：

（1）MQT06.1 STC 下的性能测试过程要求依据 IEC TS60904-1-2 进行，双面组件的 Gate No.1 需要在同时满足 STC 和 BNPI 两个条件的情况下进行测试并判定，而在序列可靠性测试之后，需要在 BNPI 条件下进行 MQT06.1 的测试及 Gate No.2 判定。

（2）MQT04 温度系数测试过程中，双面组件的背面需要使用低反射率的黑布遮挡。

（3）MQT07 低辐照度和 MQT10 紫外预处理测试中，双面组件的正面、背面分别需要测试。

（4）MQT09 热斑耐久测试过程中，双面组件要求的辐照度提高到 BSI 水平；同时双面组件被接线盒、边框、缆等遮挡的电池片也需要做热斑耐久测试。

（5）MQT11 热循环测试时，通入组件的电流需要提高到 BSI 水平。

（6）MQT18.1 二极管热性能测试时，通入二极管的电流需要提高到 BSI 水平。

6.4.1 测试流程

地面用光伏组件所有性能测试的通用流程按照图 6-2，需要 12 个光伏组件，先进行一些基础性能项目的测试，然后分成 A～F 组，进行不同项目的可靠性测试，测试结束后再次进行性能测试，然后根据相关要求判断是否通过。除了每个测试项目的合格判断要求，还有一个功率要求，就是在每个序列测试之后的综合功率衰减不超过 5%。需要注意的是，这个流程中，对于晶体硅组件、CdTe 薄膜组件、非晶/微晶硅组件、CIGC 薄膜组件和柔性组件的五大类不同组件的要求是有区别的，这个在 IEC61215-1-1/2/3/4/5 分别有详细说明。本书仅简单介绍 IEC61215-1 的重点内容。

对于图 6-2 所示的测试流程，需要注意以下几点：

① 如果不能接触到标准组件中的旁路二极管，应准备一个特殊的样品来进行旁路二极管热性能试验（MQT18.1）。旁路二极管应按 IEC 61215-2 中 MQT18 的要求，像在标准组件上一样进行物理安装，并附上导线。该样品不需要进行该程序的其他试验。

② 在序列 B 中，用于热点耐久性测试（MQT09）的模块可能与用于旁路热二极管测试（MQT 18.1）的模块不同。对于这个单独的模块，完成以下测试序列：MQT01、MQT19.1、MQT06.1、MQT03、MQT15、MQT09 及 MQT 18.2。

③ 初始稳定 MQT19.1 可包括交替稳定程序的验证（参见 IEC 61215-2）。

④ 在序列 A 中，测试 MQT07 和 MQT04 可以按任何顺序执行。这些测试也可以在单独的模块上执行（而不是在一个模块上进行连续测试），前提是所使用的每个模块都经过了序列 A 之前的整个测试流程。

⑤ 如果在序列 E 中使用代表性样品，则需要一个额外的全尺寸模块，并且只服从 MQT 16 及其要求。

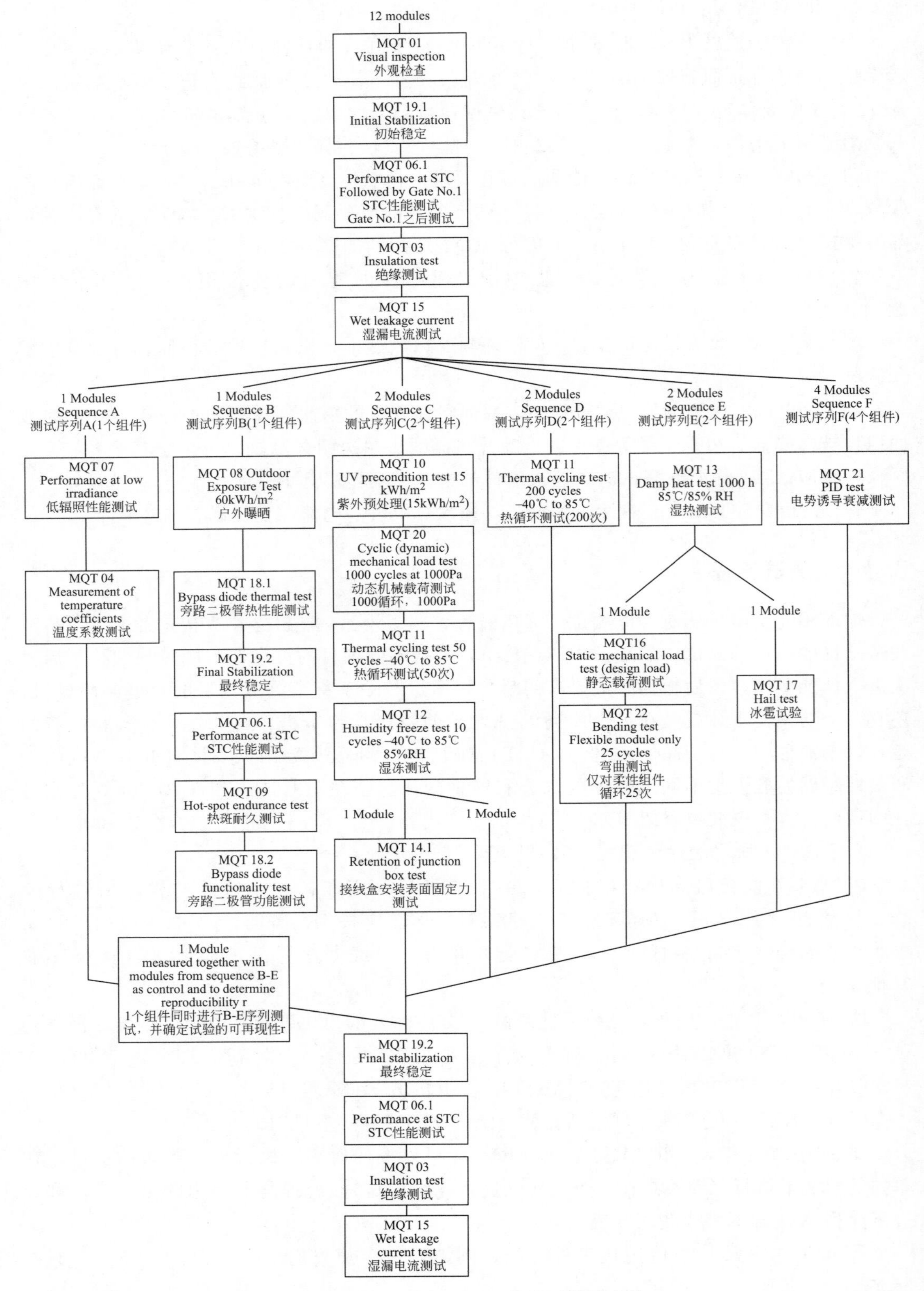

图 6-2　IEC 61215:2021 的主要测试流程

MQT 01 外观检查的要求是外观没有 IEC 61215-1:2021 第 8 章中定义的严重缺陷。包括如下几方面：

① 破碎、破裂或损伤的外表面。

② 弯曲或不规整的外表面，包括上层、下层、边框和接线盒，在某种程度上会影响光伏组件的使用。

③ 在组件的边缘和电路之间形成连续的气泡或脱层通道。

④ 如果机械完整性取决于层压或其他黏合方式，所有气泡面积的总和不得超过组件总面积的 1%。

⑤ 封装、背板、正面、二极管或带电 PV 部件有任何熔化或烧焦的痕迹。

⑥ 丧失机械完整性，影响组件的安装和运行。

⑦ 有裂纹/破碎的电池，可能导致超过一个电池 10%以上光伏有效面积减少。

⑧ 孔洞，或组件的有效电路上的任何一层的可见腐蚀延伸超过任何电池的 10%。

⑨ 内部连接、接头或引出端断裂。

⑩ 任何带电部件短路或暴露。

⑪ 组件标志（标签）脱落或信息难以辨认。

6.4.2 测试项目

IEC61215-1 总共有 22 个测试项目（MQT01～22）。IEC61215-2 的第 4 章的测试程序中对这 22 个测试项目分别进行了详细描述，包括 5 大部分：测试目的、测试设备、测试步骤、最后试验和合格判断标准。表 6-9 列出了部分测试项目及其测试目的、条件（其中一些项目的测试条件又引用了其他标准）和判断标准，以便读者对这些测试项目有个初步的认识，其中分别所需的测试设备和测试步骤可以参考标准中具体章节。注：组件性能测试用代号 MQT（Module Quality Testing）表示。本章节重点介绍 4 个测试项目的具体测试程序：热循环试验，湿冻试验，湿热测试，PID 测试。

IEC61215-1-1 是基于 IEC61215-1 而提出的对晶体硅光伏组件的补充要求或者特殊技术要求，简要介绍如下。

1）关于样品的合格判据

IEC61215-1 中的合格判据的条款对其是适用的，只是将 Gate2 的功率衰减的可再现性的最大允许值设置为 $r=1.0\%$，测量不确定度的最大允许值设为 $m=3.0\%$。

2）温度循环测试 MQT11 的特殊要求

因为在 IEC61215-1:2021 版本增加了双面组件的一些定义，所以在 IEC61215-2:2021 MQT11 测试过程中，对于晶体硅单面组件，需要施加的技术特定电流应等于 STC 峰值功率电流，同时对于晶体硅双面组件，需要施加的技术特定电流为 IEC61215-1 的 3.12 中定义的辐照度等级 BSI 升高时的峰值功率电流。

3）稳定性测试 MQT19 的特殊要求

对于晶体硅光伏组件，在测试过程明确要求需进行初始稳定性测试，施加的辐射量为 $10kWh/m^2$（真实太阳或模拟都可以），并且需要两个至少 $5kWh/m^2$ 的间隔；不需进行最终稳定测试，但是在 DH 测试 MQT13 和 PID 测试 MQT21 两个测试之后，是需要进行最终稳定测试的。DH 和 PID 之后的稳定性测试有不同的方法，具体可以参见 IEC61215-1-1：2021 的 11.19 Stabilization（MQT 19）。

表 6-9 IEC 61215-1 测试项目

代号	名称	对应 IEC61215-2 章节	测试目的	测试条件	判断标准
MQT01	外观检查	4.1	检查组件上的任何外观缺陷	在不低于 1000lux 的照明下目视检查每个组件的外观	无 IEC 61215-1:2021 第 8 章定义的严重外观缺陷
MQT02	最大功率测定	4.2	用以确定稳定性测试后及各种环境应力测试前后组件的最大功率	见 IEC 60904-1 对单面组件和 IEC 60904-1-2 对双面组件的要求	—
MQT03	绝缘试验	4.3	确定组件带电部件和可接触部件之间是否充分绝缘	根据系统电压、组件等级和是否存在胶结接头，测试水平在最小 500V 和最大 1.35×(2000+4×V_{sys})之间变化，详见 MQT03 程序	a)无绝缘击穿或表面无破裂现象。 b)对于面积小于 0.1m^2 的组件，绝缘电阻不得小于 400MΩ。 c)对于面积大于 0.1m^2 的组件，测量的绝缘电阻乘以组件的面积的值不得小于 40MΩ·m^2。
MQT04	温度系数的测量	4.4	根据组件测量值确定电流、电压和峰值功率的温度系数	见 IEC608091 见 IEC60904-10 的指导	—
MQT 06.1	STC 下的性能	4.6	测试组件在 STC 条件下电性能随负载的变化(1000W/m^2，25℃电池温度，满足 IEC 60904-3 的标准太阳光谱辐照分布)	电池温度：STC 25℃； 辐照度：1000W/m^2(双面组件为 BNPI)，符合 IEC 60904-3 太阳光谱辐照度分布	—
MQT07	低辐照度下的性能	4.7	测定组件在 25℃和辐照度 200W/m^2 的下组件电性能随负载的变化	电池温度：25℃ 辐照度：200W/m^2，符合 IEC 60904-3 太阳光谱辐照度分布	—
MQT08	室外曝晒试验	4.8	初步评估组件承受户外条件下曝晒的能力，并揭示在试验室无法检测到的任何协同衰减效应	太阳总辐射量：60kWh/m^2	a)无 IEC 61215-1:2021 第 8 章定义的严重外观缺陷。 b)湿漏电流应满足初始测试的要求。

续表

代号	名称	对应IEC61215-2章节	测试目的	测试条件	判断标准
MQT09	热斑耐久试验	4.9	确定组件承受热斑加热效应的能力，这种效应可能导致焊接熔化或封装退化。电池有缺陷、不匹配、局部被遮光或弄脏均会引起这种缺陷。使用最严酷的热斑条件来保证设计的安全性	根据IEC61215-2 4.9的技术特定部分，将最坏的热斑暴露在辐照光下。 单面组件辐照度1000W/m^2，1h；双面组件的辐照为BSI，1h。组件温度(55+/−15)℃，如果照射1h后温度仍继续上升，时间延长到5h	a)无IEC 61215-1第8章定义的严重外观缺陷，尤其要检查焊接熔化、封装开口、分层和灼伤的斑点的迹象。有严重损伤但不属于严重外观缺陷的，在同一块组件上的另外两块电池上重复试验。如果在这两块电池上没有可见损伤，可视为该组件类型通过热斑试验。 b)确认组件能够展现出光伏器件的电学功能特性。MQT02不作为功率损失指标通过/失败的标准(Gate No2)。 c)绝缘电阻应满足与初始试验同样的要求。 d)湿漏电流应满足与初始试验同样的要求。 e)试验报告中注明最坏遮挡条件下所有的损伤结果。
MQT10	紫外预处理试验	4.10	在热循环/湿冻试验之前，用紫外辐射对组件进行预处理，以确定那些易受紫外线降解影响的材料和黏合剂	短路条件或加电阻负载的条件： 15kWh/m^{2}的总紫外辐照，波长范围为280～400nm，其中波长范围为280～320nm的紫外辐照度为3%～10%，模块温度为60℃。对于双面组件，应对背面再次辐照	a)没有证据表明存在IEC 61215-1:2021第8章定义的重大外观缺陷。 b)湿漏电流应满足初始试验同样的要求。
MQT11	热循环试验	4.11	确定组件承受温度重复变化而出现的热失配、疲劳和其他应力的能力	从−40℃到+85℃进行50次(序列C)或200次(序列D)循环，按照技术指定部分加载电流，直至温度最高达到+80℃，接线盒悬挂5N的重量	a)试验过程中没有电流中断；有并联电路的组件，电流的不连续表明在一个并联电路中有中断。 b)无IEC61215-1:2021第8章定义的严重外观缺陷。 c)湿漏电流应满足与初始试验同样的要求。
MQT12	湿-冻试验	4.12	确定组件承受高温、高湿以及随后的零下温度影响的能力。本试验不是热冲击试验	从+85℃，85%RH到−40℃测试10次，连续施加电流监控	a)试验过程中没有电流中断；有并联电路的组件，电流的不连续表明在一个并联电路中有中断。 b)无IEC61215-1:2021第8章定义的严重外观缺陷。 c)湿漏电流应满足与初始试验同样的要求。

续表

代号	名称	对应IEC61215-2章节	测试目的	测试条件	判断标准
MQT13	湿-热试验	4.13	确定组件承受长期湿气渗透的能力	在+85℃，85%RH下测试1000h	a)无IEC61215-1:2021第8章定义的严重外观缺陷。 b)湿漏电流应满足与初始试验同样的要求。
MQT14	引线端强度试验	4.14	确定引出端、引出端的附着及导线与组件主体的附着是否能承受正常安装和操作过程中所受的力	接线盒保留试验和压线扣试验	试验过程中，在安装表面不应发生接线盒的移位，以免损坏其绝缘特性。 a)未发现IEC61215-1:2021第8章定义的主要外观缺陷。 b)湿漏电流应满足与初始测试相同的要求。
MQT15	湿漏电流试验	4.15	评估组件在潮湿的工作条件下的绝缘性能，并确认雨、雾、露水或融雪的水分不会进入组件电路的带电部分，以免造成腐蚀、接地故障或安全隐患	按不大于500V/s的速度升高测试电压，在500V或最大系统电压下保持2min，溶液温度(22±2)℃	对于面积小于0.1m^2的组件，绝缘电阻不应小于400MΩ。对于面积大于0.1m^2的组件，测得的绝缘电阻乘以组件的面积之值不小于40MΩ·m^2。
MQT16	静态机械载荷试验	4.16	本试验的目的是确定组件经受最小静态载荷的能力	在环境温度(25±5)℃下进行 依次将γ_m($\gamma_m \geq 1.5$)倍的设计载荷均匀加到前后表面，保持1h，循环三次(前后表面设计载荷不同，施加载荷也不同)。本标准要求的最小设计载荷为1600Pa，因此最小试验载荷为2400Pa	a)在试验过程中没有检测到间歇性开路。 b)无IEC61215-1:2021第8章定义的严重外观缺陷。 c)湿漏电流应满足与初始试验相同的要求。
MQT17	冰雹试验	4.17	验证组件能经受住冰雹的撞击	冰球直接撞击11个位置。要求最小的冰球直径为25mm，速度23.0m/s	a)无IEC 61215-1:2021第8章定义的严重外观缺陷； b)湿漏电流应满足与初始试验同样的要求。

续表

代号	名称	对应IEC61215-2章节	测试目的	测试条件	判断标准
MQT18	旁路二极管热试验	4.18	评估用于限制组件热斑不利影响的旁路二极管的热设计的充分性和相对长期可靠性	MQT18.1 旁路二极管热试验； MQT18.2 旁路二极管功能试验； 对于双面组件，I_{sc} 为等效辐照度 BSI 下的测量值	MQT18.1 判断标准： a)无 IEC 61215-1:2021 第 8 章定义的严重外观缺陷。 b)湿漏电流应满足与初始试验同样的要求。 c)二极管结温 T_J 不得超过二极管制造商标定的连续工作时的最大额定结温。 MQT18.2 判断标准： 方法 1:在确定的电流下测得的二极管正向电压 V_{FM} 应满足 $V_{FM}=(N\times V_{FMrated})\pm10\%$；其中 N 为旁路二极管的数量，$V_{FMrated}$ 是二极管数据表中定义的 25℃的二极管正向电压。 方法 2:如果观察到 I-V 曲线特征弯曲，则属于遮挡串的旁路二极管工作正常
MQT19	稳定性处理	4.19	所有组件应进行设定步骤的曝晒，然后立即进行输出功率的测量	根据 MQT02，连续测量三次输出功率，根据 MQT06.1 确定 STC 下输出功率	满足公式要求：$(P_{max}-P_{min})/P_{average}<X$
MQT20	动态机械载荷试验	4.20	评估组件内的部件是否易受低水平机械应力的影响	IEC TS62872	a)无 IEC61215-1:2021 第 8 章定义的严重外观缺陷。 b)湿漏电流应满足与初始试验相同的要求。
MQT21	电势诱导衰减	4.21	确定组件抵抗因外加系统电压而导致的衰减的能力	IEC TS62804-1	a)无 IEC61215-1:2021 第 8 章定义的严重外观缺陷。 b)湿漏电流应满足与初始试验相同的要求。
MQT22	弯曲试验	4.22	验证柔性组件按照制造商的规范，至少在一个方向上可以卷起(不损坏)，并达到组件制造商规定的曲率半径	沿着组件制造商规定直径的圆柱体(柔性组件可在其上弯曲)循环卷起 25 次	a)按照 MQT11 施加和监测连续电流时，测试过程中没有发生间歇性开路。 b)无 IEC61215-1:2021 第 8 章定义的严重外观缺陷。 c)湿漏电流应满足与初始试验相同的要求。

6.4.2.1 热循环试验（MQT11）

测试目的：确定组件承受温度重复变化而引起的热失配、疲劳和其他应力的能力。

测试设备：一个环境箱，能自动控制温度，可使内部空气循环并减少试验过程中水分凝结在组件表面，该环境箱要能容纳一个或多个组件，完成如图 6-3 所示的热循环试验过程。在气候室中有组件安装或支撑装置，并保证周围的空气能自由循环。安装或支撑装置的热导率要小，因此实际上组件处于绝热状态。测量和记录组件温度的仪器的准确度为±2℃，重复性为±0.5℃。施加连续性的电流，该电流值在本标准技术说明部分有要求。在试验过程中监测通过每一个组件的电流的装置。在组件的电气终端引出线上垂挂一个 5N 的重物，砝码可直接悬挂于引出端线缆上，也可通过额外的电线固定于接线盒上，但不能将力施加在盒盖上；当超过 1 个线盒时，若各个线盒设计相同，只需在其中一个线盒上加砝码 5N；若各个线盒设计不同，则需要全部加砝码。测试开始时，砝码下端距离组件边框≥5cm。参考图见图 6-4。

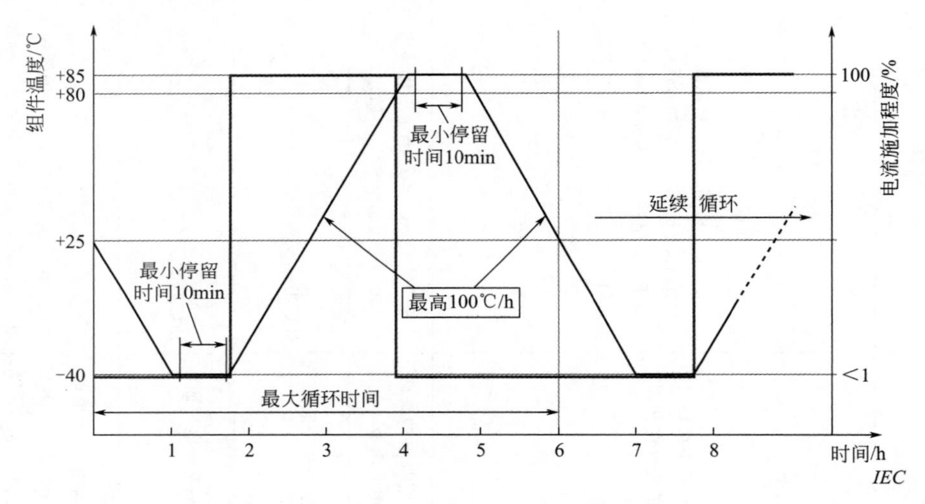

图 6-3 热循环试验过程（温度和电流施加过程）

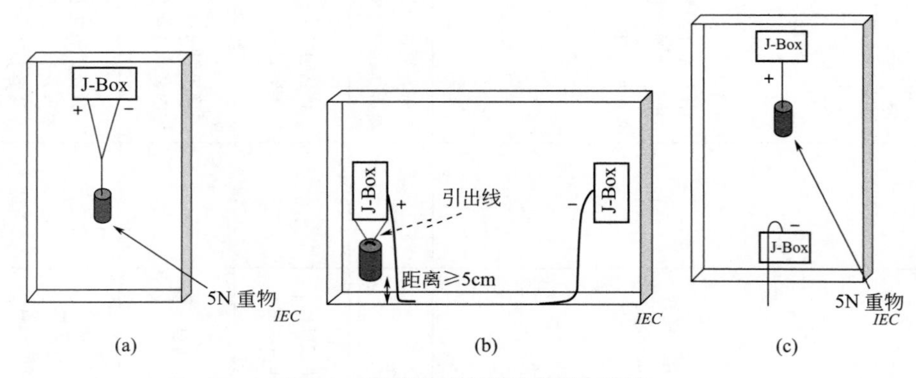

图 6-4 热循环过程引出线施加砝码

测试程序：

（1）将一个合适温度传感器连接到组件的正面或背面靠近中间的位置。如果同一型号的组件有超过一块同时进行试验，只需要监控其中有代表性的一块样品。

（2）在室温下将组件安装在环境箱中。如组件的边框导电不好，将其安装在一金属框架上来模拟敞开式支撑架。将一个 5N 的砝码连接到接线盒上。

（3）将温度监控设备连接到温度传感器。将组件的正极引出端接到电流仪器的正极，组件的负极引出端连接到电流仪器的负极。在热循环试验中，需要对组件施加连续的电流，其中在温度从－40℃上升到＋80℃的加热阶段，施加电流为 STC 最大功率电流 I_{mpp}，在温度超过 80℃之后和从＋85℃冷却到－40℃的过程中，施加的电流应减小到不超过 I_{mpp} 的 1.0%。如果在－40℃上升到＋80℃的加热阶段，温度上升速度过快（超过 100℃/h），施加的 I_{mpp} 应该从电流起点延长至温度达到－20℃，也就是说只需要在－20℃至＋80℃区间施加 I_{mpp}。

（4）关闭环境箱，使组件处于（－40±2)℃到（＋85±2)℃温度循环条件下，在高低温间温度变化的速率不应超过 100℃/h，在每个温度极端至少保持 10min。一个循环周期不应超过 6h，除非组件有高的热容性需要更长的循环。循环次数见 IEC61215-1 相关序列。组件周围的空气循环应保证试验中的每块组件都满足温度循环图的要求。

（5）在整个试验过程中，记录组件的温度，并监测通过组件的电流。

测试要求：

试验之后的组件，在开路状态下，至于温度（23±5)℃，相对湿度不超过 75%RH 的环境下至少 1h，然后重复 MQT01 和 MQT15 的测试。测试要求如下：

（1）试验过程中没有电流中断；有并联电路的组件，电流的不连续表明在一个并联电路中有中断（通常可以用电压的变化来识别）；

（2）无 IEC 61215-1:2021 定义的严重外观缺陷；

（3）湿漏电流应满足与初始试验同样的要求。

6.4.2.2 湿-冻试验（MQT12）

测试目的：确定组件承受高温、高湿及随后的零下温度变化影响的能力。

试验设备：一个环境箱，能自动进行温度和湿度控制，能容纳一个或多个组件，完成如图 6-5 所规定的湿-冻循环试验过程。在环境箱中有安装或支撑组件的装置，并保证周围的空气能自由循环。有测量和记录组件温度的仪器，准确度为±2℃，重复性为±0.5℃；

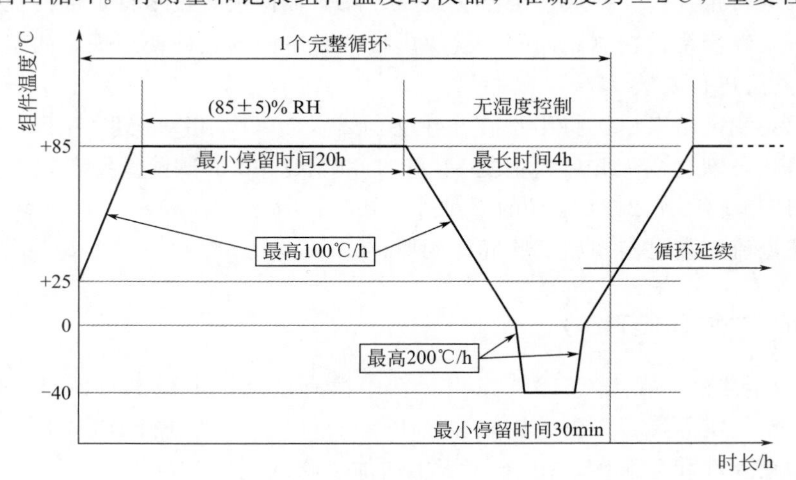

图 6-5 湿-冻循环试验过程（温度和湿度曲线）

有监测每一个组件内部电路连续性的仪器。

测试程序：

（1）将一个合适的温度传感器接到组件中间的正面或背面。如果同一型号的组件有超过一块同时进行试验，只需要监控其中有代表性的一块样品。

（2）在室温下将组件装入环境箱。对于柔性组件，在测试中应采用生产厂家安装文件中描述的基板或黏合剂安装。

（3）将温度监控设备连接到温度传感器。将组件的正极引出端接到提供电流仪器的正极，负极引出端连接到其负极。设定连续电流不超过 STC 最大功率电流的 0.5%。若 STC 电流的 0.5%小于 100mA，则施加 100mA 电流。

（4）关闭试验箱，根据图 6-3，使组件完成 IEC61215-1 序列 C 规定的循环次数。最高和最低温度应在所设定值的±2℃以内，温度为 85℃时相对湿度应保持在规定值的±5%以内。组件周围的空气循环应保证试验中的每块组件都满足温度循环图的要求。

（5）在整个试验过程中，记录组件的温度，并监测通过组件的电流和电压。

测试要求：

在开路状态下，在温度（23±5)℃，相对湿度不超过 75%RH 的环境下进行 2～4h 的恢复后，重复 MQT01 和 MQT15 的试验。要求如下：

（1）试验过程中没有电流中断或电压不连续；有并联电路的组件，电流的不连续表明在一个并联电路中有中断；

（2）无 IEC 61215-1:2021 定义的严重外观缺陷；

（3）湿漏电流应满足与初始试验同样的要求。

6.4.2.3 湿热试验（MQT13）

测试目的：确定组件承受长期湿气渗透的能力。

测试设备：环境箱应满足 IEC60068-2-78:2012 中 4.1 条款要求。

测试程序：根据 IEC60068-2-78:2012 中 4.4 条款进行，并且满足严酷条件：试验温度为（85±2)℃，相对湿度为 85%±5%RH，测试时间为 1000_{0}^{+48}h。

组件不得进行预处理，模块连接器应短路，除非根据某些技术特定部件提供的选项施加电流。对于柔性模块，在测试期间，模块应按照制造商的文件使用规定的基材和黏合剂或附件/安装方法进行安装。

测试要求：测试结束后，将组件在温度为（23±5)℃，相对湿度小于 75%RH 的环境下保持开路状态恢复 2～4h 后，重复 MQT01 和 MQT15 的试验。要求如下：

（1）无 IEC 61215-1:2021 定义的严重外观缺陷；

（2）湿漏电流应满足与初始试验同样的要求。

6.4.2.4 PID 试验（MQT 21）

在 2021 版本之前，在 IEC61215 系列标准中没有规定要进行 PID 测试，因为在室内可靠性测试和室外实际运行中失效比较多，所以行业都要单独进行 IEC60804 的测试。鉴于这个试验的重要性和普遍性，在 2021 版本增加了测试项目 MQT21。

试验目的：本测试用来测试组件承受外加系统电压而衰减的性能。

试验设备：使用 IEC TS62804-1:2015 第 4.3.1 描述的设备。

试验程序：试验应按照 IEC TS62804-1:2015 第 4.3.2 的规定，通过一个环境箱，在湿热的环境下测试，并符合以下规定：组件温度 85℃±2℃，环境相对湿度 85%±3%RH，测试周期为在上述稳定的温度和相对湿度的状态下 96h（不包括稳定时间），在测试周期内及箱内温度缓降至环境温度的过程中，施加额定系统电压。

测试要求：在开路状态下，温度（23±5)℃，相对湿度不超过 75%RH 的环境下保持开路状态，恢复 2～4h 后重复 MQT01 和 MQT15 的试验。要求如下：

（1）无 IEC 61215-1:2021 定义的严重外观缺陷；

（2）湿漏电流应满足与初始试验同样的要求。

6.5 IEC61730

IEC61730 规定并描述了光伏组件电气和机械操作安全的结构要求和测试要求。标准中对由于机械和环境应力而导致的电击、火灾、人身伤害的预防措施有明确的主题内容。其中 IEC 61730-1 光伏组件安全鉴定第 1 部分 Photovoltaic（PV）module safety qualification- Part 1：Requirements for construction 主要规定了光伏组件的不同应用等级、结构要求、聚合物要求、接地要求、爬电距离和电气间隙要求等，这个是组件的设计过程和材料选用和测试评估过程需要遵守的。IEC 61730-2 光伏组件安全鉴定第 2 部分 Photovoltaic（PV）module safety qualification- Part 1：Requirements for construction 为通过 IEC 61730-1 结构评估的组件提供安全鉴定试验程序。

2016 年，IEC/TC82 WG2 工作组基于 IEC61730 第一版（2004 版）进行更新，发布了第二版 IEC 61730：2016，相对第一版，其主要变化如下：从 IEC 横向标准中引入光伏组件相关的主要概念：绝缘配合、过电压种类、应用等级、污染等级（PD）、材料组别（MG）、爬电距离、电气间隙和绝缘穿透距离；新增外观检查 MST01、绝缘材料厚度试验 MST04、螺纹接口试验 MST33、剥离试验 MST35、搭接剪切力试验 MST36、污染等级测试序列 B1 和材料蠕变试验 MST37；调整防火试验 MST23、可燃性试验 MST24、温升试验 MST21 和组件破损试验 MST32；删除局部放电试验 MST15。

IEC61730 第三版计划于 2023 年发布，主要协同 IEC61215 最新变化，新增对双面组件的要求，修订 MST06 锐边试验、MST24 可燃性试验、MST26 反向过电流试验、MST14 脉冲电压试验（与 IEC 60060-1 的要求一致）；在序列 B 中可以对两块样品分别进行正面和背面的 MST54 紫外试验；对 Class 0 组件不再要求 MST32 组件破损试验；删除 MST21 温度试验，对温度的要求由 IEC61730-1（材料要求）和 IEC63126（高温场景）共同确定；增加 MST57 绝缘配合评估；增加附件 C“超大组件”的定义和使用小样品的要求。

本章按照即将发布的 2023 年 CDV 版本列出主要测试流程，见图 6-3，后面也会对涉及的测试项目进行介绍。

6.5.1 测试流程

按照图 6-6 的流程，整个测试需要 11 个光伏组件（其中 9 个有边框，2 个无边框。如

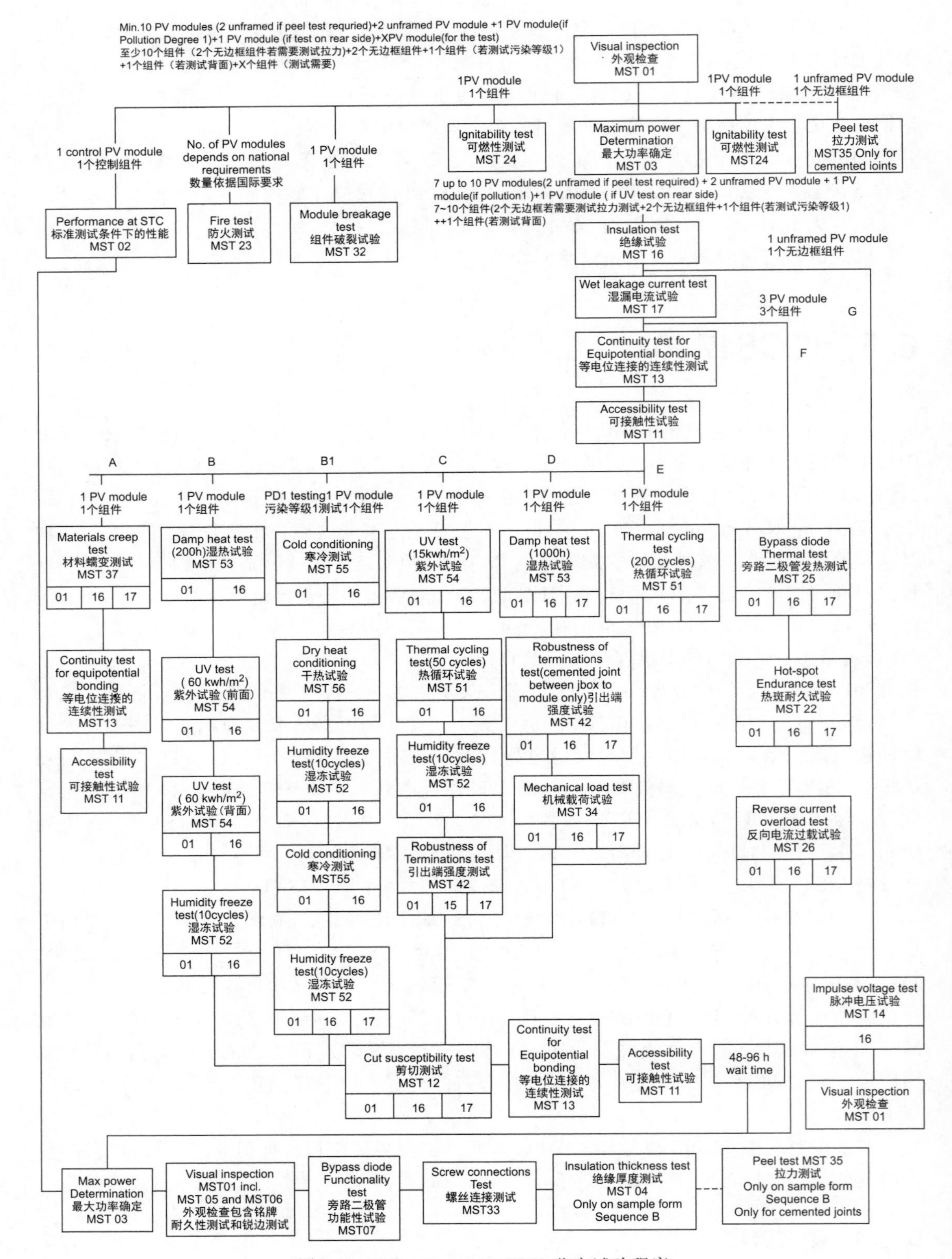

图 6-6　IEC61730：2023FDIS 鉴定试验程序

果需要测试污染等级 1，则还需要增加一个组件)，先进行外观检查，然后进行分组，按照这个流程进行不同的安全测试，然后根据相关要求判断是否通过。流程图中每个文本框描述的项目对应标准第 4 节描述的测试项目，总共有 32 个项目，其中每个文本框下面的数字表示在这个 MST 之后需要进行的测试项目编号，例如 01 表示 MST01 外观检查。

在 B 序列中，DH200h 之后的 UV 60kWh/m^2 辐照是施加在组件正面，HF10 之后的第二个 60kWh/m^2 辐照是施加在组件背面。每次应力测试后的中间测试值（MST01、MST16、MST17）为参考，也可以跳过，但是最终测量是必需的。

在 F 序列中，MST21 和 MST25 的测试可在特殊准备的样品上进行（例如在层压板或接线盒中的热电偶）。如果序列的任何一项单独测试会影响后续测试的结果，则应使用单独的样品。

通过标准：如果测试样品满足每一个单独试验的所有判定标准，并且在序列 A 到 F 试验过程中没有发生电路中断，则判定待评估的产品通过了安全鉴定试验。如果任何组件在一个或多个试验中失败，则该产品不符合标准要求。如果发生故障，建议制造商准备故障分析并提出纠正措施。根据拟议的修改，试验前定义一个重新评估程序（IEC TS62915)，包括根据 IEC 61730-1 进行设计审查。

在这个标准条件中没有对功率的衰减提出要求，并且不需要测试组件的 STC 性能（除了控制件)，只需要测试组件的 MST02 最大功率，且只需要 *I-V* 曲线没有新增的拐点，或没有相较于根据 MST02 测试的初始曲线的异常特性，就判定合格。其更关注在经过环境应力测试、电击危险测试、火灾危险测试、机械应力测试之后，光伏组件对人身安全的影响，这说明 IEC61730 更关注光伏组件的安全性能。IEC61215 在测试前后都需要测试 STC 性能，并且除了单项测试的判断要求，还要求每个测试序列的功率综合衰减小于 5%，这说明 IEC61215 更关注光伏组件的性能测试。

注：组件安全试验用代号 MST（Module Safety Testing）表示。

6.5.2 测试项目

按照 IEC61730-2 的要求，共有 32 个测试项目，分别在 5 大类别的试验中进行测试。5 大类别包括环境应力测试、一般检查、电击危险测试、火灾危险测试、机械应力测试。标准的 10.1～10.32 条款对 32 个测试项目分别进行了介绍，包括测试目的、试验设备、试验程序、试验要求和判断标准。表 6-10 列出了部分试验项目的代号和名称，其中“参考标准”列出了引用的标准，“基于标准（IEC61215-2）”表示这些 MST 试验项目引用 IEC61215-2 的某个 MQT 项目，因此在标准 10.1～10.32 的条款中，对于引用的 IEC 61215 的 MQT 条款，只列出一些有区别的测试要求，对于列出“参考标准”和没有标准来源的项目，介绍得相对比较全面，本书也对这部分内容做简单的介绍，详细内容可参考标准原文。

表 6-10 部分试验项目的代号和名称

试验代号	名称	基于标准（IEC61215-2)	参考标准
MST01	外观检查	MQT01	—
MST02	STC 下性能	MQT6.1	—
MST03	最大功率确定	MQT02	—

续表

试验代号	名称	基于标准（IEC61215-2）	参考标准
MST04	绝缘厚度	—	—
MST05	标识耐久性	—	IEC 60950-1
MST06	锐边试验	—	ISO 8124-1
MST07	旁路二极管功能试验	—	—
MST57	绝缘配合评估	—	IEC 60664-1

6.5.2.1 一般检查

如表 6-10，一般检查有 8 个项目，这里对 MST01、MST04、MST05、MST06 和 MST57 进行简单介绍。

MST01 外观检查：测试等同于 IEC 61215-2 中的 MQT 01，并含有额外的检查标准，因此，对于安全试验，最后对于外观的判断标准和 MQT01 是有区别的，具体来说，以下缺陷被认为是严重外观缺陷：

① 出现破碎、裂纹或裂伤的外表面；

② 严重到会降低组件安全性能的外表面（包括正面、背面、边框和接线盒）弯曲或错位；

③ 气泡或脱层之间的间隙≤标准规定最小爬电距离值的 2 倍时（见 IEC 61730-1：2016 中的表 3 和表 4，对于最大系统电压 1000V/1500V 的组件，最小爬电距离为 6.4mm/10.4mm)，通过绝缘材料的最短距离（$a+d$，图 6-7）应≥标准规定的最小爬电距离值，否则失效；

④ 气泡或脱层之间的间隙>标准规定最小爬电距离值的两倍时，通过绝缘材料的最短距离（$a+b$ 或 $c+d$ 中的较小值，图 6-7）应≥标准规定的最小爬电距离值，否则失效；

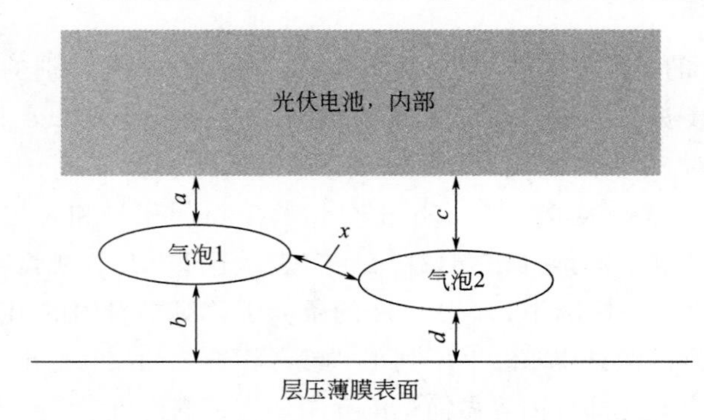

图 6-7 MST01 测试

⑤ 机械完整性受损，达到了影响组件的安装和运行安全性能的程度；

⑥ 如果机械完整性依靠层压或是其他黏合方式实现，气泡的总面积应不大于整个组件面积的 1%；

⑦ 出现零部件熔化或灼伤的痕迹；

⑧ 标识不符合 IEC 61730-1：2016 中 5.2 的要求，或不符合最终检查的标识耐久性的

测试（MST 05）的要求；

⑨ 边缘不符合最终检查中的锐边测试（MST06）的要求。

MST04 绝缘厚度是依据 IEC 61140 定义的组件等级来验证指定的薄层的最小绝缘厚度。在组件每侧选取能够代表聚合物绝缘材料最小厚度的三个位置，运用一个合适的方法，对从外表面单层分离出的电气线路测试其厚度，所测得的绝缘厚度必须比 IEC 61730 1：2016 中表 3 或表 4 列出的要大。

MST05 标识耐久性测试目的是要求所有标识应持久并清晰，通过目测来检查是否符合要求，用手施以适中的压力，用一块浸水的布擦拭 15s，再用一块浸满汽油溶剂的布擦拭 15s，试验后，标识应保持清晰，铭牌应不易移动并且无卷曲。

MST06 锐边试验要求组件的可接触表面必须光滑且没有尖利的边缘、毛刺等，从而避免损坏导体的绝缘或造成人员等受伤，通过目测进行确认，也可以选用 ISO 8124-1 中描述的锐边测试进行符合性确认。

MST57 绝缘配合评估是评估最小间隙、爬电距离、接线盒的黏合区域的距离和功能性绝缘的距离，需要满足 IEC61730-1：2022 的表 3 和表 4 的要求。接线盒内的距离需要满足 IEC62790 光伏组件接线盒标准内的最低要求。

6.5.2.2　环境应力试验

环境应力试验代号和名称见表 6-11。

表 6-11　环境应力试验代号和名称

试验代号	名　称	基于标准（IEC61215-2）	参考标准
MST51	温度循环试验(TC50 和 TC200)	MQT11	—
MST52	湿-冻试验(HF10)	MQT12	—
MST53	湿-热试验(DH200 和 DH1000)	MQT13	—
MST54	紫外预处理	MQT10	—
MST55	寒冷条件试验	—	IEC60068-2-1
MST56	干热条件试验	—	IEC60068-2-2

这里简要介绍一下 MST55 和 MST56 试验。

试验目的：都是评估一个光伏组件污染等级 PD＝1 的适用性，试验均按照 IEC 61010-1 进行。

试验要求：寒冷条件的试验要求是－40℃±3℃环境下 48h，干热条件的试验要求是 105℃±5℃，相对湿度低于 50%RH 的环境下 200h，如果评估用的组件类型是专为用在开放支架上而设计的，那么设置温度为 90℃±3℃。

判断标准：二者相同，都要求没有 MST01 定义的主要外观缺陷；绝缘测试 MST16 都应满足与初始试验同样的要求。

6.5.2.3　电击危险试验

电击危险试验（表 6-12）用来评估由于接触组件带电体而造成人身触电伤害的危险，这些部件的带电可能是设计或结构本身的结果，也可能是由于环境或运行引起的故障造成的。

表 6-12 电击危险试验

试验代号	名 称	基于标准(IEC61215-2)	参考标准
MST11	可接触性试验	—	IEC61032
MST12	抗划伤试验	—	ANSI/UL 1703 2015
MST13	等电位连接的连续性试验	—	ANSI/UL 1703 2015
MST14	脉冲电压试验	—	IEC60664-1
MST16	绝缘试验	MQT03	—
MST17	湿漏电试验	MQT15	—
MST42	引线端强度试验	MQT14	—
MST57	绝缘配合评估	—	IEC60664-1

这里对 MST11、MST12、MST13、MST14 进行简单介绍。

MST1 可接触性试验的目的是确定光伏组件的构造对于可接触的危险带电部件是否提供了足够的防护（>35V）。试验过程和条件：根据制造商推荐的方法安装组件并进行连线，将欧姆表或导通测试仪与组件的短路终端连接，并与试验工具连接，移去光伏组件上所有不用工具就可去掉的覆盖物、插头和连接器等部分，在所有的电气连接处、接线盒及其他可接触的光伏组件带电部件的内部和外部，用试验工具进行探测，探测时应施加 10N 的力，在探测期间监视欧姆表或导通测试仪，以确定试验工具与光伏组件带电部件是否有电接触。判断标准：试验过程中任何时候试验工具和组件带电部件之间的电阻都不低于 1MΩ。试验过程中任何时候试验工具都接触不到通电的电气部件。

MST12 抗划伤试验目的是确定以聚合物材料作为前后表面材料的光伏组件能否经受安装和维护过程中的常规操作，而无人身电击的危险。试验过程和条件：将光伏组件的测试面向上水平放置，用一个尖锐物放在光伏组件上停留 1min，并且施加（8.9±0.5）N 的压力，然后以（150±30）mm/s 的速度拉过组件表面，在不同方向重复该步骤 5 次。规定尖锐物为厚度为（0.64±0.05）mm 的碳钢刀刃，有相当的刚性，在试验中不会向外曲折，顶端倾角 90°±2°，半径大小（0.115±0.025 ）mm。判断标准：重测 MST 01，无明显迹象显示前表面或后表面被划破，致使光伏组件的带电体被暴露；重测 MST 16 和 MST 17，试验结果应满足与最初测试相同的要求。

MST13 等电位连接的连续性试验目的是验证可接触的导电部件之间有连续的导电通路。试验过程和条件：把制造商指定的等电位连接点按其推荐的接地连接方法连接到恒流源的一端，在与之连接的裸露导体上找到与接地点有最大电通道距离的点，将该点连接到恒流源的另一端，将电压表的两端连接到紧临电流引线处的导体上，通入 250%±10% 的组件最大过流保护电流至少 2min，测量施加的电流和相应的电压降，减少电流至 0，对其他可导电部位重复进行该试验。对所有的或由制造商指定的用于组件接地的连接部位、终端和线进行重复性测试。判断标准：选定的裸露导体和其他任意导体之间的电阻应小于 0.1Ω。通过所施加的电流和光伏组件的连接点（例如框架）处测得的电压降来计算电阻值。

MST14 脉冲电压试验目的是验证光伏组件中绝缘材料承受大气环境引起的过电压（包括低压设备开关引起的过电压）的能力。试验过程和条件：如果可能，应使光伏组件上安装的限压器件失效。用导电黏合剂将导电金属箔黏合在整个光伏组件表面，尽可能保证最佳的接触状态，将光伏组件的输出端短接后，与脉冲电压发生器的正极相连。脉冲电压发生器连续3次施加一个符合IEC60060-1要求的脉冲电压。判断标准：测试过程中，没有观测到光伏组件的绝缘损坏或表面闪络现象，无MST01严重外观缺陷。MST16绝缘测试应满足与初始时相同的测试要求。

6.5.2.4 火灾危险试验

火灾危险试验用于评估由于组件运行或其元件故障可能引起的火灾的危险。见表6-13。

表6-13 火灾危险试验

试验代号	名　称	基于标准(IEC61215-2)	参考标准
MST22	热斑耐久试验	MQT09	—
MST23*	防火试验	国家/地方法规	—
MST24	可燃性试验	—	ISO 11925-2
MST25	旁路二极管热试验	MQT18	—
MST26	反向电流超载试验	—	ANS/NL1703:2015

*防火试验由地区规定，通常仅对用于光伏建筑一体化或建筑安装的产品做要求，通常验证他们抵抗外部火焰的能力。

这里对MST24、MST26分别进行简单介绍，对MST23进行重点介绍。

MST24可燃性试验目的是在不施加辐照度条件下，通过小火焰直接冲击垂直安装的试验样品来确定光伏组件的可燃性。本试验并不能代替火灾试验；对组件外表面的可燃性、不燃性进行评定。本试验方法基于ISO 11925-2。判断标准：无点燃，或在表面火焰冲击（在需要时边缘火焰冲击）的条件下暴露15s，在20s的使用时间内，垂直于火焰施加点处的火焰扩散蔓延不超过150mm。

MST26反向电流超载试验目的是确定在发生反向电流的故障时，在电路中所装的过流保护器断开电路之前，这种状态下组件对燃点和火灾的承受能力。试验过程和条件：将试验组件的上表面朝下放置在有足够机械强度的垫板上，光伏组件上电池区域的辐照度应低于$50W/m^2$；反向试验电流应等于制造商提供的组件过流保护电流额定值的135%，电源电压使反向电流能流过组件。如果试验时间为直至产生最终结果（如因玻璃破损或燃烧产生的失败）为止，但不超过2h。判断标准：光伏组件没有燃烧，与组件接触的薄纸也没有燃烧或焦斑。外观检查、湿漏电测试、绝缘测试应满足与最初测试相同的要求。

MST23防火试验目的是评估光伏组件暴露于来自光伏组件外部的火源时的耐火特性，外部火源包括光伏组件安装位置的建筑物或者相邻的建筑物。用于建筑物的光伏组件，其耐火性能要求由当地的建筑规范定义。光伏组件作为建筑产品或安装在建筑物上，要符合国家建筑规范的特定安全要求。应当指出，消防安全的基本要求在国际上没有统一标准。因此不可能确定光伏组件的一般消防安全要求，因为测试结果的认可通常不实际。防火试验要求作为国家差异列入本标准。建筑规范中未规定建筑产品对外部火灾或辐射热的耐受性时，可参考IEC61215-2的附录B。

一般而言，安装在建筑物内或建筑物上的光伏组件应符合国家建筑和施工法规和要

求，如果没有此类要求，则可参考以下相关标准：

① ISO 834-1 耐火试验—建筑构件—第 1 部分；

② ISO TR 834-3 耐火试验—建筑构件—第 3 部分；

③ ISO 5657 对火灾试验的反应—使用辐射热源的建筑产品的可燃性；

④ EN 13505-5 建筑产品和建筑构件的防火分类—第 5 部分；

⑤ ENV 1187-1～ENV 1187-4；

⑥ ANSI/UL 790 屋顶覆盖物防火试验的标准试验方法；

⑦ ANSI/UL 61730-2 光伏模块安全鉴定—第 2 部分。

下面简要介绍 UL UL 61730-2 防火测试。测试目的：光伏系统防火测试是为了建立组件系统与屋顶材料的防火等级。

安装在建筑屋顶上或者作为屋顶材料的光伏组件的耐火性能已被证明不仅仅取决于组件的可燃性，还高度依赖于屋顶材料的组合和结构。为了减少所需的测试次数，以涵盖光伏组件的每一种可能组合，基于光伏支架系统和屋顶材料引入了两个新的方案：

① 将具有类似结构的，火焰蔓延和燃烧块性能相同的光伏组件分组，在不影响光伏系统的情况下，可使用任何相同类型的光伏组件进行更换；

② 使用可以代表所有屋顶材料的符合特定性能要求的屋顶材料进行测试，一套屋面材料的结构和性能已经确定了对陡坡屋顶和低坡屋顶应用的要求。

光伏系统和光伏组件的防火测试要求和等级分类详见 ANSI/UL 61730-2。

UL61730-2 内的组件防火测试分为火焰蔓延试验和燃烧块试验两部分。

1）火焰蔓延试验

对于安装在建筑屋顶结构上面的组件，火焰蔓延试验按照屋顶覆盖材料耐火性试验标准 UL790 进行。试验时，使组件对着火焰，使火焰仅仅作用于组件的表面。试验过程中以及试验结束后，不能有以下现象发生：

① 组件的任何部分以火焰或是炙热的物质形式从测试面板上掉落；

② 作为建筑物屋顶结构的部分有炽热的颗粒状脱落物；

③ 对 A 类材料，火焰燃烧 10min，蔓延超过 1.82m；对 B 类材料，火焰燃烧 10min，蔓延超过 2.4m；对 C 类材料，火焰燃烧 4min，蔓延超过 3.9m。火焰的蔓延从样品的前沿开始测量；

④ 组件有明显的侧面火焰的蔓延。如果火焰从组件侧面边缘沿测试安装台面蔓延超过 0.3m，则认为发生了明显的侧面火焰蔓延。

2）燃烧块试验

试验应参照 UL 790 中关于屋顶覆盖物的标准测试方法进行，并做如下调整：试验在组件的上表面进行，采用 UL 1703 标准的 16.4.1 中所规定的 A 型、B 型或 C 型燃烧块，组件下方不放置屋顶覆盖物。试验中不能出现以下现象：

① 组件的任何部分以燃烧物或是灼热的物质形式从试验台上掉落；

② 燃块在组件任何一个部位燃烧出一个洞。

6.5.2.5 机械应力试验

机械应力试验（表 6-14）的目的是将由于机械故障引起的潜在伤害减至最小。

表 6-14　机械应力试验项目

试验代号	名　称	基于标准(IEC61215-2)	参考标准
MST32	组件破裂试验	—	ANSIZ97.1
MST33	螺钉连接试验	—	IEC60598-1
MST34	机械载荷试验	MQT16	—
MST35	剥离试验	—	ISO5893
MST36	搭接剪切强度试验	—	ISO458:2003
MST 37	材料蠕变试验	—	—
MST 42	引线端强度试验	MQT14	—

这里对MST32、MST33，MST37，分别进行简单介绍。

MST32 组件破裂试验目的是确认组件在指定的安装方式下破裂后，物理伤害被减至最小。对于建筑一体化或高处安装的组件，根据相关建筑法规可能需要额外的测试。试验过程和条件：撞击袋重 45.5kg±0.5kg，静止时，其到组件表面的距离不超过 13mm，到组件中心的距离不超过 50mm；拉起撞击袋到 300mm 高，等袋子稳定后，放开袋子撞击组件。判断标准：光伏组件不与安装结构或框架分离；不发生破损；当破裂发生时没有可容直径 76mm 的球自由穿过的裂缝或开口，无大于 $65cm^2$ 的碎片从组件射出。

MST33 螺钉连接试验目的是验证螺钉连接可靠性。试验过程和条件：通用螺钉试验参考 MST33a 内的测试条件，锁定螺钉试验参考 MST33b 内的测试条件。判断标准：对于 MST33a，在测试过程中不出现破坏固定或螺纹连接的有效性的情况，试验结束后仍能以预期的方式引入绝缘材料制成的螺钉或螺母。对于 MST33b，不得发生松动。

MST37 材料蠕变试验目的是验证光伏组件材料在户外可能经历的最高温度下不会出现变形或失去黏合力。试验过程和条件：在靠近中间的光伏组件的正面或背面中间贴上一个合适的温度传感器。室温下按安装手册中描述的最坏的安装方法将太阳能电池组件装入环境室。关闭环境室后，使组件承受 (105±5)℃的高温，环境室内不增加额外的湿度。整个测试中记录光伏组件的温度。组件在指定温度下放置 200h。判断标准：满足外观检查、湿漏电和绝缘测试的要求，满足 IEC 61730-1 指定的爬电距离和电气间隙。

6.5.3　不同组件等级对应的试验要求

组件应进行的试验由 IEC 61730-1 参考 IEC 61140 中定义的等级决定，不同组件等级对应的试验要求如表 6-15 所示。

表 6-15　不同组件等级对应的试验要求

应用等级			试验要求
Ⅱ	0	Ⅲ	
——			环境应力试验：
×	×	×	MST51 温度循环试验(TC50 或 TC200)
×	×	×	MST52 湿-冻试验(HF10)
×	×	×	MST53 湿-热试验(DH200 或 DH1000)
×	×	×	MST54 紫外预试验($15kWh/m^2$ 或 $60kWh/m^2$)

续表

应用等级			试验要求
Ⅱ	0	Ⅲ	
×[1]	×[1]	×[1]	MST55 寒冷条件
×[1]	×[1]	×[1]	MST56 干热条件
——			常规检查试验：
×	×	×	MST01 外观检查
×	×	×	MST02 STC 下性能
×	×	×	MST03 最大功率确定
×	×	/	MST04 绝缘厚度
×	×	×	MST05 标识耐久性
×	×	×	MST06 锐边试验
×	×	×	MST 57 绝缘配合评估
——			电击危险试验：
×	×	/	MST11 可接触性试验
×	×	/	MST12 抗划伤试验
×	×	/	MST13 等电位连接连续性试验
×	×	/	MST14 冲击电压试验
×	×	×	MST16 绝缘试验
×	×	/	MST17 湿漏电试验
×	×	×	MST42 引线端强度试验
×	×	×	MST 57 绝缘配合评估
——			火灾危险试验
×	×	×	MST22 热斑耐久试验
×[2]	×[2]	×[2]	MST23 防火试验
×	×	×	MST24 可燃性试验
×	×	×	MST25 旁路二极管热试验
×	×	/	MST26 反向电流超载试验
——			机械应力试验
×	×	×	MST32 组件破损试验
×	×	×	MST33 螺钉连接试验
×	×	×	MST34 机械载荷试验
×[3,5]	×[3,5]	×[3,5]	MST35 剥离试验
×[4,5]	×[4,5]	×[4,5]	MST36 搭接剪切强度试验
×	×	×	MST37 材料蠕变试验

注：× 要求进行的试验。

/ 不要求进行的试验。

1 仅在证明污染等级由 PD=2 降至 PD=1 时需要。

2 防火试验通常仅对用于光伏建筑一体化或建筑安装的产品做要求。因此，防火试验的应用由安装地点决定，而不是等级。

3 本试验不适用于刚性-刚性结合的组件（如双玻光伏组件）。

4 本试验不适用于刚性-柔性或柔性-柔性结合的组合。

5 仅用来证明光伏组件边缘胶合接头。

6.6　IEC/TS 62915

组件材料、部件和制造工艺的改变会影响产品的电气性能、可靠性和安全性，因此需要根据不同的特性进行相应的补充测试和认证。因此，2018 年 10 月，第一版技术规范 IEC/TS 62915 Photovoltaic（PV）modules-Type approval，design and safety qualification Retesting（光伏组件—型式批准、设计和安全评定的重测的技术规范）发布，它也称为重测导则。技术规范中第 4 章节列出了典型的晶体硅和薄膜组件进行相关的内部变更和基于这些变更需要进行的对应重测要求。此技术规范目前在修订中，主要是为了与新版 IEC61215/IEC61730/IEC62941 的相关要求保持一致，因此需要基于 IEC61215 和 IEC61730 的更新内容修订相关的重测要求，精简对非晶体硅薄膜组件的要求，增加对 IEC63126 高温组件和材料的相关引用等。本书只列举其中几个主要的变更以及对应的需要重测的项目，这些内容尽量引用新版本的，由于最新版本还没最后发布，所以有些内容可能有出入，请读者后续关注最新版的内容。

6.6.1　电池的变更

对于以下变更：

（1）金属化材料成分（如浆料）变化；

（2）汇流条金属化区域面积改变（变化超过 20%）；

（3）汇流条数量变化；

（4）减反射层材料改变；

（5）半导体材料改变；

（6）晶体工艺改变（如单晶变为多晶）；

（7）非同一质量保证体系下的太阳电池制造地点变化；

（8）电池制造厂商变动；

（9）电池标称厚度减小（超过 10%）；

（10）电池尺寸变化或者采用切割电池片（如半片）。

IEC 61215 规定需要重测的项目如下：

（1）热斑耐久试验（MQT9）；

（2）热循环试验，200 次（MQT11）；

（3）湿热试验（MQT13），如果电池外表面的化学性质完全相同（金属化和减反射膜），可省略本测试；

（4）静态机械载荷试验（MQT16），仅对电池厚度减小进行此项重测。

IEC 61730 规定需要重测的项目如下：

（1）温度试验（MST21）；

（2）反向电流过载试验（MST26）。

6.6.2　封装材料的变更

对于以下变更：

(1) 材料种类变化；
(2) 添加剂或封装材料的化学成分变化；
(3) 封装材料制造商改变；
(4) 封装工艺改变；
(5) 封装材料的厚度减小（超过20%）。

IEC 61215 规定需要重测的项目如下：
(1) 热斑耐久试验（MQT 9）；
(2) 紫外预处理试验（MQT10）/热循环试验，50次（MQT11）/湿冻（MQT12）序列；
(3) 湿热试验（MQT13）；
(4) 冰雹试验（MQT17），如果前盖板为聚合物材料。

IEC 61730 规定需要重测的项目如下：
(1) 切割试验（MST12），如果前盖板或后盖板为聚合物材料；
(2) 脉冲电压试验（MST14），如果厚度减小或材料改变；
(3) 组件破损试验（MST32），如果材料成分改变；
(4) 剥离试验（MST 35）或剪切强度试验（MST 36），如果设计的黏合结构（cemented joint）含有封装材料；
(5) 材料蠕变试验（MST 37）；
(6) 序列 B（只适用于不同材料或厚度减少）；
(7) 序列 B1，如果设计为污染等级 1。

6.6.3 上盖板的变更

对于以下变更：
(1) 材料种类变化；
(2) 厚度减薄（超过10%）；
(3) 玻璃热处理工艺（例如使用半钢化玻璃或退火玻璃代替钢化玻璃）；
(4) 表面处理方法变化，包括上盖板的涂层（内表面或外表面）变化；
(5) 黏结剂、底涂或者其他添加剂用量的变化；
(6) 添加黏结剂、底涂或者其他添加剂。

IEC 61215 规定需要重测的项目如下：
(1) 热斑耐久试验（MQT 09），针对材料、热处理工艺变化或上盖板厚度减小；
(2) 紫外预处理试验（MQT 10）/热循环50次（MQT 11）/湿冻（MQT 12）/接线盒在安装表面的保持力（MQT 14.1）（对于有同样紫外截止性能的玻璃，可以省略）；
(3) 湿热试验（MQT 13），如果为非玻璃材料，或表面处理方法改变（内外表面）；
(4) 静态机械载荷试验（MQT 16）（不影响机械强度的内外表面处理方法变更可省略）；
(5) 冰雹试验（MQT 17）（如果是内表面的处理方法变更，可以省略）。

IEC 61730 规定需要重测的项目如下
(1) 绝缘厚底测试（MST 04），如果为非玻璃材料；
(2) 切割试验（MST 12），如果为非玻璃材料；
(3) 脉冲电压试验（MST 14），如果厚度减小或材料改变；
(4) 温度试验（MST 21），如果为非玻璃材料或材料改变；

(5) 可燃性试验(MST 24),如果为非玻璃材料;

(6) 组件破损试验(MST 32),如果是表面处理方法改变,若不会影响力学性能,可以省略;

(7) 剥离试验(MST35)或剪切强度试验(MST36),如果设计中含有黏合结构(cemented joint)(不适用于厚度减小及不同的外表面处理);

(8) 材料蠕变试验(MST 37)(不适用于厚度减小及不同的外表面处理);

(9) 序列 B,如果为非玻璃材料;

(10) 序列 B1,如果设计符合污染程度 I(不适用于厚度减小及不同的表面处理)。此外,如果上盖板厚度增加,还需要增加材料蠕变试验(MST 37)。

6.6.4 背板的改变

如果是从玻璃材料变为非玻璃材料,需要重复全套基础鉴定测试,反之亦然。

对于以下变更:

(1) 材料变化,包括任何一层材料的种类和规格;

(2) 玻璃厚度减小超过 10%,非玻璃厚度变化超过 20%;

(3) 玻璃的热处理工艺变化;

(4) 表面处理方式变化(内表面或外表面);

(5) 黏合剂、底涂或其他添加剂用量变化;

(6) 添加黏合剂、底涂或其他添加剂。

IEC 61215 规定需要重测的项目如下:

(1) 热斑耐久试验(MQT 09),热强化工艺或者厚度变化;

(2) 紫外预处理试验(MQT 10)/热循环 50 次(MQT 11)/湿冻(MQT 12)/接线盒在安装表面的保持力(MQT 14.1)(对于有同样紫外截止的玻璃,若玻璃无变化,可以省略),若接线盒安装在前盖板上,MQT 14.1 可省略;

(3) 湿热试验(MQT 13),如果为非玻璃,或表面处理方式改变(内外表面);

(4) 静态机械载荷试验(MQT 16),如果为玻璃(包括制造商变化),或背板支撑结构采用黏结式安装;

(5) 冰雹试验(MQT 17),如果组件的刚度依赖于背板。

IEC61730 需要重测的项目如下:

(1) 绝缘厚度试验(MST 04),如果为非玻璃材料;

(2) 切割试验(MST 12),如果为非玻璃材料;

(3) 脉冲电压试验(MST 14),如果厚度减小或材料改变;

(4) 温度试验(MST 21),如果为非玻璃材料或材料改变;

(5) 可燃性试验(MST 24),如果为非玻璃材料;

(6) 组件破损试验(MST 32),对于表面处理变化,不会影响机械性能时,可以省略;

(7) 剥离试验(MST 35)或剪切强度试验(MST 36),如果设计中含有黏合结构(cemented joint)且背板是该结构的一部分;

(8) 材料蠕变试验(MST 37)(不适用于厚度减小以及不同的外表面处理);

(9) 序列 B,如果为非玻璃材料;

(10) 序列 B1,如果设计符合污染程度 I。

另外，如果背板颜色改变可能引起组件工作温度升高，需重复温度试验（MST 21）。

6.6.5 组件尺寸的变更

长度或宽度增加超过20%，IEC 61215规定需要重测的项目如下：

（1）热循环试验，200次（MQT 11）；

（2）湿热测试（MQT13）；

（3）机械载荷试验（MQT 16）；

（4）冰雹试验（MQT 17）（对于非钢化或者非玻璃材料）。

IEC 61730规定需要重测项目为组件破损试验（MST 32）。

6.6.6 边框或安装结构的改变

对于如下变动：

（1）边框形状或截面变化；

（2）层压件和边框的接触面减少；

（3）材料变化，包括胶和安装材料；

（4）安装方法变化（见安装手册规定）；

（5）边框角部设计变化；

（6）边框黏合剂的改变；

（7）从边框组件改为无边框组件，或相反。

IEC 61215规定需要重测的项目如下：

（1）紫外预处理试验（MQT 10）/热循环，50次（10.11）/湿冻（MQT 12）序列，如果使用黏结剂安装组件或者使用聚合物边框材料；

（2）热循环试验（MQT 11），200次，如果使用黏结剂安装组件或者使用聚合物边框材料；

（3）湿热试验（MQT 13），如果使用黏结剂安装组件或者使用聚合物边框材料，或边框组件改变为无边框组件（反之亦然）；

（4）静态机械载荷试验（MQT 16）；

（5）冰雹试验（MQT 17），如果边框或前盖板为聚合物材料，或者边框组件改变为无边框组件（反之亦然）。

IEC 61730规定需要重测的项目如下：

（1）等电位连接的连续性试验（MST 13），如果组装方式改变（如果是黏合剂改变，可以省略）；

（2）可燃性试验（MST 24），对于聚合物边框；

（3）组件破损试验（MST 32）；

（4）螺钉连接试验（MST 33），若适用；

（5）材料蠕变试验（MST 37），如果不是用边框或其他支撑来防止蠕变；

（6）序列B，如果为聚合物边框。

如果只是边框或安装系统的制造商改变（采用同样的材料规格和设计），不需要重测。

6.6.7　电气连接端改变

电气连接端元件，如接线盒、电缆和端子，必须满足 IEC 61730-1 中引用的相关 IEC 标准。它们和其他元件及材料组合后的试验，可以在光伏组件上进行，也可以只在元件上进行。

对于如下变动：

（1）材料种类变化；

（2）设计变化（如尺寸、位置、接线盒数量）；

（3）灌封材料种类变化；

（4）机械黏结/固定方法变动（如黏结剂变动）；

（5）电气连接方法变化（如焊接、压接、钎焊）。

IEC 61215 规定需要重测的项目如下：

（1）紫外预处理试验（MQT 10）/热循环，50 次（MQT 11）/湿冻（MQT 12）/引出端强度测试（MQT 14.1 和 MQT 14.2）（如果是封装材料变更或者接线盒不直接暴露在阳光下，紫外预处理试验可以省略；如果是接线盒的机械黏结变更，扭矩试验 MQT 14.2 可以省略；如果是电缆的电气附件变更，接线盒在安装表面的保持力试验 MQT 14.1 可以省略）；

（2）热循环试验，200 次（MQT 14.1），只针对电气附件变更；

（3）湿热试验（MQT 13）；

（4）旁路二极管热性能试验（MQT 18）。

IEC 61730 规定需要重测的项目如下：

（1）可接触性试验（MST 11）；

（2）温度试验（MST 21），如果是灌封材料或黏结剂变更；

（3）可燃性试验（MST 24），只对黏结剂的变更；

（4）反向电流过载试验（MST 26）（不适用于黏结剂变更）；

（5）螺钉连接试验（MST 33），如果适用；

（6）剥离强度试验（MST 35）或剪切强度试验（MST 36）；

（7）材料蠕变试验（MST 37），只适用于黏结剂的变更或电气连接端重量增加；

（8）序列 B，只适用于黏结剂的变更；

（9）序列 B1，如果设计鉴定为污染等级 1。

6.6.8　电池和电池串互连材料或技术改变

对于如下变动：

（1）材料种类变化（如合金、化学成分和基材）；

（2）拉伸强度、屈服强度和伸长率等力学性能的变化超过 10%；

（3）厚度变化超过 10%；

（4）互联材料的总截面变化（汇流条数量增加/汇流条数量增加，同时宽度减小）；

（5）焊接技术；

（6）互连条或焊接点的数量改变，或每个接触点的焊接面积减少；

（7）焊接相邻电池片的互连条长度变化；

（8）焊接材料、助焊剂或导电胶变化；

（9）绝缘条的变化（厚度、材料及制造商）。

IEC 61215 规定需要重测的项目如下：

（1）热斑耐久试验（MQT 09）；

（2）热循环 200 次（MQT 11）；

（3）湿热试验（MQT 13），只针对材料变动。

IEC 61730 规定需要重测的项目：反向电流过载试验（MST 26）。

6.6.9 电气线路的改变

对于如下变动：

（1）内部连接线路改变（例如每个旁路二极管对应的电池数量增加或重新排布输出引线）；

（2）光伏组件电路的重新设计（例如电池的串联/并联）。

IEC 61215 规定需要重测的项目如下：

（1）热斑耐久试验（MQT 09），仅对于每个旁路二极管对应的电池数量增加；

（2）旁路二极管热性能试验（MQT 18），如果短路电流增加超过 10%；

（3）温度循环 200 次（MQT 11），如果电池后面有内部导体。

IEC 61730 规定需要重测的项目如下：

（1）绝缘厚度试验（MST 04），对于引出线排布变更；

（2）反向电流过载试验（MST 26）（仅用于组件的工作电流/电压增加 10%以上）。

6.6.10 功率输出变化

在相同的设计、尺寸和相同电池工艺下，如果功率输出变化超过 10%，IEC 61215 规定需要重测的项目如下：

（1）热斑耐久试验（MQT 09）；

（2）热循环试验 200 次（MQT 11），如果短路电流增加超过 10%；

（3）旁路二极管热性能试验（MQT 18），如果短路电流增加超过 10%。

IEC 61730 规定需要重测的项目：反向电流过载试验（MST 26）。

6.6.11 旁路二极管改变

对装在接线盒内的旁路二极管，需要满足 IEC 62790 的要求。对于如下变动：

（1）额定电流或额定结温降低；

（2）每个组件的旁路二极管数量变动；

（3）使用不同型号的旁路二极管；

（4）旁路二极管制造商变更；

（5）安装工艺变化（物理结构、焊接材料、连接工艺、焊接温度或工艺）。

IEC 61215 规定需要重测的项目如下：

（1）热循环试验 200 次（MQT 11），如果只是安装方式不同；

（2）旁路二极管热性能试验（MQT 18）。

IEC 61730 规定需要重测的项目：反向电流过载试验（MST 26），如果只是安装方式不同。

晶体硅光伏组件的这些变化及需要重新测试的项目的对应关系，可以查阅技术规范的附录表格 A.1，进一步清晰而全面地理解和应用。

复习思考题

1. 简述光伏产品的认证的三个步骤。

2. 简述国内外的重要光伏产品检测和认证机构。

3. 简述光伏技术标准的发展历史。

4. 简述国内外光伏技术标准管理机构。

5. IEC61215 系列有几个标准？内容是什么？

6. 简述光伏组件的热循环、湿冻测试、高温高湿测试的目的、实验条件和判断标准。

7. 画出晶硅光伏组件的 PID 测试流程，描述具体的测试过程、恢复条件、测试要求、判断标准（提示：需要参考 IEC61215-1 和 IEC61215-1-12 个标准所述的相关内容）。

8. 简述双面组件的定义和测试要求。

9. 简述 IEC61730-2 中的防火和可燃性测试。

10. 根据 IEC62915，若组件的尺寸长度或者宽度变化超过 20%，需要做哪些测试？

第 7 章

光伏组件可靠性及回收利用

相对于其他电子产品，光伏组件的生命周期要更长一些，一般是 25～30 年。在实际应用过程中人们发现，不同的材料、工艺、运行环境以及系统安装方式，会导致组件在户外的可靠性显现出较大差异。如何在较快的时间内得出一套合理评估体系，指导光伏组件生产和投资评估，是整个行业一直在关注的问题。

7.1 光伏组件的常见问题

光伏组件在大规模应用过程中，会出现各种形式的问题，常见的问题有热斑效应、PID 效应、蜗牛纹、EVA 老化、背板黄变等，这些对光伏组件的可靠性都有严重影响，下面对这些问题的产生原因进行分析，并提出一些解决办法。

7.1.1 热斑效应

热斑效应是指光伏组件在阳光的照射下，出现局部区域温度高于其他区域温度，导致组件出现局部黄变、烧焦、鼓包脱层等现象。

热斑产生的机理是：根据基尔霍夫电流定律与电压定律（KVL 与 KCL），如果组件中某片太阳电池的电流远小于其他正常太阳电池的电流或者不能产生电流，组件中电流就会流向该太阳电池，即该电池区域在组件电路中不再作为电源，而是作为负载消耗其他正常的太阳电池产生的功率，并转变为热能，导致组件中局部温度升高，当温度达到一定程度，就会破坏光伏组件中太阳电池表面的封装材料，出现局部黄变、烧焦、鼓包脱层等现象，严重的情况下甚至可能会破坏组件中太阳电池的 p-n 结，导致断路。

一般来说，产生热斑的原因有以下几种：

① 组件的局部电池片的一部分被树叶、鸟粪、阴影等长时间遮挡，使得此电池片不能发电，形成一个内耗区，导致局部温度过高，形成热斑；

② 某个太阳电池片本身存在缺陷，没有被检查出来，发电效率低于其他的单体电池，于是会作为负载消耗电流，产生热量，形成热斑；

③ 组件制造过程中焊接不良以及后期的 PID 效应也会导致热斑效应。

在实际应用中，户外光伏组件表面被树叶、尘土、鸟粪等覆盖遮挡的情况是经常有的，电池表面光照不均匀，一方面造成组件输出功率下降，另一方面引起局部发热，长期这样，电池被遮挡部分就会成为电阻，在夏季高温天气可以造成局部温度高达70℃以上，长期下去将造成组件内部EVA起泡、脱层等，严重的会引起组件局部烧焦和烧毁，典型的热斑图片如图7-1，其中7-1(a)是局部遮挡（如鸟粪）引起的热斑，正面电池片和背板都烧焦；图7-1(b)是两根电缆线的长期遮挡导致局部电池片的热斑现象。因此对于电站，除了合理的系统设计之外，后期维护中，定期清洗组件，尽量避免外部物体造成阳光遮挡是必须要做的日常工作，这不但可以有效避免热斑，还能减少组件表面积灰大大提高系统发电量。

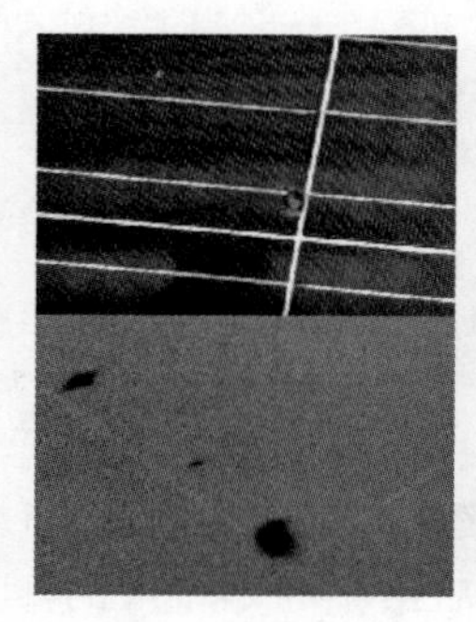

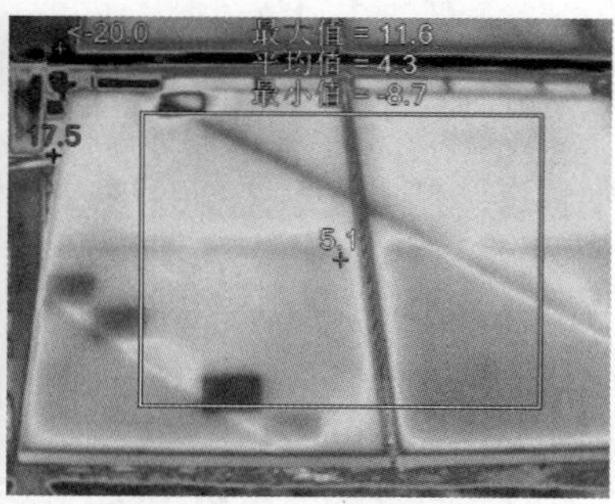

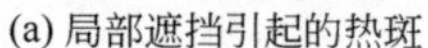
(a) 局部遮挡引起的热斑　　(b) 两根电缆线长期遮挡导致的热斑

图7-1　典型热斑图片

7.1.2 电势诱导衰减（PID）

PID（Potential Induced Degradation）效应即电势诱导衰减现象。当组件处于负偏压状态时，电池片和金属接地点（一般是通过铝边框）之间在外界因素影响下会有漏电流通过，封装材料EVA、背板、玻璃、铝边框容易成为漏电流通道，此时玻璃中的钠离子会迁移出来，通过封装材料聚集到电池表面，形成反向电场，造成局部电池失效，组件功率大幅衰减，此即PID极化效应。用EL检测会发现局部电池片发黑，特别是在组件周围一圈最容易产生，见图7-2。

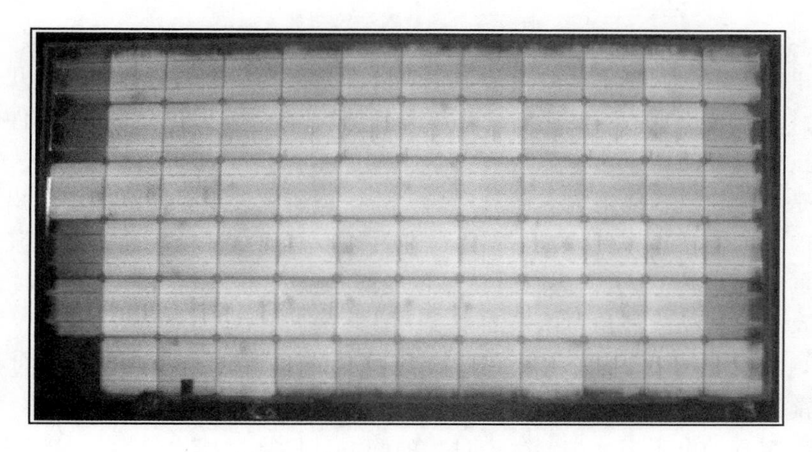

图7-2　典型PID组件的EL图像

PID效应的活跃程度与潮湿程度关系很大，同时也与组件表面的导电性、酸碱性以及含金属离子的污染物的聚集量有一定关系。目前可以通过以下几个途径来避免PID效应：

① 提高 EVA 的绝缘性能。目前主要是采用高体电阻率 EVA 封装材料，当然，POE 封装材料的电阻率更高，抑制 PID 效应更有优越性。在实际应用中 p 型电池和 n 型电池的 PID 极化效应可能分别发生在背面或正面，在选择封装材料时候，可以有针对性；

② 改变 PECVD 所制备的减反射膜的膜厚和折射率；

③ 实际应用和研究发现，接近逆变器负极的组件，组件所承受的负偏压相对较高，PID 效应更明显一些；把组件阵列的负极输出端接地，可以有效抑制 PID 效应；

④ 有研究指出，可以用不含钠离子的石英玻璃来代替钠钙玻璃，这确实是一个彻底的办法，但工艺上有很大难度，而且石英玻璃成本也很昂贵，在工业上大批量应用不现实。

7.1.3 蜗牛纹

蜗牛纹（Snail Trail）指光伏组件的电池表面出现的一些特殊图案，这些图案类似蜗牛爬过的痕迹，亦称黑线、闪电纹等，其本质是光伏组件某一部分出现的变色现象，这种变色现象并非由 EVA 变色引起，而是组件中电池表面的银栅线变暗造成的。一般先是在电池的中间出现一条蜗牛纹，或是电池最边缘一圈的银栅线变暗，然后沿中间蜗牛纹的四周逐渐出现更多的蜗牛纹，而电池边缘的银栅线也逐渐从外圈向里面一根一根地变暗，图 7-3 所示是典型的蜗牛纹图像。蜗牛纹在初期对组件的功率影响很小，但长期还是会引起组件功率一定程度的衰减。

图 7-3 典型蜗牛纹图像

无论是单晶硅电池还是多晶硅电池，蜗牛纹都会出现；有的组件在安装几个月后就会出现蜗牛纹。蜗牛纹出现的速度主要受环境条件的影响，一般在高温高湿条件下产生的速度会加快。按照目前的认识，多数研究者认为蜗牛纹的产生与 EVA、浆料、背板等因素有关，特别是与水气侵入电池前表面有密切关系。有研究发现，电池中出现蜗牛纹的位置都是有电池隐裂的，在这样的情况下，水气通过裂纹进入电池前表面，与银浆发生电化学反应，产生的物质进入 EVA，从而出现黑色的蜗牛纹；很多电池出现蜗牛纹是从电池边缘开始的，这也是由于水气透过电池间隙进入导致的。

蜗牛纹现象主要集中爆发于 2010 年前后，引起行业高度关注之后，通过改进各个工艺环节，目前已得到控制。一般可通过以下几个途径来控制蜗牛纹。

① 提高 EVA 的电阻率，控制生产过程的配方，提高搅拌均匀性，保证 EVA 后期交联的均匀性；

② 控制电池银浆的配方；

③ 避免电池片隐裂；

④ 降低背板的透水率。需要注意的是，电池片隐裂和水气不是产生蜗牛纹的必要条件，只是会促进蜗牛纹的产生。

基于上述的改进策略，目前光伏组件的蜗牛纹问题已经能够有效地抑制。

7.1.4 接线盒失效

接线盒一般采用高分子塑料材料制成，是光伏组件正负极的引出装置，内部安装有旁路二极管。常见的接线盒失效形式如下。

① 接线盒和背板脱落，这个一般和黏结用的硅胶关系比较大，也有可能是由于背板的表面能太低，或者是接线盒底面本身有脏污；

② 接线盒开裂或破损，这个和接线盒使用的原材料有关，或者是使用过程中发生了剧烈的碰撞；

③ 接线盒密封失效，导致水气进入接线盒内部，金属连接器被腐蚀而生锈，如果汇流条上有水气，会导致湿漏电；

④ 接线盒内部的金属带电体之间出现电弧现象，导致接线盒烧焦，甚至引起组件起火燃烧；

⑤ 二极管失效，发生短路、断路甚至烧毁。二极管发生短路时，电池组件输出功率会大幅降低；二极管如果发生断路，就失去了保护作用。尤其是肖特基二极管，在高压和应力作用的影响下很容易发生静电击穿和反向击穿。所以二极管在生产和安装过程中要注意防止静电，一般操作工人需要戴静电手环。

7.1.5 EVA 黄变

EVA 是高分子材料，在户外环境中长期经受光照和温湿度变化，在紫外、温度、湿度等因素作用下会发生系列化学反应，反应产物中出现生色基团，最终表现为 EVA 黄变，颜色根据运行环境和运行时间的不同而出现一定差异。EVA 黄变会引起组件的光学损失，对组件性能的衰减也有一定的影响。

EVA 生产过程中，通常会在 EVA 中添加一些抗紫外和提高热稳定性的添加剂，如果选择的添加剂不适合，或者浓度不适合，会导致生色基团的生成或 EVA 的加速老化。

有部分研究人员认为，组件在运行过程中出现 EVA 变色的主要原因有两个：

① 氧气和水气等小分子扩散进组件内部；

② EVA 在户外高温和紫外光的作用下发生化学反应，生成醋酸类物质，产生的这类物质不但会加速 EVA 的老化，也会对组件内部的太阳电池及焊带产生腐蚀作用，加快组件的衰减。

国外有研究人员对 1800 块单晶硅组件进行了衰减分析，平均每年的衰减率是 0.5%，有 60%的组件出现了 EVA 变色的情况，其中有 10%出现了严重的变色。

通过大量的统计研究发现，EVA 黄变带来的光学损失大约在 3%～5%，并非导致组件衰减的主要原因，黄变的产物对组件性能影响很大，如脱层、腐蚀银栅线等。目前行业在控制 EVA 黄变方面已经取得了非常明显的效果。

7.1.6 背板老化

背板对组件的可靠性起着至关重要的作用，它与覆盖在正面的玻璃一起构成光伏组件内部电池片的重要屏障。背板多采用有机材料制作，厚度一般小于 0.4mm。

背板是光伏组件的重要材料之一，对组件的可靠性起到至关重要的作用。与其他直接与空气接触的材料比较，玻璃和型材是无机材料，稳定性很高，接线盒虽然是有机材料，但是毕竟体积小，比较容易控制，而作为背板的有机材料，面积很大，几乎覆盖了整个组件背面，与覆盖在正面的玻璃一起，成为光伏组件内部封装材料和电池片与外界隔离的重要屏障，玻璃的可靠性非常稳定，而且一般玻璃厚度都在 3.2mm 以上，而背板厚度小于 0.4mm，所以背板就成为至关重要的核心材料。大量数据表明，光伏组件户外失效有 70%以上是来自于背板，特别是在一些相对比较严苛的环境，如高温、高湿、强紫外辐照，背板引起的各类失效都很多，例如背板开裂、鼓包、脱层、粉化（如图 7-4），还有因为通过背板侵入的水气引起的内部材料 EVA、电池、焊带的侵蚀等。

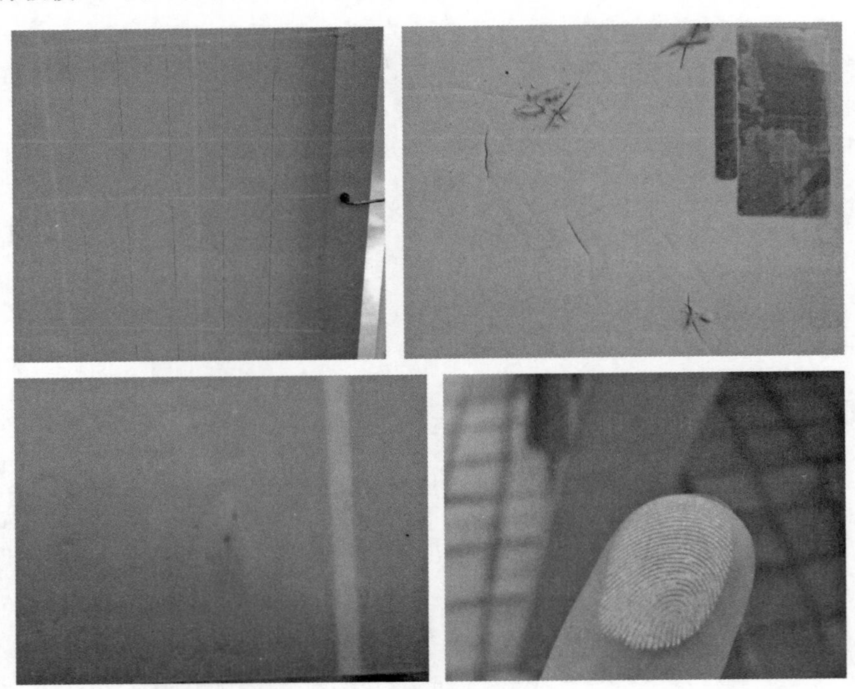

图 7-4　背板破裂、鼓包、粉化

背板的成本在组件材料中是相对比较高的，因此背板的降本也受到重视，但是相同的背板在不同的气候条件下表现是完全不一样的，所以背板的设计、可靠性评估和选择应用成为光伏行业的一个非常重要的研究课题。

一些数据表明，光伏组件户外失效现象中，有 70%以上来自于背板，在高温、高湿、紫外辐照强的地区，因背板引起的各类失效现象很多，例如背板开裂、鼓包、脱层、粉化等。纵观最近 10 多年光伏发展过程，组件各大材料的性能都得到了很大的提升，例如 EVA 的体积电阻率提高了 2 个数量级，焊带的屈服强度和伸长率也得到了优化，接线盒的材料得到了很好的控制，但是背板却呈现了种类繁多的局面，从 PET 的厚度、是否耐水解的材质，到涂层是否含氟，还有背板的结构类型，都有各种不同的类型（具体参考第 3 章中背板材料的介绍），这虽然实现了成本差异化，但是也给组件的可靠性测试提出了更多的要求和挑战，需要引起高度关注。

7.1.7 光热诱导衰减（LeTID）

2012年，国外的研究机构发现，PERC多晶硅电池中除了存在光致衰减（LID）之外，还存在光热诱导衰减（Lightand elevated Temperature Induced Degradation，LeTID）现象，且会随着温度的升高而加强，与传统LID现象的特性有所不同。例如，Q-Cell公司在2017年报道了一种B-O对稳定的电池，在25℃时能够使电池的光致衰减趋于稳定，但是在75℃时其光致衰减仍然会明显增加。后续的研究表明，LeTID可能源自于硅片中的金属离子被激活，吸杂后能够有效降低该现象。LeTID普遍存在于各种硅材料中，包括p型、n型、单晶、多晶。LeTID引起硅片体寿命衰减。经长时间的高温光照，LeTID可以恢复。不同硅片种类，LeTID程度与恢复所需要的时间周期不同。更加确切的失效机理还在不断地研究中，针对LeTID的测试标准也在不断完善中。目前通过电流注入模拟大光强辐照，匹配更高的环境温度，可以模拟LeTID效应，通过该实验手段监测，目前各大光伏厂商的组件都具备较强的抗LeTID性能。

7.2 光伏组件可靠性评估概述

自20世纪70年代晶体硅组件开始在地面大规模应用以来，大量科研工作者一直在探究光伏组件的衰减形式及机理，比较不同技术的组件的性能表现，并通过实际数据的提炼，不断修正组件的衰减模型。国际上有多个机构长期以来一直对光伏组件可靠性开展评估工作。

7.2.1 可靠性评估工作难点

光伏组件可靠性评估是一项艰巨而必要的任务，只有准确评估产品质量可靠性，才能更好地指导工业生产，促进行业健康发展。可靠性评估既要保证光伏组件在使用过程中能满足经济估算模型，又要保证生产成本在合理范围，而光伏产品应用范围广，制造技术也一直在发展，这给可靠性评估工作带来了很大挑战。

首先，光伏组件测试数据的偏差问题。一是测试方法各不相同，在我们统计组件衰减率的过程中发现，有的机构采用的是户外现场测试方法，有的采用室内STC条件下的测试法，也有的是根据系统发电量估算衰减率，因此数据产生较大偏差；二是测试设备和测试标板的差异，由于研究机构分散在世界各地，导致测试结果具有一定的不确定度，经计算我们发现，如果所有设备和操作流程均按相关标准来执行，那么测试数据的不确定度将在4%左右；三是原始数据的缺失，大部分光伏组件，尤其是二三十年前的组件，很难找到其原始数据，如组件出厂时的 I-V 测试数据和生产工艺数据，只能根据组件背面铭牌上标定的额定值进行衰减率的比较。

其次，光伏组件的运行环境差异较大。全球气候类型复杂多样，运行环境也各不相同，有的安装在高山上，有的安装在屋顶上，还有的安装在海边，甚至在水面上。这些不同的安装环境也将导致光伏组件出现完全不同的衰减机制。因此目前行业有越来越强的呼声，那就是应该根据光伏组件运行的环境，选择不同封装材料、生产工艺以及评价标准。

此外，随着各种气候条件下的光伏组件安装量不断增加，新的失效模式也层出不穷，

同时也发现很多室内加速老化实验和户外实际失效的模式和机理不能完全对应，因此很多公司和机构提出了不同气候条件下的差异化组件的设计和检测，研究加严测试的规范，并且研究加速老化测试的实验方法，尽可能模拟实际户外环境要求，并且缩短可靠性测试的时间。第6章的6.3.3节中的可靠性与应力实验相关的标准可以作为比较好的研究基础。

国内也开始研究差异化组件和加速老化的实验方法和设备，从2016年开始，行业开始研发集紫外和温度湿度一体化的复合老化综合实验箱，实现紫外＋高温高湿、紫外＋热循环等实验序列可以在一个试验箱交错运行的功能，实现加速老化的功能，经过这几年的改进，这类设备已经不再是技术瓶颈，近两年来该环境箱被广泛使用。

7.2.2 相关研究机构的工作

国际上许多大学、科研机构对组件可靠性做了大量研究，例如美国NREL实验室在组件可靠性评估方面做了非常严谨翔实的实证、理论计算和统计工作。

光伏组件可靠性研究一般围绕以下三方面展开。

① 光伏组件的实际使用性能，包括多种技术的比较、不同环境气候下组件的发电量和组件功率衰减率。2012年，NREL实验室的Dirk C Jordan和Sarah R. Kurtz根据已发表的论文和报导，对光伏组件的衰减率进行了统计和分析，采用的数据主要来源于欧洲、美国、澳大利亚和日本，涵盖了过去40年的2000多组户外运行组件（包含晶体硅和薄膜）的衰减数据。统计发现，所有组件的平均衰减率为0.8％/年，衰减率中间值为0.5％/年，其中晶体硅组件共计1751组数据，平均衰减率为0.7％/年，中间衰减率为0.5％/年。

不同气候条件下组件的衰减率是不一样的，因此研究不同地理环境下的衰减率非常有必要，比如在瑞典，有运行时间超过25年的20块组件，衰减率仅为0.17％/年，在中国海南地区运行超过30年的组件，衰减率约为0.19％/年，而在利比亚沙漠，光伏组件衰减率接近1％/年。

② 光伏组件的衰减机理，包括各种材料的衰变机制。晶体硅组件初期的快速衰减主要来源于p-n结中的氧含量，而长期缓慢衰减则与封装材料的性能降解有关。目前国外已有大量研究数据表明，组件高衰减率主要来源于填充因子*FF*显著降低，也就是说串联电阻显著增加，少量的衰减由光学损失导致，主要体现为I_{sc}的降低。有研究发现高山气候下的组件衰减最大，因为其雪载荷和风载荷很高。

③ 光伏组件衰减模型的提出。NREL实验室曾对多种组件进行了为期5年的监测，结果表明，在特定的条件下，组件功率的衰减与时间呈线性关系，如果能够确定组件的衰减率，就能准确估算组件的平均使用寿命。

组件的衰减和系统发电量受辐照度、环境温度、风速、相对湿度、云量和气压等环境因子的影响，因此实际运行中，不同地区的光伏电站发电量的PR效率差异较大。

NREL在2010年最早牵头成立了PVQAT（International Photovoltaic Quality Assurance Task Force）工作组，下设11个针对性很强的分小组，例如光伏生产一致性质量保证指南组，湿度、温度及电压测试组，UV、温度及湿度测试组，以及雪、风载荷测试组等，对各类的测试进行差异化的评级。

日本先进工业科学和技术研究所前几年发布了一组光伏组件老化的实验数据，反映了不同种类组件随着时间推移的衰减情况。数据显示，在户外正常运行情况下，非晶体硅组件衰减最多，CIS/CIGS类组件衰减最少，单晶硅组件比多晶体硅组件衰减得多，HIT组件衰减幅度较小。具体如表7-1所示。这组数据是根据多种组件户外使用5年的检测数据推导出来的，与NREL调研统计的结果基本一致。

表7-1 不同种类组件随着时间的衰减情况

种类	10年后(%)	20年后(%)	25年后(%)
单晶硅	92.4～93.7	85.3～87.8	82～85
多晶硅	94.5～95.5	89.3～91.1	86.8～89
CIS/CIGS	97～97.2	94.1～94.5	92.7～93.2
HIT	96.0	92.2	90.4
非晶硅	88.9	79	74.6

数据来源：日本先进工业科学和技术研究所。

7.3 组件可靠性案例分析

本节主要选取国内已运行多年的比较有代表性的老旧组件进行分析，主要选用了顺德中山大学太阳能研究院及中山大学太阳能系统研究所的一批研究数据，这批数据是国内在光伏组件可靠性研究方面规模最大、时间最早的一批数据。所选取的样品组件均来自国内外知名品牌，其中有的服役年龄已超过30年，中山大学团队正在对这些老组件展开持续跟踪研究。研究发现不同运行环境下的晶体硅组件衰减差异非常大。

7.3.1 样例1——1982年产多晶硅组件（Solarex）

7.3.1.1 基本信息

中山大学太阳能研究院搜集了一批1982年由美国Solarex公司生产的多晶硅组件，共177块。该批组件于1986年被安装在中国海南省东方市尖峰岭，位于北纬18°23′～18°50′，东经108°36′～109°05′，海拔一千多米，用于通信微波站的供电，为48V直流离网系统。2008年12月，由于电站扩容组件被拆下。表7-2是组件的原始信息。

表7-2 组件原始信息

组件尺寸/mm	电池尺寸/mm	片数	盖板	封装材料	背板
970×445×53	101×101	4行×9列	钢化玻璃	EVA	Tedlar®薄膜

图7-5所示为此批组件的全貌。2009中山大学太阳能系统研究所对其进行了评估和适当的修复，包括对组件的电性能衰减、外观、材料等的分析；并于2010年从该批组件中挑选出144块重新安装于广州大学城继续使用，监测其发电量、定期维护和分析。2010年、2014年、2015年、2016年和2018年均对该批组件进行STC条件下的测试，统计分析组件的材料衰变，分析发电情况，测完后再安装回原来位置使用。

图 7-5 光伏组件全貌

7.3.1.2 户外安装环境

海南尖峰岭处于海南省南部，距离海边 20km。尖峰岭地区年降水量很大，但是灰尘较少，组件受盐雾侵蚀影响不大。海南属热带季风海洋性气候，四季不分明，夏无酷热，冬无严寒，气温年较差小，冬春干旱，夏秋多雨，多热带气旋；光、热、水资源丰富，年日照时数 1780～2600h，太阳总辐射量 4500～5800MJ/m^2，年降水量 1500～2500mm。根据 NASA 22 年的平均气象数据，尖峰岭温度平均为 24.5℃，湿度平均为 81%RH。

7.3.1.3 外观缺陷

经过 23 年在海南高温高湿环境下运行，此批组件在 2009 年的外观情况如下：

① 几乎每个组件均同时出现 4 种不同程度的外观问题：电池中心 EVA 颜色黄变，背板粉化，电池主栅锈蚀严重，细栅从最外圈向内开始锈蚀，互连条锈蚀，如图 7-6 和图 7-7 所示。其中大约还有 38 块组件出现不同程度的 EVA 脱层现象，有 53 块组件出现不同程度的背板开裂；

② 有 37 块组件的边框和电池之间形成了连续通道的气泡或脱层；

③ 接线盒无破损现象，密封胶完整，但 6 块组件的接线盒内接线柱锈蚀而导致短路，无法检测电性能，实际初始测试电性能 171 块。

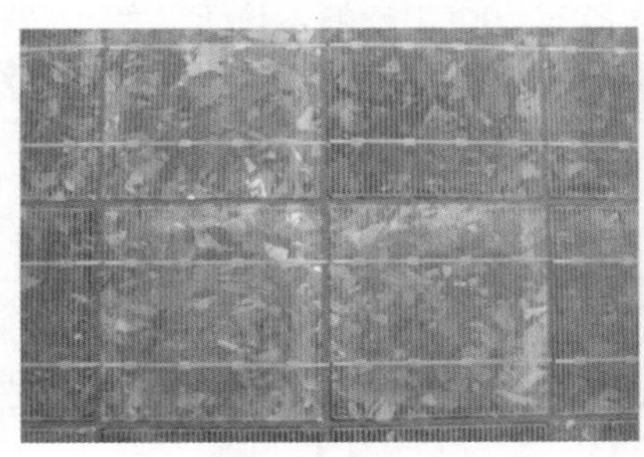 

图 7-6 EVA 发黄及脱层、栅线腐蚀

7.3.1.4 组件电性能

由于组件在拆卸时候接线盒线缆均被剪断，为了便于后续电性能测试和户外再次利用，这批组件的接线盒在 2009 年全部被更换，在 2010 年再次进行电性能测试，挑选

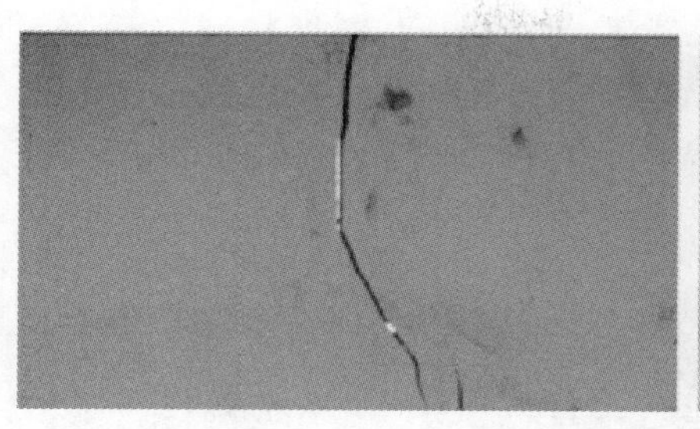
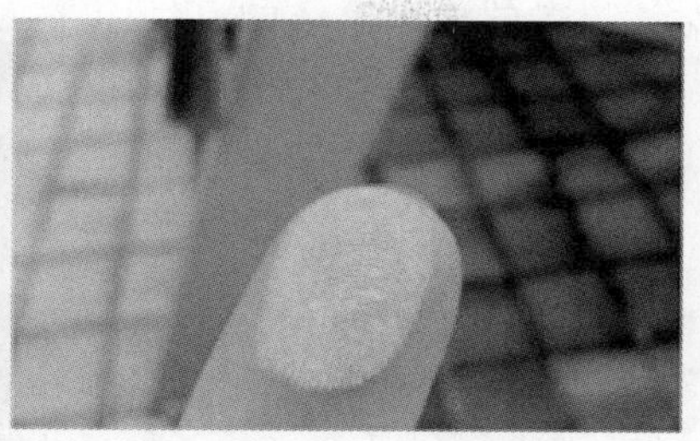

图 7-7 背板开裂及粉化

电性能差异最小的 144 块组件在广州大学城再次进行安装，采用并网系统，容量 5.88kWp。

2014 年、2015 年、2016 年和 2018 年均对这 144 块组件进行 STC 条件下的测试，统计分析组件的材料衰变，分析发电情况，测完后再安装回原来位置使用，其中 2010 年开始采用的电性能 *I-V* 测试仪是相同的，有比较大的参考意义。测试结果见表 7-3，都是所有组件的平均测试值，从数据可以看出：

① 虽然外观变化严重，但是组件功率衰减不大。

② 这批组件，经过 30 年，功率从 42.6W 衰减到 39W，衰减只有 8.6%，年平均衰减只有 0.29%，远低于 NREL 的统计分析值。

③ 如果考虑测试仪的溯源标准，可以分析得出在 2010～2018 年的 8 年内，功率从 40.88W 衰减到 39W，衰减只有 4.6%，年平均衰减也只有 0.57%，性能也是非常优异的。

④ 整体来看，组件的开路电压下降很小，衰减主要来自短路电流，这个目前分析主要因为 EVA 黄变和老化引起的。

表 7-3 组件电性能对比（STC 条件测试）

性能参数	P_{mpp}/Wp	U_{oc}/V	I_{sc}/A	U_{mpp}/V	I_{mpp}/A
铭牌标称	42.6	20.8	3.04	15.1	2.82
2009 年	39.74	20.29	2.8	15.88	2.5
2010 年	40.88	20.33	2.75	16.53	2.47
2014 年	40.32	20.55	2.7	16.59	2.43
2015 年	39.96	20.47	2.68	16.55	2.41
2016 年	39.82	20.48	2.66	16.55	2.4
2018 年	39.00	20.47	2.61	16.58	2.35

7.3.1.5 组件 EL 测试

研究团队对外观变化较严重的 47 块组件进行 EL 测试，有如下几个典型现象。

① 组件背板开裂。如图 7-8 所示，背板开裂处对应的 EL 都是黑区，背板开裂后，水气和空气侵入，加速了 EVA 老化，产生更多醋酸，导致电池细栅腐蚀，电池电阻变大，EL 变黑，黑暗的程度不同，和背板开裂的时间有关系。图（a）中，上面是电池正面和背面的外观，下面是 EL 图，从背板看，背板开裂严重，导致相同位置的 EVA 严重黄变

和卷缩，对该位置的电池栅线的腐蚀也最为严重，所以EL最暗；图（b）的EL变暗程度其次，背板开裂处EVA黄变卷缩，造成该处栅线一定程度的腐蚀；图（c）背板裂纹处EVA的黄变可以看出，背板开裂时间尚短，对栅线的腐蚀较轻，所以EL变暗程度最小。

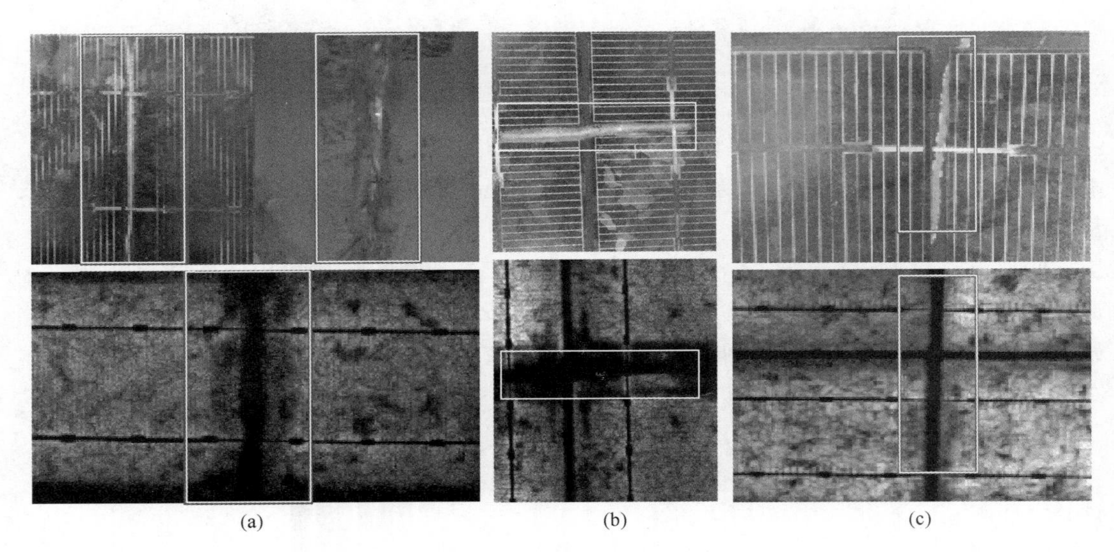

图7-8　组件背板开裂

② 组件EVA黄变及脱层。图7-9(a）所示为组件表面纹路状脱层，其对应的EL图像中电池片的隐裂形状（实际上是破碎之后的裂纹，可能是受外力影响）同脱层纹路形状一致，说明纹路状脱层与电池裂纹密切相关，有可能是水气从电池裂纹处的水气更容易渗透到电池正面（缩短了水气进入电池正面的扩散路径），一方面加速EVA的老化，一方面导致栅线氧化，两个方面的原因导致EVA黄变和脱层，这个现象在此批组件中普遍存在。图7-9(b）中左侧图电池边缘腐蚀严重，对应位置EL非常暗，说明腐蚀导致电阻过大；图7-9(b）中右侧图电池中间位置EVA黄变严重，导致中间栅线腐蚀严重，对应EL图像电池中间较暗，四周亮。

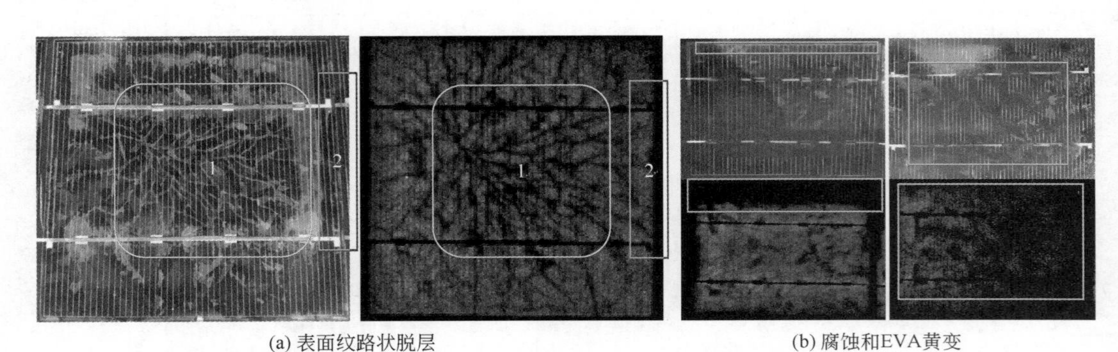

图7-9　组件表面脱层与其EL对照图

③ 栅线腐蚀。很多组件出现图7-10中的细栅线从电池片的四周向里面开始腐蚀的情况。根据水气、氧气等小分子进入组件内部的扩散路径分析，该现象可能小分子从电池串间隙处进入，逐渐渗透到电池边沿并逐渐向里渗透导致。

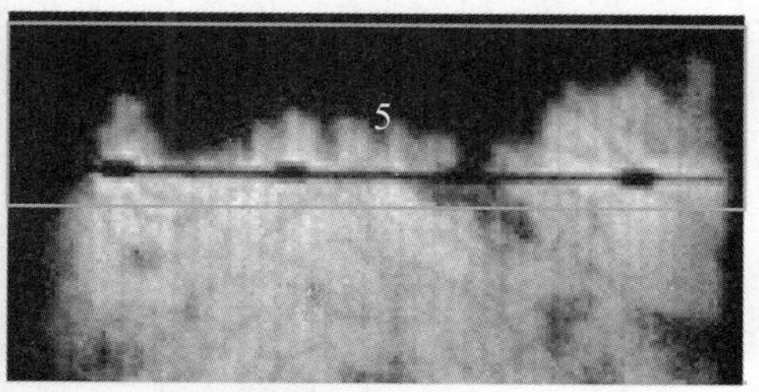

图 7-10　栅线腐蚀导致电池 EL 图像变黑

④ 互连条腐蚀。图 7-11 中所示组件从外观看电池主栅线焊接的互连条腐蚀严重，EL 表现为整片都是黑片，该种情况多见于背板开裂比较严重的组件，水气渗透导致互连条腐蚀严重，与电池接触电阻过大阻碍了电流流通，使得整片电池出现黑片。

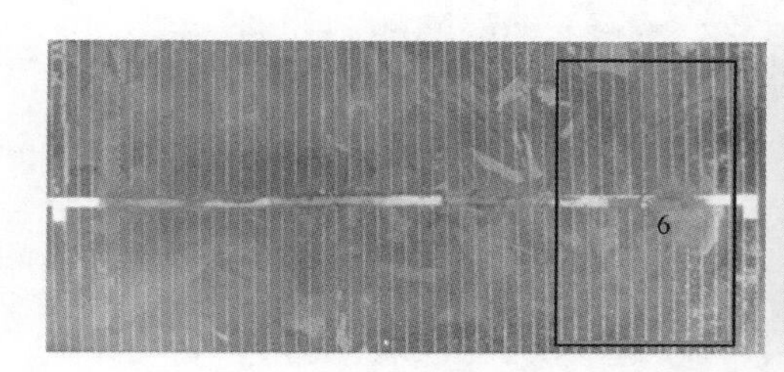

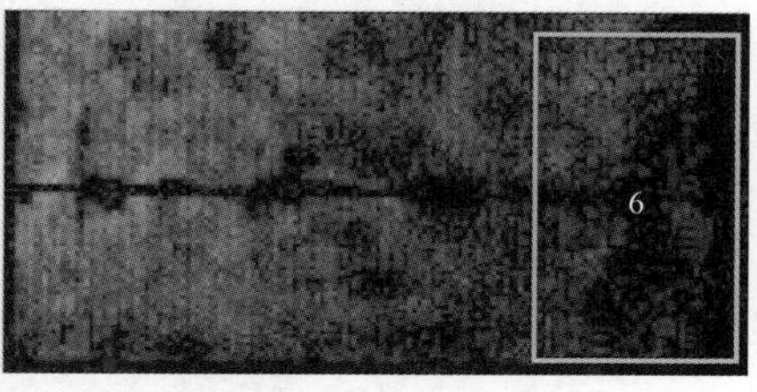

图 7-11　互连条锈蚀导致电池出现暗片

7.3.2　样例 2——1987 年产单晶硅组件（BP Solar）

7.3.2.1　基本信息

BP Solar 的单晶硅组件，型号为 BP270，共 50 块。图 7-12 为此批组件的全貌。该批组件于 1987 年被安装在深圳市区某太阳能公司，见图 7-13，用于测试离网系统性能，表 7-4 是组件的基本参数。

表 7-4　组件基本参数

组件尺寸/mm	电池尺寸/mm	片数	盖板	封装材料	背板
1185×528×38	125×125	4 行×9 列	钢化玻璃	EVA	TPT 薄膜

此批组件共进行过两次测试，分别是 2009 年 8 月、2014 年 8 月，测试完均安装回原来位置继续使用。

7.3.2.2　户外安装环境

该批组件安装地点位于深圳市市区，具体在北纬 N22°34′28.73″、东经 E114°07′7.65″。深圳地处南海之滨，属亚热带季风气候，长夏短冬，夏无酷暑，冬无严寒，阳光充足，雨量丰沛；年平均气温 22.5℃，1 月为全年最冷月，平均最低气温为 11.5℃，7 月为全年最热月，平均最高气温 32.2℃，极端最高达 38.7℃（1980 年 7 月）；年平均降雨量 1966.5mm，夏季降雨量占全年的 80%～85%，年平均相对湿度约 77%RH，3～8 月都在 80%RH 以上。

图 7-12　BP270 组件全貌

图 7-13　BP 组件安装地址及电站实物图

7.3.2.3　外观缺陷

2009 年此批单晶硅组件初次检验时，发现有 8 块玻璃破碎，原因可能是电站中安装在建筑物侧边的组件受高空抛物的撞击，导致破碎。EVA 未出现明显的变黄，但所有电池中心颜色都较深（图 7-14）。组件背板材料出现少部分开裂，有轻微粉化现象。

图 7-14　组件电池中心 EVA 颜色加深及组件破碎

2009 年之后，该公司在楼上修建饭堂，排风口对着组件，导致玻璃上沉积油污、灰尘，导致 2014 年再次检验时组件表面难以清洗。同时发现有 10 块组件的边框密封胶失效，导致边框脱落。见图 7-15。

7.3.2.4　组件电性能

2009 年，对此批运行 20 年的组件进行测试，测试结果如表 7-5 所示（数据源自 42 块

图 7-15 玻璃灰尘沉积（左）及边框脱落（右）

未破碎组件），经分析可知，此批组件功率平均衰减 12.96%，电流电压均衰减很大。

表 7-5 2009 年组件 *I-V* 信息

项目	P_{max}/W_p	V_{oc}/V	I_{sc}/A	V_{max}/V	I_{max}/A
标称	67.00	21.40	4.48	16.90	3.96
2009 年测试	58.32	20	4.27	15.15	3.82
衰减	12.96%	6.54%	4.69%	10.36%	3.54%

2014 年，再次对此批组件进行测试，由于组件编号缺失及破碎，只有 14 块组件的数据能和 2009 年测试的对应上，其测试结果如表 7-6 所示。

表 7-6 2014 年测试组件 *I-V* 信息

项目	P_{max}/W_p	V_{oc}/V	I_{sc}/A	V_{max}/V	I_{max}/A
2014 年测试	50.55	20.13	3.65	15.60	3.26
衰减率	24.55%	5.95%	18.56%	8.68%	17.78%

由测试结果可知，1987～2008 年间，组件年平均衰减率为 0.56%，2009～2014 年间年平均衰减 2.46%，组件功率出现极大的衰减。对比各项因子的衰减率可发现，2009～2014 年间，I_{sc} 衰减了 13.87%，I_m 衰减了 14.24%，可知来自电流的衰减是功率衰减的主要因素。这可能有两方面的原因，一方面是如前面所述玻璃表面脏污无法清洗，导致透光率下降，另一方面是电池内部栅线腐蚀导致接触不良，从而导致串阻增大，为此我们对这批组件进行了 EL 测试。

7.3.2.5 组件 EL 分析

此批组件隐裂、断栅、破碎、暗片等现象非常严重，95%的组件都出现不同程度的缺陷，如图 7-16 所示。由于电站作为雨棚安装在建筑侧面，结合组件出现碎裂以及严重的外观缺陷，部分组件破碎处出现撞击凹坑。

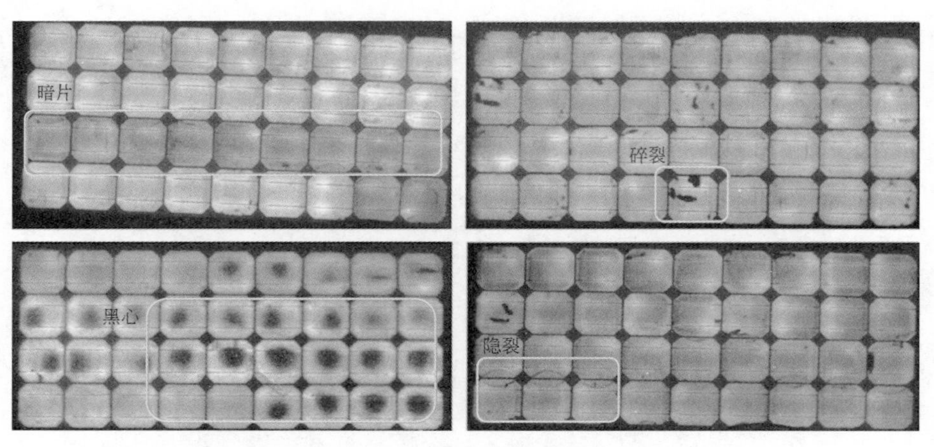

图 7-16　BP270 组件 EL

7.3.3　样例 3——1996 年产单晶硅组件（Siemens Solar）

7.3.3.1　基本信息

Siemens（西门子）SM55 组件生产于 1996 年，1997 年安装在深圳海边一家糖果厂屋顶上，由于当时市电没有接通，建立了油光互补系统，为工厂供电，之后市电接通，该光伏系统就一直停用，直到拆卸下来这批组件都是处于开路状态。这批组件共有 2051 块，2014 年将这批组件拆卸下来，进行了电性能的测试。整批组件外观完好，表面无损伤，EVA 无变色、气泡及脱层现象，但是每块电池中部颜色变深，接线盒及导线完好，组件背板无损伤及鼓泡，铝边框有明显盐雾腐蚀现象，玻璃表面积灰不易清洗。原始信息见表 7-7，组件全貌见图 7-17。

表 7-7　SM55 组件原始信息

组件尺寸/mm	电池尺寸/mm	片数	盖板	封装材料	背板
1293×329×34	101×101	3 行×12 列	钢化玻璃	EVA	TPT

图 7-17　SM55 组件全貌

7.3.3.2 户外安装环境

此批组件如图7-18所示，安装具体位置是深圳大鹏湾土洋收费站附近，北纬N22°36′56.76″东经E114°23′33.32″，距海边500m以内，受台风、潮湿、盐雾的影响更大。

图7-18 SM55原电站安装地点及电站实物图

7.3.3.3 组件电性能

由于组件数量庞大，我们随机选取了其中的500块组件，采用德国Halm组件测试仪在STC条件下进行测试，测试结果如表7-8所示。

表7-8 500块组件各项参数平均衰减率

项目	P_{max}/W	V_{oc}/V	I_{sc}/A	V_{max}/V	I_{max}/A
标称值	55	21.7	3.45	17.4	3.15
2014年测试	41.5	21.2	3.18	14.9	2.77
衰减率	24.55%	2.3%	7.83%	14.37%	12.06%

由测试结果可知，这批组件17年内功率的平均衰减率为24.55%，平均年衰减率为1.44%，可以看到，该批组件的V_{oc}和I_{sc}的衰减都比最大功率衰减小得多，而V_{max}和I_{max}的平均衰减率较大，分别为14.79%和11.99%。经计算发现填充因子FF衰减为16.25%。经过EL检测和材料分析，由于该批组件长期在海边运行，受盐雾环境影响比较大，电池栅线的腐蚀与焊接失效较为严重，引起了组件内部串阻增加，使得填充因子下降，最终导致组件功率衰减。

7.3.4.4 EL测试和分析

挑选一定比例的组件对其进行EL测试，测试后发现此批组件存在隐裂、碎片、黑心、暗片等现象。此其中亮栅、黑心、暗边缺陷最为普遍，如图7-19所示。

黑心的特点是在电池的两条主栅之间电池中间位置由于电流密度小导致该位置EL图像较暗，主要发生在组件边缘的电池串上。根据缺陷类型推测，黑心的初始缺陷模式应该是集中发生在电池的边缘位置，即为暗边；暗边特征就是电池边缘四周位置的EL图像较暗。亮栅即在主栅位置EL图像特别亮，亮栅的发生主要与焊带和Ag栅线之间的焊接失效有关，焊接裂纹从电池边缘向主栅中间位置延伸。EL图像中亮栅位置是电致发光图像

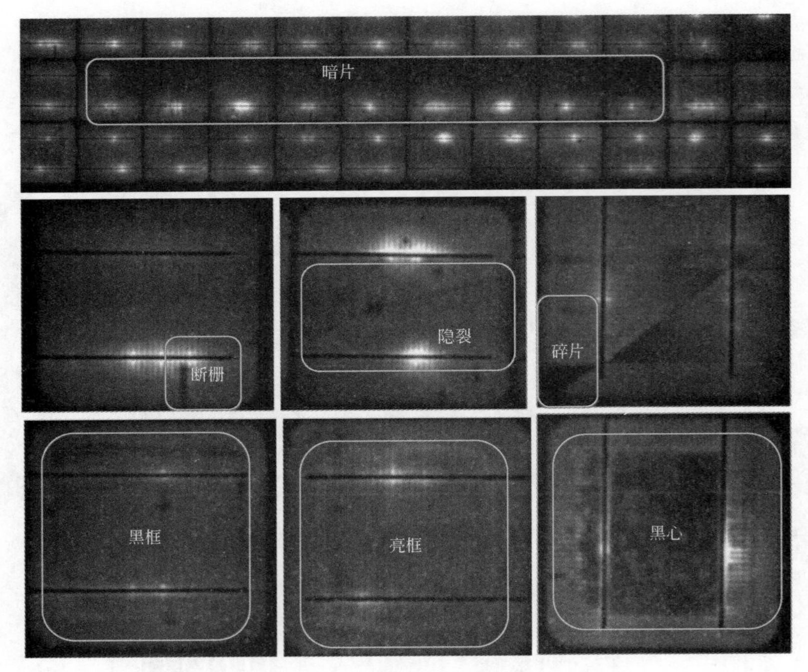

图 7-19 SM55 EL 图像

采集时正向偏置电流集中的位置，与 Ag 栅线依然存在电接触；实际亮栅位置并不是缺陷本身，而是说明焊接裂纹已从电池边缘开始扩展。焊带与电池主栅之间的裂纹之所以从电池边缘开始扩展，是因为电池与栅线之间热膨胀系数不同，导致电池边缘位置内应力最大，所以电池边缘位置焊带与栅线之间最先开裂。而当焊带与主栅之间的焊接完全失效时，亮栅就会消失，焊接失效的主栅附近区域在 EL 图像里会比较黑暗，这时另外一条焊接完好的主栅会表现更加明亮。这些缺陷都会引起组件的串阻增加，导致组件的填充因子下降，最终使得组件最大功率发生衰减。

由于此批组件数量较大，我们根据电性能将其分为 13 组，每组 144 块组件，并安装于中国各个地区的典型气候环境，形成并网系统。这组交叉试验主要用来监测不同地区老组件的运行性能和组件各个材料的后续可靠性，为室内等效加速试验提供更为客观的一手数据。截至目前这些组件已经在多个地区安装完成，包括广东、河南、青海、新疆、湖北、海南等地。

总体来说，从外观来看，Solarex 多晶组件外观变化最为严重，EVA 出现严重变黄和脱层现象，背板开裂粉化比较严重，电池栅线腐蚀、隐裂较多；BP270 单晶组件玻璃上积尘、油污难以清洗干净，组件碎裂比例较大，EVA 有轻微变色，背板出现开裂现象，边框密封胶失效；SM55 单晶组件外观最为完好，组件背板、EVA、电池都无大的缺陷。但是，对比 3 种组件的电性能衰减，Solarex 多晶组件衰减最小，1986～2008 年，功率年平均衰减 0.29%；BP 单晶组件在 1987～2008 年间年平均衰减率为 0.56%，但是在 2009～2014 年间年平均衰减 2.46%，原因是外界环境发生了变化，后面 5 年间可能由踩踏和玻璃表面脏污引起；Siemens 单晶组件功率衰减则最为严重，1996～2014 年功率年平均衰减为 1.47%，主要原因是盐雾环境下电池栅线的腐蚀与焊接失效引起了组件内部串阻增加。

由此可以看到，这3组组件的差异很大，而且外观和功率的变化没有必然的关系，而运行环境是影响光伏组件功率衰减的最主要因素。所以，在不同的环境下，封装材料的老化、电池性能的老化究竟是怎样的，对组件的外观和电性能衰退影响有多大，是一个非常复杂的研究课题，而且随着各种新型电池技术、新型封装材料的不断出现，户外不同环境的可靠性评估变得越来越难，并且随着光伏装机容量的快速增长也越来越重要。

7.4　光伏组件的回收

全球光伏发展迅速，2022年全球新增光伏容量达到230GW，到2022年底，全球累计光伏装机量超过1100GW，进入“TW时代”。2022年我国新增光伏装机量87GW，我国光伏累计装机容量超过390GW，居世界第一。到2030年，全球光伏年新增装机容量至少要达到1500GW，并且在后续二三十年中保持这样的持续势头，才能有效支撑碳中和目标。随着光伏大规模的应用，退役和废旧光伏组件的回收利用也成为越来越突出的问题，同时也为行业带来了新的产业链挑战和机遇。

根据国际能源署于2022年7月发布的最新报告《太阳能光伏全球供应链特别报告》，预计到2030年，全球退役太阳能光伏容量的累计容量将达到7GW左右，到2040年可能会达到200GW以上。因此光伏组件的回收工作非常重要，并且变得越来越紧迫。

7.4.1　现状

世界各国纷纷布局光伏组件回收技术与产业，欧盟2007年在布鲁塞尔成立了“PV Cycle”组织，旨在支持欧洲的光伏生产商、供货商、安装商和进口商以有效的方式履行废旧物处置的强制义务；2014年欧盟将光伏组件纳入报废电子电气设备指令（WEEE Directive，Waste Electrical and Electronic Equipment Directive），作为消费性电子产品实施强制回收。法国2018年8月在Roosset市建成了欧洲首座光伏组件回收工厂；韩国从2023年开始实施生产者责任延伸制（EPR，Extended Producer Responsibility）；澳大利亚将光伏组件回收列入“生产管理行动2011”（Product Stewardship Act 2011）；美国各州都制定了相应的光伏回收政策；日本虽然尚无光伏回收制度，但在日本新能源综合产业开发机构NEDO的支持下，已经实施多项光伏回收研发示范项目，也已经形成可商业化的技术路径和模式。

中国自“十二五”“十三五”期间就开始部署光伏回收科研和示范项目。2017年12月27日，工信部、科技部两部委发布《国家鼓励发展的重大环保技术装备目录（2017年版）》，将“废晶体硅太阳能电池板资源回收成套装备”纳入该目录，旨在引导废弃光伏组件处理技术装备研发与产业化对接；2018年7月30日，科技部发布《“可再生能源与氢能技术”重点专项2018年度项目申报指南》，将“晶硅光伏组件回收处理成套技术和装备”纳入该指南。针对我国晶硅光伏组件寿命期后大规模退役问题，研究光伏组件环保处理和回收的关键技术及装备。2022年2月，中国绿色供应链联盟光伏专委会牵头正式成立了“光伏回收产业发展合作中心”（以下简称“光伏回收中心”），致力于光伏回收技术创新和评价、光伏回收关键装备研制和示范、光伏回收市场发展和培育、光伏回收标准体系制定和推广、光伏回收政策法规研究和建议，促进国际交流与合作，探索光伏回收投融资和商业模式，继续全方位推动光伏回收的相关工作。到 2022 年底，光伏回收中心已有会员单位六十多家，并且在 2022 年底发布了《中国光伏回收和循环利用白皮书》，介绍了光伏回收的现状、技术发展、标准等，为政府主管部门、科研机构、行业协会、企业、技术人员等了解光伏组件回收提供了很好的途径和平台。

7.4.2 当前技术发展

以常规背板光伏组件来说，其中各种材料按照质量占比，玻璃大约为 70%，铝大约为 18%，EVA 大约 5%，硅大约 3.5%，而铜和银的含量很低，其中银含量仅为 0.05% 左右。如何把层压件进行拆解，并对拆解出来的组分进行细分，最后得到硅、银、铝、铜，是最关键的技术，也是目前的难点，各个国家都在进行技术研究和攻关。

光伏组件回收是组件封装的逆过程，主要可以分为 3 大步。第一步，从组件上拆掉边框和接线盒，得到层压件。铝边框和接线盒一般都是通过硅胶黏结在层压件上的，所以一般使用机械拆除法。一般用刀片把接线盒底部的硅胶拆除，从层压件剥离；对于铝边框的拆除，可以先用刀片划开黏结型材腔体和层压件的硅胶，然后靠机械外力把层压件铝型材腔体拉脱。第二步，把层压件进行拆解，得到玻璃、电池、背板、焊带、胶膜或它们的混合物。第三步，对得到的电池、焊带或混合物进行组分细分，回收纯度更高的材料组分，比如硅、银、铝、铜等。

第二步中比较困难的是如何把胶膜（如 EVA 或者 POE）分离出来。因为胶膜都是交联型，在封装时一般要求交联度大于 70%，且 EVA 与背板和玻璃的黏结力分别大于 15N/cm 和 40N/cm，最重要的电池片又封装在 2 层胶膜中间，这些都给回收拆解带来很大的困难。目前有物理法、热解化学法和溶剂化学法三种方法，可以根据不同的组件和条件进行灵活应用。用这三种方法拆解之前，建议最好先拆除背板（例如采用加热＋机械剥离的方法）和玻璃（例如热刀切割），得到电池片和胶膜的组合组分，并拆解电池区域、非电池区域等，方便后续操作。

物理法：拆除边框和接线盒之后的层压件，可以采用机械法进行破碎和研磨，一般要经过多级破碎，比如一级粗碎、二级细碎、三级研磨等。物理法除了机械破碎外，还可以采用高压脉冲破碎。破碎后得到的混合物料需进行物料分选，常用的分选方法包括密度筛分法和静电分选法。物理法过程基本没有其他物料的消耗，操作简便，但分离出来的物料纯度是有限的，比如硅粉中会含有一定量的金属和玻璃，玻璃粉或金属粉中也会含有一定量的硅，如不能满足回用品质要求，可进一步与化学法结合进行物料组分的纯化处理。

热解化学法：通过在高温下的热解化学反应使 EVA 分解去除，从而拆分出玻璃、电池片、焊带、汇流条等。EVA 热解过程存在两个阶段：第一阶段发生在 300～400℃之间，该阶段主要破坏酯键结合，释放出乙酸；第二阶段在约 400～520℃的温度下发生，剩余有机体继续断链生成烯烃及烷烃等的混合物。为使 EVA 热解产物去除干净，热解可在含氧气氛中进行，分解产物被氧化生成二氧化碳。由于背板中含氟，如果与 EVA 胶膜一起热解，会产生含氟物质排放，污染危害环境。因此，在进行热解处理前，先将背板拆除是较好选择。大尺寸光伏组件可采用固定床热解炉处理，连续化批量处理可采用隧道窑；颗粒状物料处理可采用流化床热解炉，物料与热解气氛接触更充分，胶膜去除更彻底。

溶剂化学法：溶剂化学法指将光伏组件浸到有机或无机化学溶剂中，通过化学反应溶解EVA，破坏其界面黏结力。无机溶剂常用的是硝酸，腐蚀性强，但同时会破坏电池片，比如溶解电池片上的银。有机溶剂可选用的较多，效果较好的主要有三氯乙烯、甲苯、四氢呋喃、邻二氯苯等。由于化学溶剂只能从电池片的四周边缘往EVA胶膜内渗入，整体胶膜的黏结强度弱化需要几天乃至更长的时间。

由上述分析可知，物理法、热解化学法、溶剂化学法三大类晶体硅光伏组件拆解方法各有利弊。好的拆解方案应该是依据所要拆解回收的光伏组件状况将这些方法进行有机结合，取长补短，从而获得最佳拆解效果。

为得到高纯硅料或硅片，需将电池片前后表面上的所有电池结构去除。针对电池前表面，通过硝酸溶解去除银栅线，通过磷酸或氢氟酸溶解去除氮化硅钝化减反射层，通过氢氧化钠腐蚀去掉高掺杂硅扩散层。针对电池背表面，通过硝酸溶解去除铝银栅线，通过氢氧化钠腐蚀去掉铝电极、铝硅合金层、铝掺杂背场层，之后通过半导体清洗工艺将所得硅料或硅片表面清洗干净，得到的硅纯度可与原硅片纯度相当。

对于存在于电池片表面金属栅线中的贵金属银，首先采用硝酸与银反应生成硝酸银，从而将银转移到溶液中，之后再将银从溶液中提取出来，目前主要有三种方法：电解、置换和沉淀。

电解：将硝酸银溶液作为电解液进行电解还原，获得银单质。电解效率与硝酸银浓度有关，银离子浓度过低，电解效率下降。电解法获得的银单质纯度高，但耗电量大，成本高。

置换：采用活性比银大的金属比如锌、铁等与银离子发生氧化还原反应，置换出银单质，得到的银为泥状物，要想使用，需进一步处理，比如火法熔炼。

沉淀：常用方法是往硝酸银溶液中加入含氯离子或硫离子的盐，得到氯化银或硫化银沉淀，之后可通过碱性溶液将沉淀转换为氧化银，再采用合适的化学试剂将其还原为银单质。

目前在国内，国家电投黄河水电、英利、晶科都分别建成产能≥11MW/年的成套工艺示范线，采用不同的方法，整体来说，质量回收率都可以实现≥92%，其中玻璃和铝材可实现100%的回收，硅、银、铜可实现回收率≥93%，为光伏组件回收打下了重要基础。

上述介绍的是晶体硅光伏组件、薄膜组件的回收，回收相对容易。这里介绍市场上最主要的碲化镉（CdTe）薄膜光伏组件回收。碲化镉薄膜组件一般都是双层玻璃结构，在镀有TCO导电层的前玻璃板上通过镀膜方式沉积生长相对应的由多层半导体材料层和金属层构成的太阳电池，然后再通过胶膜（如PVB）和背板玻璃进行层压和封装。在回收处理技术上，首先拆除接线盒和边框（如果有），然后进行破碎和研磨，之后采用硫酸和双氧水混合溶液对得到的碎颗粒和粉体进行化学处理，此时以碲化镉为主的各半导体层溶解，通过固液分离，比如过滤、过筛等，得到玻璃、胶膜以及溶有各类半导体元素的溶液；之后对玻璃和胶膜进行水洗，可以回收干净的玻璃和胶膜等；溶有半导体元素的溶液再通过置换、沉淀等化学反应，可以将半导体元素回收出来，进行脱水干燥后可以得到半导体原料。所得到的半导体原料可以根据后续回用的具体要求再进行提纯精炼。

这里也介绍一些早期世界各国实验室的一些案例，供读者参考。

1. 无机酸溶解法

比利时 BP Solar 公司的 T. Bmton 等人将无背板的 36 个电池片组成的组件在 60℃的硝酸中浸泡 25h，分离了 EVA、玻璃板和电池片。在与热硝酸反应后，电池和玻璃中间的交联 EVA 被溶解干净，同时也把电池片上的银栅线和银铝浆等也浸出，虽然不能取出完全无损的太阳电池，但是可以把破碎的电池片去掉 PECVD 减反射膜和金属层后，回炉提炼成可以利用的硅。另外硝酸是强酸，与聚合物反应会生成有毒气体，因此操作者需采取防毒措施。

2. 有机溶剂溶解法

日本东京大学 Takuya Doi 等人试用有机溶剂溶解法从光伏组件中回收太阳电池，通过对各种有机溶剂筛选，发现采用三氯乙烯作为溶剂，在 80℃下，EVA 可以有效溶解。采用有机溶剂溶解法会使 EVA 溶胀，导致电池破裂，不能无损取出电池，且必须对组件加压，时间需要 7 天以上，而且有机废液处理较难，回收效率太低，不适合产业化应用。

韩国江源国立大学 Youngjin Kim 等人利用三氯乙烯、邻二氯苯、苯和甲苯等有机溶剂对光伏组件中的 EVA 进行溶解，并辅助以超声波，研究了不同溶剂的浓度、温度以及超声波功率和超声波辐射时间对溶解速度的影响。研究结果显示：在超声波功率为 900W，温度为 70℃条件下，EVA 在 3mol/L 的邻二氯苯中可在 30min 左右完全溶解，且回收回来的电池片没有任何裂纹，而苯、甲苯、三氯乙烯在同样条件下溶解 EVA，溶解完后电池都有裂纹。所以如果需要取出整片电池做研究，这是个相对较好的方法。

3. 热处理方法

瑞士 Soltech 能源公司的 L. Frisson 等人利用高温流化床法进行电池组件的回收试验，在 450℃的 N_2 环境中可将 EVA 及背板在 45min 左右去除，在 N_2 流速及流化床沙粒速率控制适当的条件下，电池的回收率可达 80%以上，玻璃的回收率接近 100%。该法的原理是：使细沙在高温流化床内随气体流动，通过机械力作用使流化床内的 EVA 和背板气化，从而分离玻璃和电池，气化产生的废气则可以进入二次燃烧室，作为反应器的热源。

德国康斯坦茨大学 E. Bombach 等人用高温分解的方法来回收电池和钢化玻璃，所用样品是在德国佩尔沃姆岛上运行了 23 年的光伏组件，电池规格是 100mm×100mm×0.4mm，组件种类不一，所用封装材料一部分是 PVB，一部分是 EVA。试验时，将光伏组件放入马弗炉或焚烧炉中，设置反应温度为 600℃，反应结束后将电池、玻璃和合金边框等通过人工进行分离。结果 400 μm 厚的电池片有 84.5%可以完整回收，塑料类则全部进行热处理。完整回收后的电池片可通过酸碱去除表面的涂层，得到纯净的硅片，直接回收利用。

4. 有机溶解与热处理联用法

韩国忠南国立大学 Sukmin Kang 等人先将光伏组件在 90℃甲苯溶剂中浸泡 2 天，再把光伏组件中的钢化玻璃分离出来，然后将表面含有溶胀 EVA 树脂的太阳电池在氩气气氛中升温到 600℃，保持 1h，EVA 能够完全分解清除，但回收的电池是完全破裂的，回收效率不高，工序也有些复杂。

7.4.3 国内相关标准

光伏组件回收作为一个新起步的技术，需要建立相关标准体系来规范来技术基础和评判标准，避免无序竞争，促进技术进步。在中国光伏行业协会的推动下，相关的光伏组件回收标准已经发布或者在建立中。

2017年9月18日，中国光伏行业协会发布团体标准《晶体硅光伏组件回收再利用通用技术要求》(T/CPIA 0002—2017)，该标准由中国电子技术标准化研究院、珠海中建兴业绿色建筑设计研究院有限公司、英利能源（中国）有限公司、常州天合光能有限公司等行业代表单位参与编制，主要规定了晶体硅光伏组件回收再利用的术语与定义、基本原则、收集、运输、贮存、拆解、处理、再生利用等，是最早用来指导光伏组件回收的一项规范，为光伏回收市场提供了参考。

2020年9月，为了进一步明确晶体硅光伏组件报废评判的技术要求及测试方法，中国光伏行业协会下达《晶体硅光伏组件报废判定指南》协会标准的制定计划的通知，该标准由无锡市检验检测认证研究院（原无锡市产品质量监督检验院）牵头编写，由中国光伏行业协会标准化技术委员会负责技术归口和管理。该标准规定了晶体硅光伏组件报废评判的判定技术要求和实验方法，为组件的判废提供了技术及数据支撑，于2022年12月30日正式发布。

除此之外，为了完善晶体硅光伏组件回收再利用标准体系，推动废旧光伏组件回收处理企业技术规范建设发展及废弃组件的包装、运输、贮存标准化建设，青海黄河上游水电开发有限责任公司及国家电力投资集团青海光伏产业创新中心有限公司牵头编制CPIA团体标准《废旧光伏组件回收处理企业技术规范》及《晶硅光伏组件回收包装、运输、贮存技术规范》。其中《废旧光伏组件回收处理企业技术规范》标准明确废弃光伏组件回收处理的细则，包括回收主体责任、处理企业的资质认定等，该标准的制定有利于维护行业正常的市场秩序，保证资源的有效利用。《晶硅光伏组件回收包装、运输、贮存技术规范》标准对待回收光伏组件从光伏电站输送到回收现场进程中的包装、运输、贮存、二次搬运、质量证明、安全性等方面都提出了明确的要求，这将提高运输包装及仓储管理效率，对提升待回收组件的整体质量和回收效果有重要意义，目前以上两份标准均已立项，标准草案已于2022年10月份编制完成。

7.4.4 难点和建议

经过近十年的努力，光伏回收的主要技术路线、关键装备和成套示范、配套标准体系都已初步形成，然而面对国内即将形成的巨大回收需求和市场增长，光伏回收产业和技术还面临一些问题：在基础研究方面，有待更新、更精准的市场规模预测，有待继续开展、新结构新材料组件的回收新方法研究，有待建立组件全生命周管理信息和溯源系统；在标准和评估方面，缺乏完善的组件回收处理标准体系，缺乏大规模回收处理的经济性数据，缺乏组件回收的主体责任和商业模式，对于回收企业的规范管理和资质认定办法缺失；市场引导和激励政策等支撑体系也基本空白。

光伏组件回收作为光伏产业链的最后一个环节，应形成健康发展的绿色闭环。光伏回收产业发展应关注以下几方面：

① 明确责任主体，联合协同，探索光伏回收EPR发展新模式；

② 完善相关标准，规范行业体系，实行光伏回收主体的资格认定；

③ 建立公共平台，信息公开，做到光伏回收管理的数据可溯源；

④ 创建回收体系网络，通过“互联网+”和绿色金融助力光伏回收；

⑤ 鼓励国际合作，加快光伏回收示范工程和园区落地；

⑥ 进行可回收的光伏组件创新设计和配套材料开发。

复习思考题

1. 光伏组件的常见失效模式有哪些？
2. 简述光伏组件的热斑效应以及解决方法。
3. 光伏组件所用的旁路二极管的作用是什么？
4. 简述光伏组件的PID效应、形成原因和解决方案。
5. 思考光伏组件可靠性评估的难点。
6. 思考讨论光伏组件加速老化的测试标准和测试方法。
7. 光伏组件可靠性评估和测试的标准有哪些？
8. 简述国内光伏组件回收的进展情况。
9. 简述光伏组件回收和处理的三大步骤。
10. 思考光伏组件回收和处理的难点和解决方案。

第 8 章

光伏组件技术发展概述

最近十多年来，在广大光伏科技人员与生产企业的共同努力下，光伏组件的功率基本上以每年提高 5W 的速度不断提高。与此同时，光伏组件的生产成本也在不断下降，目前（2018 年）市场售价相对 2005 年已经不到 10%。根据光伏组件成本的下降趋势，加上其他光伏部件如逆变器、支架等的技术进步和成本下降，多个机构预测，目前光伏发电已经基本实现平价上网。

根据 2022 中国光伏产业发展路线图，在全投资模型下，在基于 1800h、1500h、1200h、1000h 等效利用小时数的条件下，地面光伏电站的 LCOE 分别为 0.18、0.22、0.28、0.34 元/kWh，分布式电站的 LCOE 分别为 0.18、0.21、0.27、0.32 元/kWh，已经低于煤电成本 0.36～0.72 元/kWh，有较强的竞争力。

8.1 光伏组件功率和成本发展

8.1.1 功率发展和提效技术

十多年来，组件的材料和工艺技术的进步，使得组件功率不断提升。例如镀膜玻璃相对非镀膜玻璃透光率提高 2%～3%，使得组件功率提高 2%以上；背板的反光率从原来的 75%左右提高到现在的 90%左右，给组件功率带来 1%以上的增益；焊带的屈服强度不断降低，开发了超软焊带，使得原来的扁平焊带厚度从 0.2mm 增加到 0.25mm，降低了串联电阻的损耗，使得组件功率提高约 1%，并且后来配合多主栅技术，开发了圆形焊带，使得组件功率提升 2%以上；EVA 透光率的提高使得组件功率提高 1W 左右；还有聚光焊带、反光膜的应用也给组件功率带来 1%左右的提高。

除了采用组件材料和工艺提高组件功率，还有从组件电路排版和结构设计进行优化，提高组件功率。例如半片电池组件、多主栅 MBB 组件，叠片组件，还有如前所述增加硅片和电池片尺寸，从而增加单个组件的面积，提高单个组件的功率，因为组件内部的各个间隙基本不变，所以也能在一定程度上提高组件的转换效率，组件功率的提高可以大幅度降低组件的总体成本和客户端 BOS。

光伏组件功率的提升可以分三个阶段：

第一阶段：2012 年之前，硅片尺寸以单晶 125mm×125mm 为主，电池采用 BSF 工艺，组件大多数是 72 片（6 串×12 片）设计，2012 年典型功率在 180W，还有一种 36 片

（6 串×12 片）的设计，2012 年典型功率在 90W。

第二阶段：2012 年到 2017 年，以多晶 156mm×156mm 为主，电池还是采用 BSF 工艺，组件设计大多是 60 片（6 串×10 片）设计，2017 年典型功率为 270W，同期出现 72 片（6 串×12 片）设计，功率达到 320W。2017 年随着单晶比例增加，开始出现 72 片 156.75mm×156.75mm，后来又升级到 158.75mm×158.75mm，电池也开始引入 PERC 高效工艺，同时随着电站系统技术的进步，72 片组件开始全面应用，因此 2018 年开始，72 片单晶组件功率达到 360W 以上。在此之前，组件功率平均以每年一个挡位（5W）的速度逐年提高。

第三阶段：从 2019 年开始，电池片尺寸出现 166mm×166mm，因此组件功率跳跃式进入 400W 时代。但是从 2020 年上半年开始，很快出现 210mm×210mm 和 182mm×182mm 尺寸，组件功率开始进入 500W、600W 和 700W 时代。2022 年 4 月，天合光能率先推出长方形 210mm×182mm 电池和组件设计，打破了传统的正方形硅片和电池设计，使得组件尺寸设计更合理，成本更低，并且利好各个产业链环节，目前多家主流厂商也开始推出不同的长方形电池和组件设计，如 182mm × 183.75mm，182mm × 188mm，182mm×192mm 等。电池尺寸和组件尺寸的演变，使得光伏组件功率实现了质的飞跃，从 300W 时代很快进入 400W、500W、600W 和 700W 时代，大大降低了组件和系统的成本，从而降低了 LCOE。表 8-1 列出了 2012～2022 年的组件典型特征。

表 8-1 2012～2022 年的组件典型特征

组件类型	电池尺寸/mm	电池片数量	电池划片类型	电池片排版	组件主流尺寸/mm	典型功率/W
BSF 单晶电池组件	125×125	72	整片	6 串×12 片	1576×808	180
BSF 多晶电池组件	156×156	60	整片	6 串×10 片	1650×992	250
	156×156	72	整片	6 串×12 片	1956×992	290
BSF 单晶电池组件	158.75×158.75	72	整片	6 串×12 半片	2012×1004	360
	158.75×158.75	144	半片	6 串×(12×2)半片	2024×1004	365
PERC 单晶电池组件	166×166	144	半片	6 串×(12×2)半片	2102×1040	430
	182×182	144	半片	6 串×(12×2)半片	2278×1134	550
	210×210	110	半片	5 串×(11×2)半片	2384×1096	550
	210×210	132	半片	6 串×(11×2)半片	2384×1303	660
	210×182	132	半片	6 串×(11×2)半片	2384×1134	580

注：表格中组件的典型功率，基于当时的电池片尺寸、电池类型和效率，主要表达组件功率变化趋势；2021 年开始研发的 n 型高效电池的组件功率不在本表格体现。

图 8-1 所示为晶体硅电池的效率趋势。

8.1.2 成本发展和降本方向

我国的光伏组件市场在经历了十多年的政策、技术、国际形势影响后，目前已基本平稳，从 2005 年的大约 50 元/W 售价（中国光伏企业出口价）降到现在的 1.5 元/W 左右甚至更低，已经接近平价上网的水平。

目前光伏组件的成本结构大约为：硅片成本 40%，电池非硅成本 23%，组件非硅成

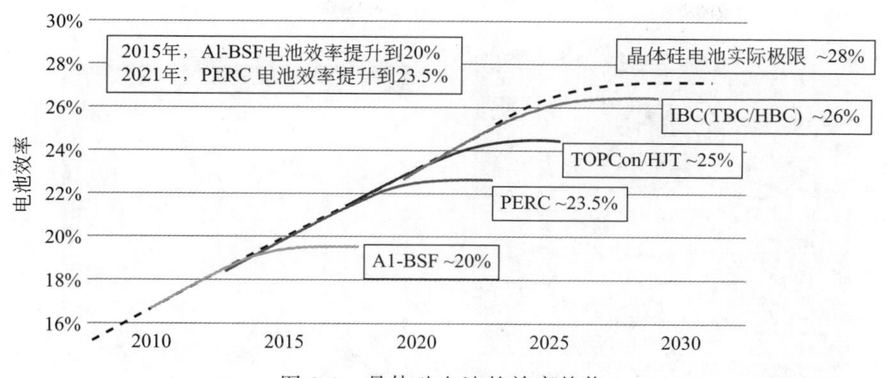

图 8-1　晶体硅电池的效率趋势

本 37%。组件非硅成本主要包括玻璃、EVA、背板、铝边框等，其中铝边框和玻璃所占比例最大。玻璃市场价格波动较大，波动范围为 30～80 元/m^2；铝锭价格相对比较稳定，主要靠优化型材结构和生产工艺来降低成本，铝边框高度从原来的 45mm 降到现在的 40mm、35mm，甚至 25mm，铝边框的米重下降了 50%以上，这也给组件的载荷能力带来了挑战。对于背板而言，从早期进口的 TPT 背板到现在国产的 KPE、PPE、CPC 等各种类型的背板，厚度也在不断减薄，成本得到大幅度降低，价格从早期的大约 100 元/m^2 降到现在的 15 元/m^2 左右。EVA 价格也从早期的大约 45 元/m^2 降到现在的大约 8 元/m^2。硅片价格则主要取决于硅原料的价格，2006～2008 年期间，硅料价格从 50 美元/kg 飙升到了 450～500 美元/kg，最近几年价格也波动很大，在 60～250 元/kg 之间波动，根据硅料生产成本和发展，预计合理的市场价格一段时间内应稳定在 60 元/kg 左右。

8.2　高功率光伏组件

高功率光伏组件一直是研发机构及光伏企业的追求目标，采用高功率光伏把件是降低光伏发电系统 LCOE（平准化度电成本）的重要途径之一，而高效电池（如 PERC、PERT/PERL、IBC、HJT、双面发电电池等）是获得高功率光伏组件的前提条件。也可通过组件结构的创新提高组件功率，如半片电池组件、MBB 多主栅组件、叠瓦组件等。

8.2.1　半片电池组件

随着太阳电池性能的不断提高，单片电池的输出电流、输出电压均得到不同程度的提升，其中输出电流的提升比较显著。然而单片电池输出电流增大，串联电池电路中的电阻功率损耗也会相应增大，导致同种工艺条件下，更高效率电池的组件功率投产比通常较低。为有效降低整个电路的功率损耗，半片电池的组件技术应需而生。

图 8-2 是以 REC 为代表的中间出线半片电池组件版型。所谓中间出线，是指从组件的背面看，三分体接线盒位于组件纵向的中部。

另一种具有代表性的两端出线版型的半片组件如图 8-3 所示，电池串沿组件短边方向排列，接线盒位于组件的长边或短边。

半片电池的制作通常是利用激光切割的方式将太阳电池沿垂直于主栅的方向一分为

图 8-2 中间出线半片电池组件版型

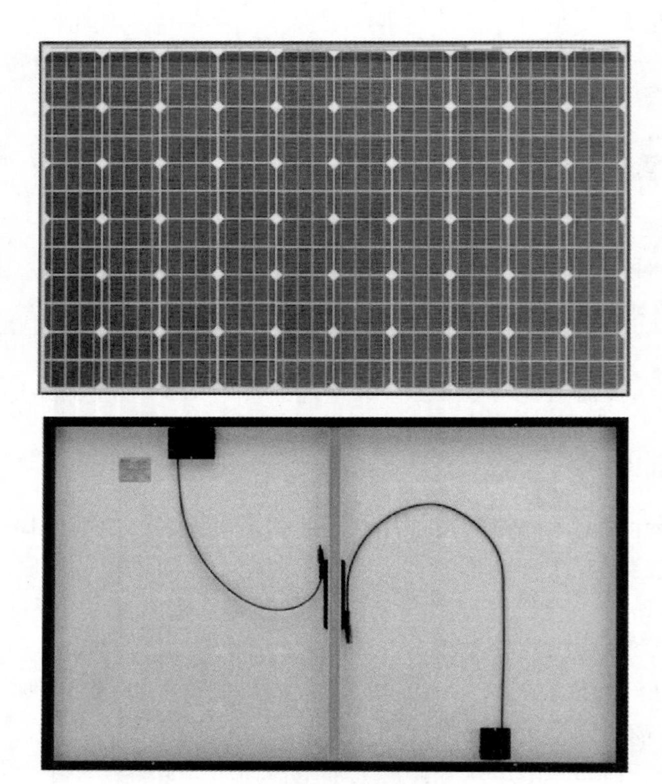

图 8-3 两端出线半片电池组件版型

二，半片电池相对整片电池而言，输出电压基本不变，而输出电流变为原来的二分之一。在叠层过程中，半片电池串之间先进行两两并联，从而得到和整片电池组件相近的电流，然后再进行串联，得到和整片组件相近的电压。通常情况下，半片电池组件的开路电压与整片电池组件基本一致，短路电流略有提升，这主要是由于电池间隙的面积增加，光学利用率有所提高，同时串联电阻的减小也降低了电池本身的功率损耗。因此，半片电池组件相对整片，一般可以提高 1.5%以上功率。

8.2.2 叠片电池组件

叠片电池组件的优点在于美观和高功率密度。叠片电池组件一般把电池片激光切割成 4～5 片，每一小片电池之间有重叠 1～2mm，消除了电池片的间隙，以增加组件的吸光面积，提高组件功率密度和发电效率，但是重叠部分的下方电池片是浪费的，所以会降低组件的 CTM，成本会提高。叠片组件的电池连接采用导电银浆或者导电胶膜进行连接，因为电池数量成倍增加，并且有重叠，所以生产工艺比较复杂，例如隐裂和破片会增加，返工也复杂，因此技术门槛较高，加上成本增加还有专利问题，所以目前还没有大批量生产，只是在一些特殊场景使用。图 8-4 所示为叠片电池组件的电池片连接示意图；图 8-5 所示为叠片电池组件实物图。

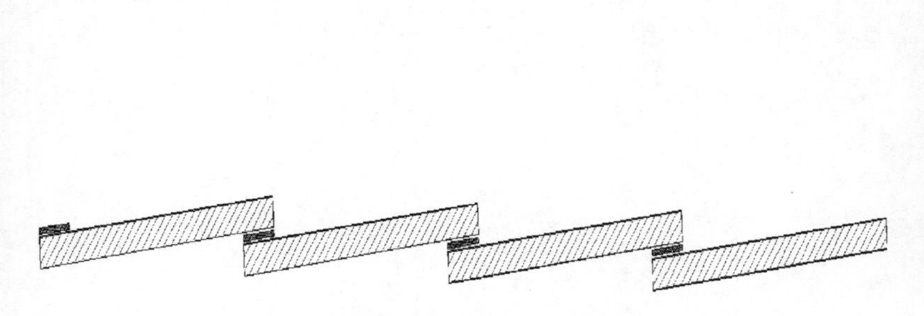

图 8-4 叠片电池组件的电池片连接示意图

图 8-5 叠片电池组件实物图

8.2.3 双面电池组件

随着市场对高发电量、低度电成本的迫切需求，在双玻组件量产化的基础上，国内光伏发电“领跑者”项目对先进电池技术的政策支持下，双面电池技术凭借两面受光发电的优势，结合双玻的组件工艺和户外不同的安装方式，不仅保证了组件的可靠性，同时发电量得到大幅度的提高，因此，从 2016 年开始得到了快速的发展。目前已经达到 50%左右的市场占比，图 8-6 为双面电池双玻组件实物图。

双面电池包括 p 型 PERC 双面电池和 n 型 TOPCon/SHJ 电池。封装后的双面电池组件，根据不同的电池工艺和组件材料选择，目前双面率一般在 65%～85%。

双面组件主要依靠其正面吸收太阳直射光，背面接收地面反射光和空气中的散射光，实现正背面同时发电，所以双面组件的高发电量，除了关键的电池技术外，很大程度还取决于户外的安装方式、组件支架的间距、地表材料的反射率、离地高度、安装角度、是否

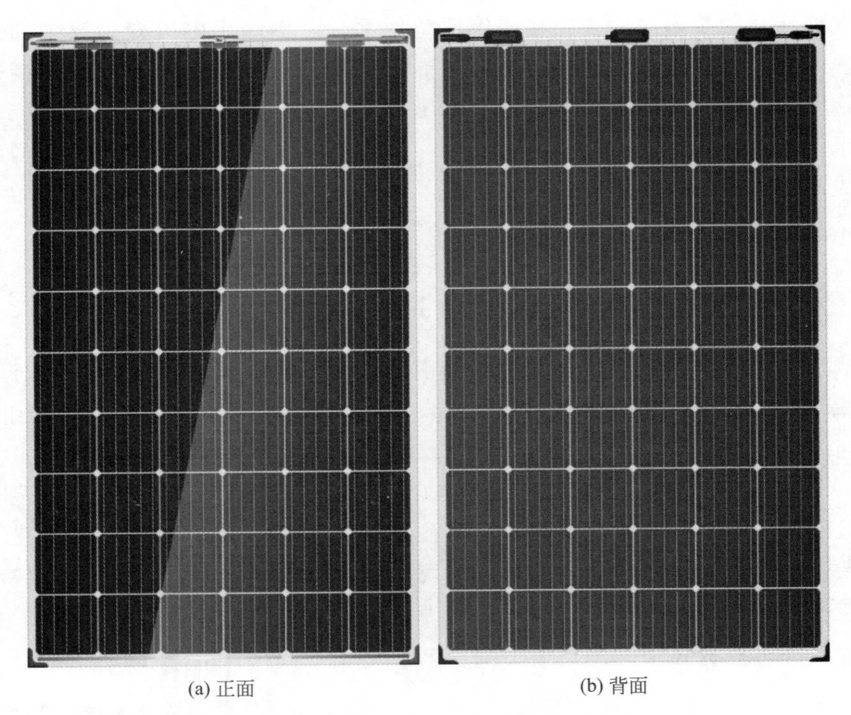

图 8-6 双面电池双玻组件实物图

采用跟踪支架等。图 8-7 为双面电池组件的发电量影响因素，不同场景下，双面组件的发电量增益为 5%～35%，这会大大降低光伏系统的度电成本。

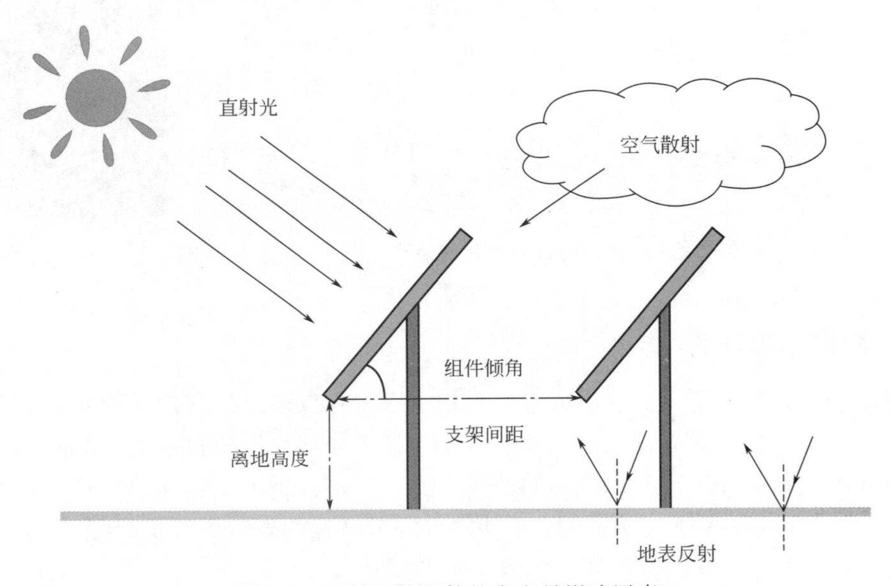

图 8-7 双面电池组件的发电量影响因素

目前，市场上针对常用的地表环境，各厂家采用 p 型双面组件或 n 型双面组件进行了一些研究测试。根据图 8-8，在固定安装方式下，相对常规组件，p 型和 n 型双面组件在草地上的发电量增益为 4.7%～7.1%，沙地发电量增益为 9.7%～15.5%，白色地表发电量增益为 13.8%～26%。理论上一般都认为 n 型背面功率高，发电量增益要比 p 型高，

但是大量实测数据表明，p 型和 n 型双面组件的户外实际发电量没有太大区别，这个可能和 n 型背面的低辐照性能比较差有较大关系。

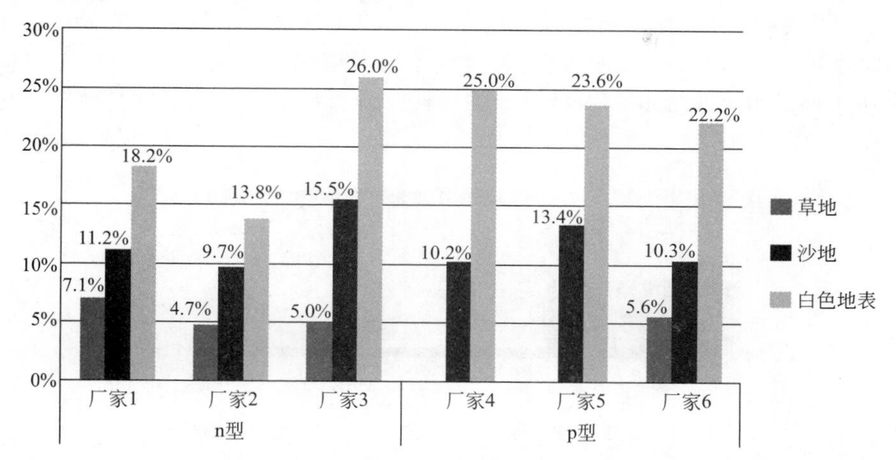

图 8-8 各厂家双面组件不同地表环境下的发电量增益

双面组件的应用和发展大大提高了电站收益，特别是在和跟踪支架组合应用后，进一步提高了发电量，成为光伏行业的新宠儿，为光伏发电的平价上网提供了新的技术。

8.2.4 多主栅组件

一般太阳电池正面都有 3～5 根主栅线，用来收集众多细栅线的电流，并与其他电池的主栅线连接。每根主栅线的宽度为 0.8～2mm，厚度为 0.2～0.25mm。多主栅（Mutli Bus Bar）电池组件（后面简称 MBB 电池或者 MBB 组件，见图 8-9。）采用更多的主栅线

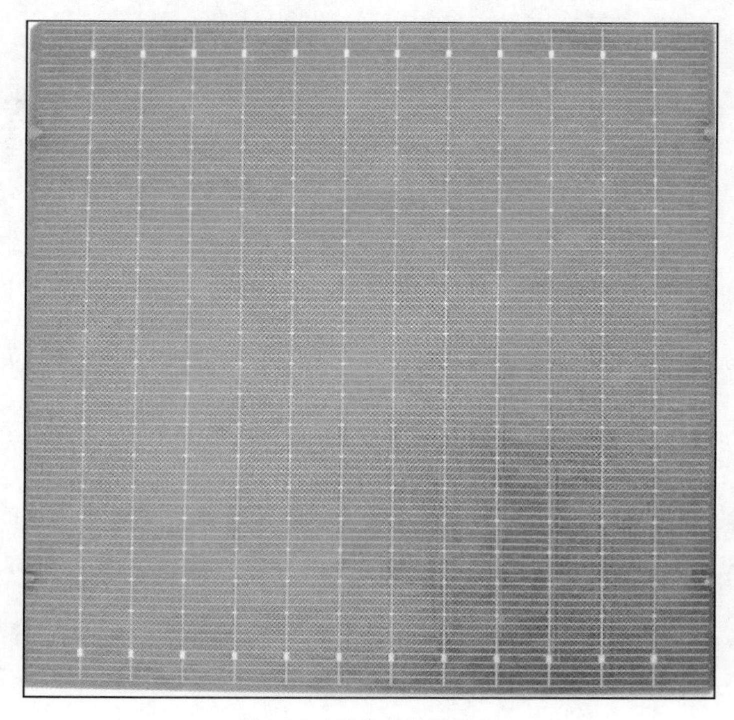

图 8-9 MBB 电池示意图

（通常大于 6 根），并用圆铜线取代了传统的扁平互连条，圆铜线直径一般在 0.2～0.4mm，圆铜线能将入射光线偏转一个角度反射到玻璃界面，再经玻璃反射会电池表面，如图 8-10 所示，这样就增加了组件对光线的利用，从而提高了电池组件的输出电流和输出功率。同时由于主栅线电极之间的距离大幅度缩短（见图 8-11），因此串联电阻降低，组件的输出功率得到进一步提升。经过主、细栅线优化匹配的 MBB 电池组件，其功率可提升 2%以上。

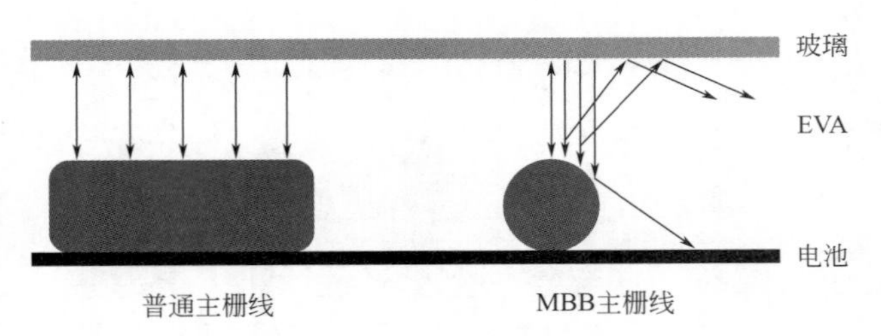

图 8-10 普通主栅线与 MBB 主栅线入射光线的反射效果

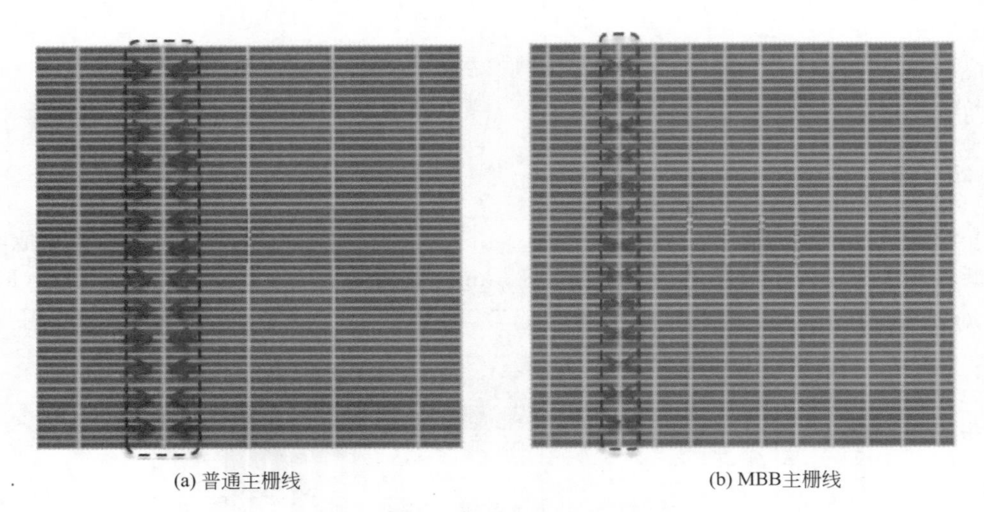

图 8-11 不同电池电流的收集路径

由于 MBB 电极间的距离短，电池表面被分成很多小的网格，如果电池发生破片，破片部分的电流可以被附近的电极所收集，如图 8-12 所示，从而降低了破片引起的功率下降。此外，很多细小网格的存在使得电池在受到热应力及外力作用时，能将这些作用力均匀分散，从而提高了组件的抗载荷能力，组件的长期可靠性也得到一定提升。

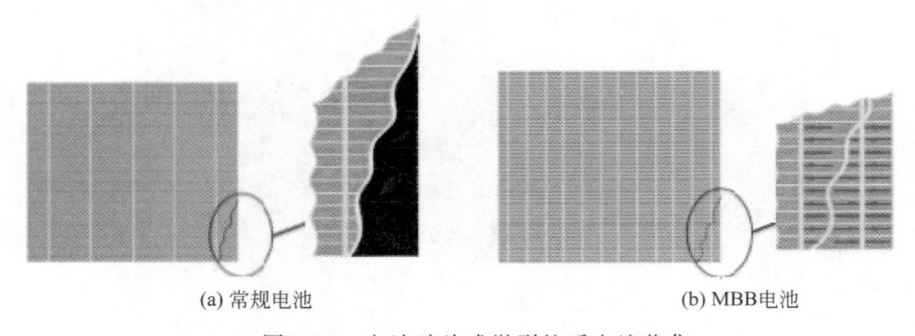

图 8-12 电池破片或微裂纹后电流收集

MBB电池可以减少20%以上的银浆用量，在成本上有很大优势，也很大程度上缓解了银浆资源紧张的压力。MBB电池可以与单晶、多晶、PERC、HJT、双面等主流电池搭配，可以组合成普通组件或双玻组件，具有同样的可靠性。采用MBB电池组件发电，系统的平均化度电成本保守估计会降低1%以上。此外，相对于传统组件的扁平形焊带，MBB组件中的小直径圆形铜线具有聚光效应，使得光线在电池表面的反射减弱，电池表面呈现出漂亮的深蓝色，几乎可以与IBC组件媲美，特别适用于对美学要求比较高的场合。

MBB组件开发主要有三大核心技术需要突破。第一，其采用的圆铜线直径一般为0.4mm左右，如何将很多根细小的铜线准确定位并焊接到细小的主栅线上，形成可靠的电气连接，是这项技术的核心所在；第二，由于主栅线数量增加，电池测试的难度也大幅度增加，如何准确测试并将电池精确分档，是一道技术门槛。因为如果电池分档不准确，会导致组件在进行EL测试时产生明暗片现象，影响输出功率和可靠性；第三，圆铜线的开发也是该项技术的核心所在。

2016年，天合光能率先开始研究这项技术，并且和设备厂商联合开发研制出第一代稳定可靠的MBB焊接设备，成本仅比常规焊接设备高20%左右，同时和焊带厂商联合开发圆焊带，2017年就实现了500MW MBB组件量产。在多主栅电池和组件方面，因为大幅度降低银浆用量，提高组件功率，降低LCOE，这项技术得到了全面的发展，到2020年，这项技术在行业几乎100%采用，同时也为大硅片的应用打下技术基础。

从MBB技术的发展历史看，早期Day4 Energy公司和Mayer Berger公司针对MBB电池提出了无主栅线的设计方案，如图8-13，先将细铜线涂上特殊低熔点合金涂层（铟），然后将其排布在一层很薄的聚合物薄膜上，叠层时敷设在电池表面，再通过层压过程中的压力和温度将细铜线和电池的细栅线连接在一起，这种电极连接方式完全不同于现在广泛采用的传统焊接方式。采用这种设计方案，细栅线会达到24～40根，这就要求圆铜线的直径必须足够小；将这么多数量的细铜线均匀排布在一层聚合物薄膜上，在技术上是一个全新挑战。此外，铜线表面涂敷的铟属于稀有金属，资源稀少，价格昂贵。还有这种电池表面多了一层聚合物，该聚合物的透光性和可靠性也需要考量。

图8-13 Day4 Energy和Mayer Berger提出的MBB设计模型

后来行业有公司开发的技术方案是保留主栅线，将圆铜线涂上常用的焊锡涂层，在主栅线上面设置多个焊点，在每个焊点位置进行局部印刷，成为面积更大一些的焊盘，以利于圆铜线和焊点的可靠连接，之后通过加热的方式（如红外、热风、电磁等），直接把圆

铜线焊接到电池细栅线的焊盘上，如图 8-14。目前行业量产的技术和工艺是基于这个方向发展而来的。

图 8-14　量产 MBB 设计示意图

8.2.5　背接触光伏组件（BC 组件）

背接触光伏组件（BC 组件）是将 IBC 太阳电池的正极和负极都放在背面，所有的电路连接都在背面的组件。由于 IBC 太阳电池的正面无栅线遮挡，入射光子更多，可以增加电池的短路电流密度，同时不必考虑正面栅线的接触电阻问题，可以最大程度优化前表面的陷光和表面钝化性能；同时，由于其正负电极都在电池背面，可以将栅线宽度加大，降低金属和晶体硅接触的串联电阻。

BC 组件互连工艺比较复杂，目前市场上有两种封装工艺：一种是利用焊带直接连接 IBC 电池背面的正极和负极；另外一种是利用导电背板实现电池背面电极的互连。前者的成本较后者的成本低，目前有隆基绿能、爱旭、天合光能等公司可以实现规模应用。BC 组件的功率较同类型常规 PERC 组件约高 20 W，因此具有优异的电学性能。由于 IBC 电池的正负极都在电池背面，焊带产生的应力小，可靠性高。BC 组件表面全黑，极具艺术感，由于其正负电极都在背面，所以双面率比较低。

8.3　组件结构的发展

8.3.1　1500V 组件

从 2017 年开始，随着“全生命周期度电成本”、“平价上网”的呼声越来越高，1500V 直流系统成为行业关注的热点，1500V 组件也陆续面世。从系统的角度看，采用更高的输入输出电压等级，可以降低线损及绕组损耗，电站系统效率预期能提升 1.5%～2%，这意味着更低的系统成本，更高的发电效率。同时，1500V 光伏组件的电池串联数量和汇流箱数量得到大幅度减少，也相应节省了一定的安装和维护成本。

1500V 组件对背板的绝缘性能提出了更高的要求，需要增加中间层 PET 厚度或采用玻璃作为背板，同时也对接线盒、线缆、连接器、电气间隙以及爬电距离提出了更高的要求。

对于双玻组件，背板采用玻璃，玻璃的绝缘不受1500V限制，所以双玻组件对1500V的早期推动起到了重要作用。目前光伏组件的相关材料都已经满足1500V要求，标准规范也很完善，大型地面和工商业都已经采用1500V组件设计，户用分布式应用场景一般仍然采用1000V系统。从2021年开始，行业已经在研究2000V系统，接线盒和逆变器已经有通过认证的，背板难度较大，可以基于双玻组件进行推广和应用，进一步降低度电成本。

8.3.2　双玻组件

从2011年开始，光伏行业开始用玻璃这种非常稳定的无机材料代替传统的有机背板，因为有机材料在户外不可避免地会产生水解脆化、开裂、粉化等问题，而背板失效将使组件内部的封装材料和电池直接暴露在严苛的户外环境中，引发封装材料水解、电池和焊带腐蚀等问题，降低组件输出功率和使用寿命。虽然传统的有机背板可以采用含氟材料作为表层耐候层，并选择耐水解PET作为中间绝缘层和阻隔水气层，或在背板中间加一层防水气铝膜，但这种做法一是使成本增加，而且会有很多随之产生的附加问题。

双玻组件并不是一个新的概念，在薄膜组件以及BIPV上早已广泛应用。由于薄膜组件的发电效率比晶体硅组件低，前期设备投入高，因此至今没有成为主流产品。BIPV将光伏组件与建筑相结合，主要用于幕墙、屋顶等场合，玻璃厚度大，单层厚度一般在5mm以上，应用范围有限。同时早期双玻组件层压良率非常低，只有80%左右，导致成本高居不下，也是没有被大范围推广的原因之一。近几年国内一些公司，如天合光能、晶澳、阿特斯等，先后解决了双玻组件层压良率问题，天合光能和供应商一起开发了2.5mm薄玻璃，替换了早期的3.2mm玻璃，使得双玻组件重量大大降低，因此双玻组件开始全面应用在地面大型电站和分布式电站，并且为双面发电组件提供了封装解决方案。

早期双玻组件的接线盒都设置在玻璃的侧边，汇流条引出线位置容易渗水，引起湿漏电问题，现在都是在背面玻璃上直接打孔，引出汇流条，再和常规背板组件一样接入接线盒，保证了可靠性。2012～2018年，采用2.5mm＋2.5mm无框双玻组件，2019年开始采用2mm＋2mm有框双玻组件，现在1.6mm玻璃的双玻组件已经开始有量产，逐步应用于分布式屋顶电站。

双玻组件采用夹心面包式设计结构，组件中的电池位于结构的中心位置，几乎不受力，使得组件在生产、运输、安装过程中，几乎不会出现隐裂，完美解决了普通组件在户外长期使用易出现隐裂的问题，大大延长了组件的使用寿命。

传统背板组件的功率质保期是25年，双玻组件延长到了30年，这充分显示出各生产厂家对双玻组件质量可靠性的信心。业内大多数人认为双玻组件将会成为光伏组件封装的最终解决方案。

8.3.3　轻质柔性组件

屋顶光伏电站是我国东部城市发展分布式光伏能源的主要形式，但是由于一些屋顶

承重负荷的限制，必须采用轻质的光伏组件。通过新型的透明高分子聚合物材料代替光伏组件的前玻璃，背面材料仍然采用聚合物材料，可以将晶硅电池封装成轻质柔性组件，应用于一些承载能力差的屋顶或者曲面物体上。典型应用就是施正荣博士在2018年的悉尼展会推出一款名为eArche的轻质柔性组件，见图8-15，eArche采用ETFE材料作为前板，封装胶膜除了采用常规的2层胶膜，还在电池片背面增加一层丙烯酸粉末涂料玻纤布，来提高组件的载荷能力和抗冰雹能力。因为取消了玻璃和边框，封装之后的组件的重量相对常规3.2mm玻璃＋背板结构的组件降低70%，具有轻、柔、薄、美的特点。

柔性组件安装一般采用背面黏结的方式，因为具有可弯曲和轻质的特点，在曲面屋顶、承重能力较差的屋顶、移动便携电源、停车棚等应用场景上具有特殊优势。

图8-15　eArche组件图例

8.3.4　易安装组件

易安装组件适合一些规模不大、安装环境复杂的场合，能够用较少的人力物力实现快速安装。

图8-16所示为分别由Paneclaw、Sunpower、Sollega公司推出的几种新型组件安装结构，采用低角度设计，能够实现简单快速安装，但在耐候性、机械载荷、成本等方面存在一系列问题。

图8-16　几种新型的组件快速安装结构

天合光能公司曾经推出了一种新型简易组件安装结构——Trinamount 3，它采用折叠式设计结构，前后2个支脚支撑，在出厂前就已经预先固定好，像铰链一样折叠起来放在组件背后，到项目安装现场后，只需要打开2个支脚，通过4个螺钉固定在龙骨上即可，每块组件安装时间大约为1分钟。图8-17所示为天合光能的Trinamount 3安装结构与实际安装流程。图8-18所示为这种组件结构在大面积屋面的安装实例。该结构设计有如下优点：

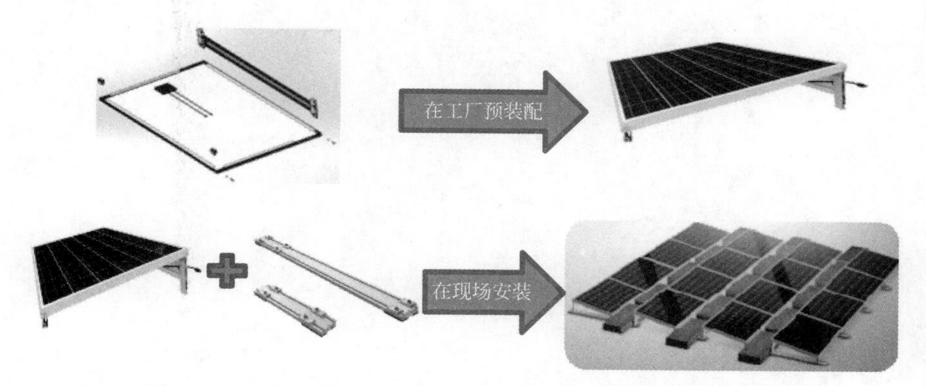

图8-17　天合光能的Trinamount 3安装结构与实际安装流程

图8-18　大面积屋面安装实例

(1) 大部分支架配件已由组件生产商完成预安装，并且能够折叠起来，方便运输流转，现场安装仅需紧固龙骨螺钉，大大提高了现场安装效率；

(2) 不需要破坏屋顶原有防水层，安装灵活，移动方便；

(3) 不需要专业安装人员，安装工具只需要一个开口扳手或者套筒扳手；

(4) 组件重量非常轻，只有11.5kg/m^2，适合安装于承重较差的屋顶，可提高承重安全性；

(5) 该设计通过了严格的风洞测试，达到抗12级台风标准；

(6) 安装布局灵活，适于屋顶结构比较复杂的项目，能充分利用屋顶面积，如图8-19所示。

在欧美国家，安装光伏系统的人工成本已经占到了系统总成本的30%，所以易安装组件对降低系统的初期安装成本具有较大的意义。

图 8-19　比较复杂的屋面安装实例

8.3.5　建筑构件型组件

随着光伏建筑一体化的应用案例增多，国家也不断出台各种政策，专项支持光伏建筑的发展应用。根据国家统计局数据，1985～2021 年存量市场的建筑面积为 658 亿 m^2，按照复合增长率 4%计算，预测 2022～2027 年增量市场的建筑面积总量约为 275 亿 m^2。2022 年 10 月国务院在《关于印发 2030 年前碳达峰行动方案的通知》中要求，到 2025 年，城镇建筑可再生能源替代率达到 8%，新建公共机构建筑、新建厂房屋顶光伏覆盖率力争达到 50%。

从光伏在建筑的不同位置的安装方式来看，一般有屋顶和立面两大方式。其中立面可以分为幕墙和常规墙面。幕墙指立面外围护结构为玻璃的结构部分，墙面指除去幕墙玻璃、窗户等结构的墙体部分的东、南、西三个方向墙体。实际的产品和安装结构设计需要考虑具体场景化的应用。所以，幕墙的光伏建筑构件型组件主要有两种应用形式：光伏附着建筑（BAPV，Building Attached Photovoltaic）和光伏集成建筑（BIPV，Building Integrated Photovoltaic），见图 8-20。BAPV 是指将光伏组件安装在建筑上，形成建筑光伏系统；BIPV 是指将光伏组件作为建筑结构的一部分，例如采用光伏组件代替屋顶瓦片或者构筑建筑幕墙等。

(a) BAPV组件

(b) BIPV组件

图 8-20　建筑构件型组件

BIPV 组件在满足普通光伏组件测试要求的同时，还需满足建筑方面的安全性能和机械性能要求，所以 BIPV 组件大多采用可靠性和机械性能都较高的双玻组件结构或中空玻璃结构，见图 8-21。

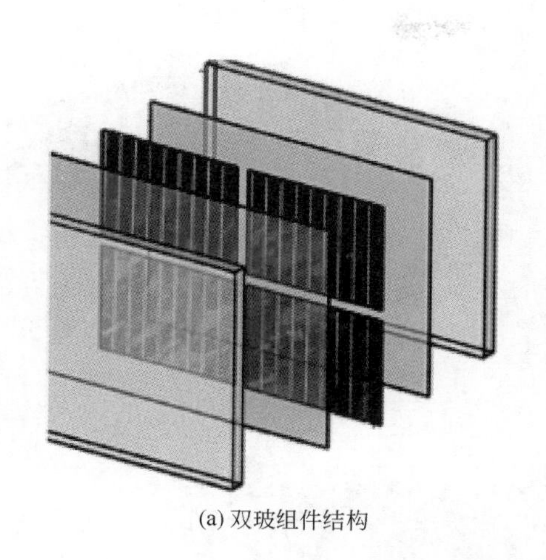
(a) 双玻组件结构

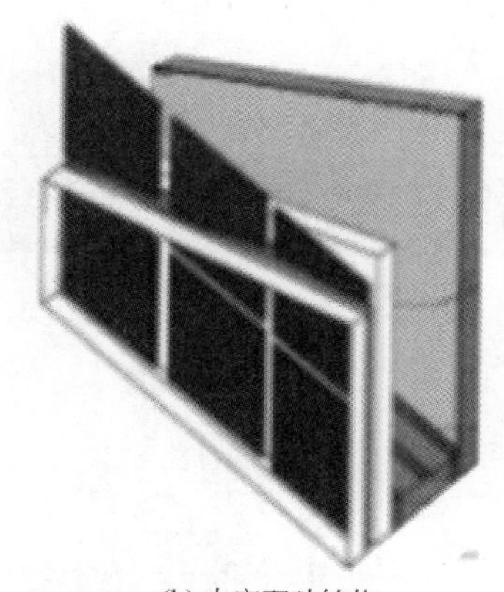
(b) 中空双玻结构

图 8-21 双玻组件结构和中空玻璃结构

不管是 BAPV 系统还是 BIPV 系统，都不需要额外占地，可以有效减少建筑能耗，就地发电，就地消耗。根据使用场景不同，可分为以下几种典型应用。

1. 屋顶类

屋顶类组件可以分成 3 类细分场景。

第一类：厂房和仓库的金属瓦屋顶应用，常规的金常规的应用是在彩钢瓦上安装一层檩条，然后在檩条上安装组件；新型的建筑一体化设计是把传统的彩钢瓦替换成防腐蚀高耐候的镀镁铝锌钢，并且设计和加工成具有与光伏组件安装相匹配的结构，无需另外安装导轨及支架，施工方便，可以降低总体成本，并且提高美观度，适用新建屋顶及既有金属屋顶改造等多种屋顶场景。目前市场上典型的有天合光能的天能瓦（如图 8-22）、晶科的晶彩瓦、隆基隆顶等。

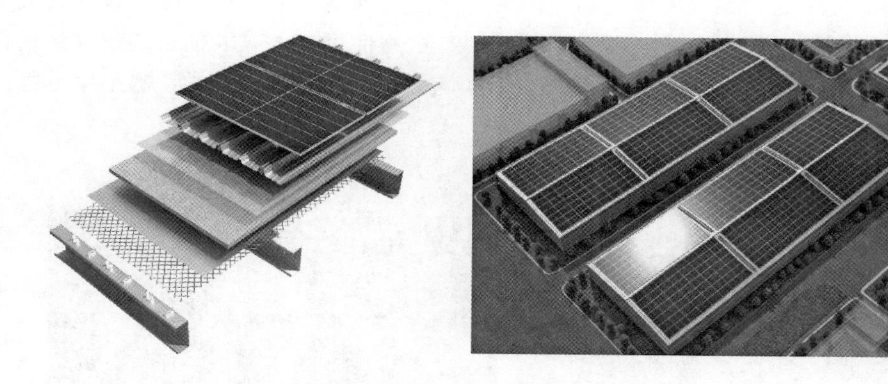

图 8-22 天能瓦结构图和安装效果图

第二类：居民斜屋顶，主要结构为光伏组件＋檩条支架。安装方式从上至下依次为光伏组件、挂瓦条、建筑防水保温隔热层等，排布方式为上下搭接与平复。斜屋顶叠加式组件排布造型美观，建筑完成面整齐，组件与下部檩条结构一体设计，连接可靠，防水、抗风、抗载荷能力强。典型产品有固德威的旭日瓦［见图 8-23(a)］、东方日升的超能瓦、永臻科技的卡博纳瓦、嘉盛光电的黛瓦系列等。图 8-23 所示为斜屋面平铺式实例。

(a) 旭日瓦 (b) 安装示意图

(c) 安装实例图

图 8-23 斜屋面平铺式实例

第三类：瓦片组件。有平面型，曲面型；瓦片的优点是可以契合传统建筑的陶瓷瓦、琉璃瓦等屋面瓦，兼顾建筑美学需求，但是因为组件尺寸小、组件设计和走线等不方便，结构设计复杂，成本高，如果需要设计波浪形，曲面玻璃加工成本更高。在设计过程中要和建筑本身的檩条间距等规范进行匹配设计，使其适用性更广。采取创新的组件结构设计可以使重量较常规陶瓷瓦更轻，色彩比常规瓦片更强烈，结构强度比常规瓦片更强。图 8-24 所示为曲面瓦组件和安装图。

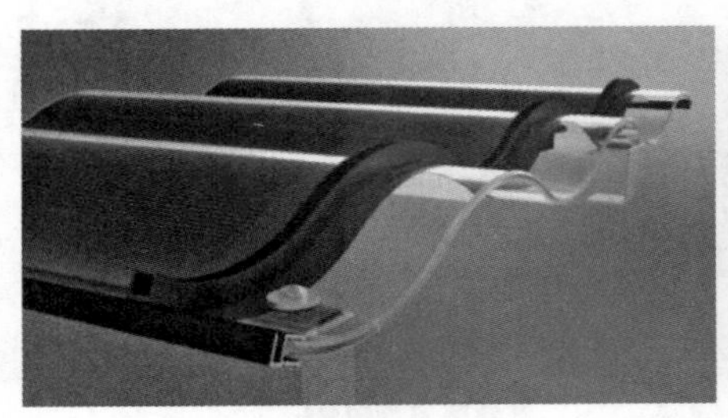

图 8-24 曲面瓦组件和安装图

2. 建筑幕墙

建筑幕墙寿命一般为 25 年，而光伏组件的质保期一般在 25 年以上，从寿命角度看，光伏组件完全适合做幕墙。而且用组件做幕墙，既能发电，又节约了昂贵的建筑装饰材料，外观也更具有魅力。图 8-25 所示为用双玻组件做建筑幕墙实例图。

(a)

(b)

(c)

图 8-25　双玻组件做建筑幕墙实例图

3. 遮阳

BIPV 遮阳组件一般采用双玻组件，双玻组件在将多余日光转换为电能的同时，还能有效保证建筑内部的蔡光亮，目前在窗帘、遮阳棚、农业大棚、车棚、体育馆等方面都有很好的应用，见图 8-26。

另外值得一提的是，薄膜组件例如碲化镉组件，因为透光率可调，外观颜色均匀，因此可于 BIPV 得到比较好的应用。图 8-27 是浙江嘉兴秀洲的光伏科技馆，采用了龙焱科技的碲化镉组件，项目装机总量 454kW，左侧图是幕墙立面的实际效果图，右侧图是从内部看外面的照片，依然保持了良好的透光率。

(a) 光伏体育馆

(b) 光伏遮阳棚

(c) 光伏走廊

(d) 光伏农业大棚

(e) 光伏车棚

图 8-26　BIPV 组件的遮阳应用示例

图 8-27　浙江嘉兴秀洲的光伏科技馆

8.4 智能型光伏组件

智能型光伏组件是指具有功率优化、智能诊断监控、自动关断以及通信功能的组件，其智能功能一般通过安装在接线盒里的集成电路实现。接线盒里设有无线发射装置，用来传输各种控制信号和检测数据。目前智能型组件主要分为带开关功能的自动关断监控型（Switch-off 型）、直流-直流优化型（DC-DC 型）、直流-交流优化型（DC-AC 型）。

8.4.1 Switch-off 型

Switch-off 型智能型组件包括快速关断型组件与自动关断监控型组件。

快速关断型组件能够在系统遇到火灾等紧急情况时，通过交流拉闸或按下紧急关停开关等措施，断开每一块组件的输出，使光伏阵列内任意两点的电压低于 80V，保障系统及人员与财产的安全。光伏发电系统的若干光伏组件相互串联构成串联线路，在正常发电状态下，该串联线路的输出电压通常超过 200V，而一些大型光伏电站甚至超过 1100V，而一旦安装光伏组件的屋顶起火，光伏组串的高电压将给消防人员灭火和救援造成安全危害。为了解决上述问题，美国国家电工法规（National Electrical Code，简称 NEC），明确要求安装在建筑上的光伏组件需要具备组件级别的快速关断功能，也就是快速关断装置启动后 30s 内，安装在建筑物上的光伏阵列内任意两点的电压低于 80V。

自动关断监控型组件能在系统故障达到或超过预警程度时对局部电路进行切断。它同时可以实时监控并传输每块组件的电流、电压、功率等，如果发现某一块组件异常，会通过控制 MOS 管的导通状态把有问题的组件旁路掉，确保其他组件正常工作。图 8-28 所示为 Switch-off 型组件的接线盒控制原理图。

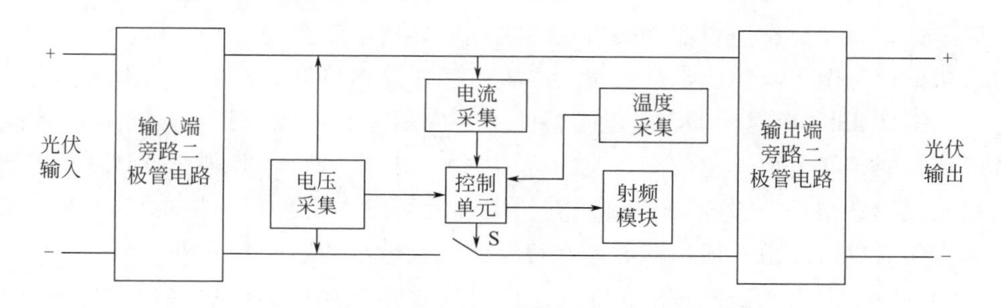

图 8-28 Switch-off 型组件的接线盒控制原理图

Switch-off 型智能型组件的优点是能够在系统故障达到或超过预警程度时对局部电路进行切断，以及在系统遇到紧急情况时，通过交流拉闸或按下紧急关停开关等措施，降低光伏光伏阵列内任意两点的电压到安全电压以下，保障系统的安全；但是接线盒的成本增加比较多，而且因为其监控、控制、通信模块等电路本身需要消耗能量，因而组件输出功率会降低 0.5%左右，因此目前主要安装在加油站等安全等级要求高或某些安全法规具有特殊要求的场合。

8.4.2 DC-DC型

DC-DC型智能组件的接线盒集成了DC-DC电路、通信电路等电路，可以实现MPPT功能，如图8-29；通过在每一块组件上安装智能接线盒，可以监控每块组件的发电性能，从而在发生异常时对每一块组件进行处理，实现组件级MPPT最大功率点跟踪，然后再和常规系统一样在逆变器端进行MPPT，这样可以大大提高系统发电量。

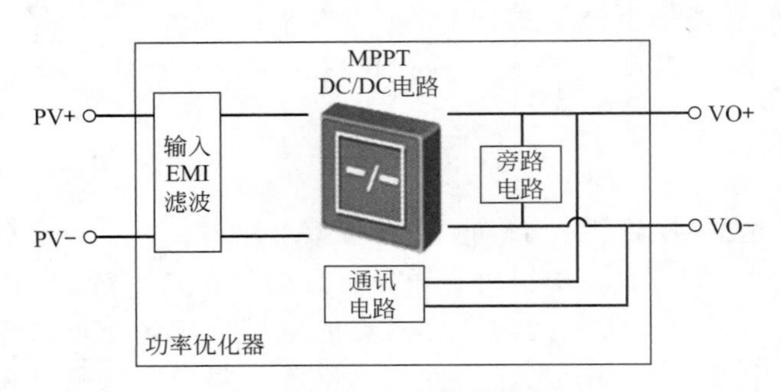

图8-29 MPPT功能模块

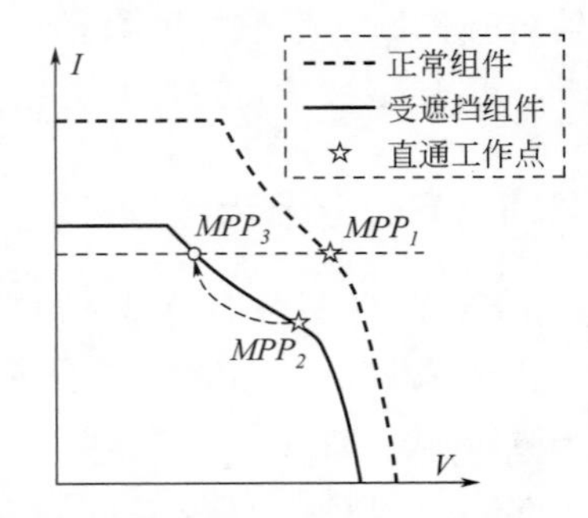

图8-30 DC-DC型组件智能接线盒（优化器）的MPPT跟踪原理

DC-DC型智能组件在局部受阴影遮挡时，其功率变换电路可以自动进行降压和升流，保证电流和正常组件的电流基本一致，从而降低串联过程的失配。图8-30中，组件受遮挡时，最大功率点在MPP_2，经过DC-DC变换，把电流提高，电压降低，可以实现电流和正常组件在MPP_1点处相同，同时基本保证MPP_2到达MPP_3位置，这样保证受到局部阴影遮挡影响的光伏组件运行在当前状态的最大功率点，同时使功率变换电路的输出电流与光伏组串电流一致，保证每块组件以最大功率输出，这样大大降低了一个光伏组串中因电流失配引起的串联功率损失。

也有一些外挂式的智能接线盒，单独安装在组件的边框上或支架上，这样组件就可以采用常规设计，只需要在逆变器里或者在终端上安装接收装置。

因为功率优化器本身需要消耗能量，在没有阴影遮挡情况下，组件输出功率反而会降低1.0%左右，因此当前DC-DC型智能组件主要应用于有阴影遮挡的地方，以提高发电量。考虑到智能接线盒成本比较高，实际应用中可以在有树荫、烟囱等局部阴影遮挡的地方使用智能接线盒组件，没有遮挡的地方使用常规接线盒组件，同样也可以实现优化功能。功率优化器也可以兼具通信功能，在终端实现发电量的监控和分析。

同时DC-DC型智能组件的智能接线盒亦可通过集成相应的模块实现上述Switch-off型智能型组件的快速关断与自动关断监控的功能，保障系统的安全。

长三角太阳能光伏技术创新中心下属孵化企业旭迈思科技公司采用MLPE（Module Level Power Electronics）技术，研发了一款智能优化器及智能组件，能够实现在光伏系统中对单块或几块光伏组件进行区域化控制，不但具有保障系统的安全的快速关断功能，同时采用区域优化技术，能够挽回工商业场景中常见的积灰（图8-31）、前后遮挡（图8-32）等引起的同步失配发电损失。实践数据表明，不同程度的积灰和遮挡场合，常规组件的发电量损失在10%～12%，采用旭思迈MLPE技术，发电量损失可以控制在2%～5%，同比挽回60%～80%发电损失。

图 8-31 彩钢瓦屋顶项目中光伏组件积灰图

图 8-32 分布式光伏项目中光伏组件前后遮挡图

旭迈思科技的 MLPE 技术是把同一块组件电路分为上下两个电路区域进行优化（如图 8-33），在实际系统的线路连接时，一个 DC-DC 模块体可以接入 3 个区域发电单元（每个区域发电单元电池片串长度 20 片，电池片开路电压 0.7V，总开路电压：3×20×0.7V=42V<80V），如图 8-34，这样平均一个智能优化器可以接入 1.5 块光伏组件。在实际应用中，上-1、上-2、上-3 因为积灰不多，所以接入的 DC-DC 也可以用 Swicth-OFF 优化器即可，这样可以降低成本。也可以如图 8-35 所示，对一个 DC-DC 模块体接入 4 个区域发电单元（4×20×0.7V=56V<80V），这样一个智能优化器可以接入 2 块光伏组件。

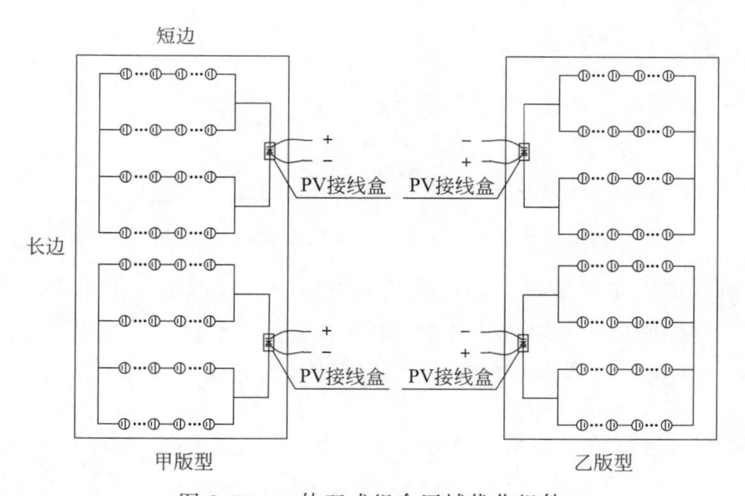

图 8-33 一体双式组合区域优化组件

8.4.3 DC-AC 型

DC-AC 型智能组件将传统接线盒与微型逆变器集成为一个整体，使得每块组件都接有一个微型逆变器，也有外挂式的，每个微型逆变器管 1～6 块组件。DC-AC 型智能组件直接输出交流电，并且能对每一块组件单独进行 MPPT 控制，实现最大发电量，避免了集中式逆变的一些问题，如阴影、热斑等。此外，DC-AC 型智能组件结合通信模块还可以监控和分析发电量，监控各个组件的状态，及时检测到故障组件，从而及时维修。

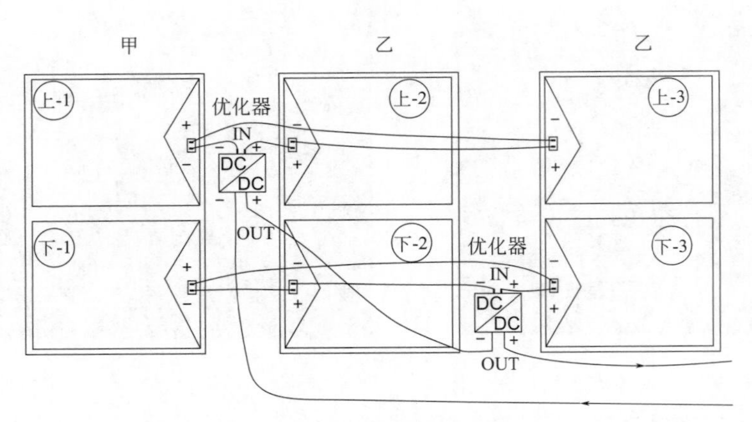

图 8-34 组合式（3 块组合）区域优化智能光伏组件示意图

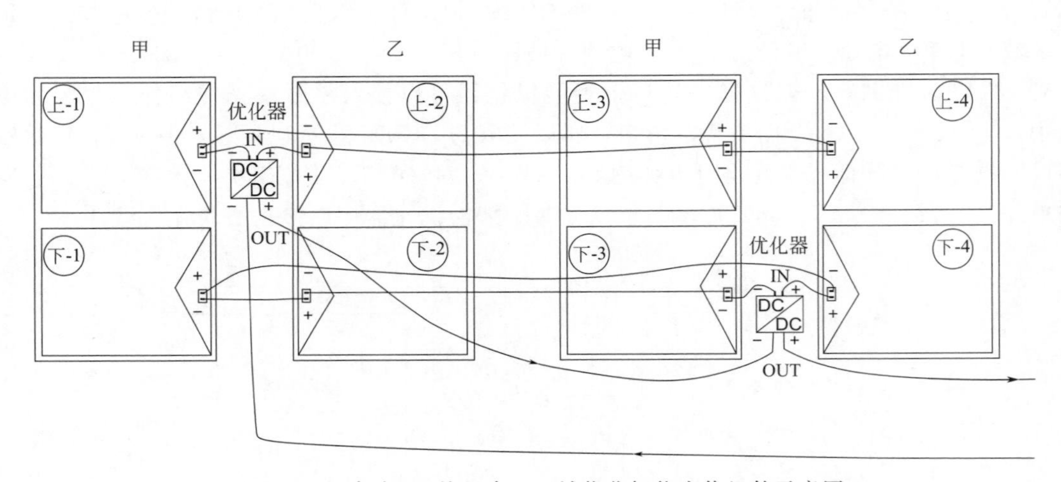

图 8-35 组合式（4 块组合）区域优化智能光伏组件示意图

DC-AC 型组件可以实现每块组件直接接入电网中。目前市场上出现的 DC-AC 型智能组件基本都是基于美国国家半导体公司的 SolarMagic 技术设计开发出来的，代表产品有 Enphase 等品牌，现在也有国内公司在生产，例如昱能科技、禾迈股份、重庆西南集成电路设计公司等。

因为每一个微型逆变器可以单独直接并网，所以，在阴影遮挡比较严重的区域，例如屋顶的烟囱投影区域及建筑立面阴影遮挡没有规律的局部区域，可以采用 DC-DC 智能优化器。

综上所述，各类智能光伏组件，在实际应用中，通信、智能监控、诊断是最基本的功能配置，然后在此基础上实现光伏组件的智能关断、智能报警、功率优化、历史数据查询等功能。

① 运维安全，自动关断。光伏电站突发意外（火灾、短路等）需要运维人员维护时，系统存在的电压对人员和设施都具有巨大的威胁。而具备组件级关断功能的接线盒可以在故障发生时关断所有光伏板的电压输出，保证故障处理的安全性。

② 故障精确定位。光伏智能接线盒每个盒子均具有独立的 ID，电站服务器上列有各组件的排布信息，当某一个组件出现问题时，可将组件的具体位置上传服务器，不需要人

为排查。

③ 自动报警，加快反应时间。光伏智能接线盒可判断组件的工作状态，对异常组件主动报警。

④ 功率优化。智能光伏组件可以对组件的输出电性能参数进行优化，特别是在局部阴影引起热斑和阴影遮挡的时候，可以使发电量提高 5%～10%，同时区域优化技术可以挽回由于积灰、前后排遮挡引发的同步失配发电损失。

⑤ 组件历史发电数据查询及智能运维。光伏智能监控系统能够提供各光伏组件的历史发电数据，便于查询与对比分析组件的性能，区域优化技术还可以通过对上下区域单元的发电数据分析，实现大数据智能清洗运维。

8.5 特殊应用型组件

除了目前市场上的主流组件之外，还有一些特殊应用的光伏组件，目前因工艺、成本等原因暂时未得到市场化应用。本节就几种特殊应用型组件做简要介绍。

8.5.1 光伏/光热一体化组件系统

太阳能利用主要两种形式：一种是将太阳能转化为电能，称为光电利用；另一种是将太阳能转化为热能，称为光热利用。光伏组件在将太阳能转化成电能的同时会产生热能，这些热能会使组件温度升高，造成组件转换效率下降。对于单晶硅太阳电池，温度每升高 1℃，效率下降 0.35%左右。自从 1978 年 Kern 和 Russell 首次提出使用水或空气作为载热介质的光伏/光热一体化（PV/T）系统的概念以来，行业上已有许多研究者对 PV/T 系统进行了理论分析。Bergene 和 Lcvvik 的理论研究指出，PV/T 系统的光电光热总效率可以达到 60%～80%。

光伏/光热一体化组件系统在组件背面设计有流体通道，将流体通道和太阳能热水器利用装置连接起来，不但有效利用了热能，而且降低了光伏组件温度，从而提高了光电转化效率。光伏/光热一体化组件系统在农业干燥、建筑采暖以及生活热水等方面都有广阔的应用前景。图 8-36 所示为光伏/光热一体化示范工程。

8.5.2 集成二极管光伏组件

如果一块光伏组件中的电池受到树叶、鸟粪等污迹覆盖，那么这片电池的采光受到遮挡，将造成热斑效应，即被遮挡的部分将变成阻抗负载而发热。由于组件中的所有电池处于串联状态，根据最小电流效应原理，这一单片电池将严重影响整个组件的输出效率，采用旁路二极管可以解决这一问题。一块传统的 60 片电池组件，其内部电池全部串联，其中相邻的每 20 片电池并联 1 个肖特基二极管。若某片电池遭受遮挡，其余 19 片电池将会因为二极管的旁路作用而失去发电能力，组件的输出功率将产生较大损失。如果在每片电池上都集成一个二极管，就可以降低热斑效应的影响，最大限度保证组件的最大功率输出。

集成二极管光伏组件一般先是采用丝网印刷方法在特定区域印刷合适的浆料，经烧

图 8-36　光伏/光热一体化示范工程

结后利用激光刻槽隔离的方法来制作旁路二极管，二极管的正极位于硅片上表面，即受光面，负极位于硅片下表面，恰好与太阳电池的正负极相反，故需要印刷 6 次，见图 8-37。

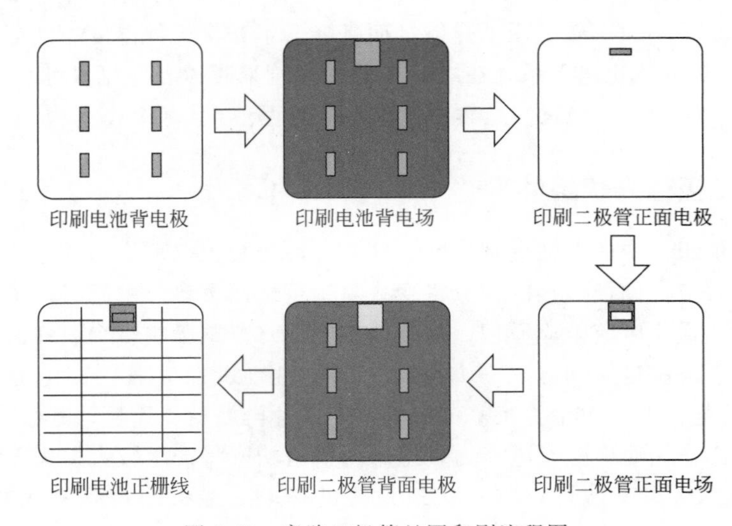

图 8-37　旁路二极管丝网印刷流程图

在进行电池串联焊接时，电池上的旁路二极管和相邻的太阳电池反向并联，保护相邻的太阳电池。图 8-38 是组件的连接方案示意图，图 8-39 是对应的电路连接实物图。

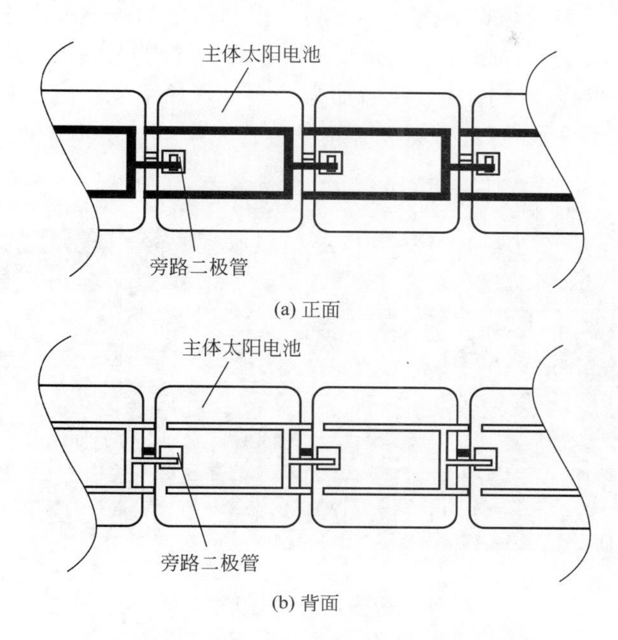

图 8-38 集成旁路二极管组件的连接方案图

图 8-39 集成旁路二极管电池的连接实物图

从图 8-38、图 8-39 可以看到，由于集成旁路二极管 p-n 结方向与主体太阳电池 p-n 结方向相反，旁路二极管与太阳电池之间互连条的焊接可以在同一面上完成，焊接操作简便，不会额外增加上下表面绕焊的操作，有利于控制电池的破损率。这种组件制备流程与常规工艺完全兼容，只是额外增加了三道丝网印刷工序和激光隔离工序。但是，采用集成旁路二极管结构，丝网印刷工序从 3 次增加为 6 次，增加了硅片破损和被污染的风险，生产成本也有所增加。图 8-40 所示为集成旁路二极管光伏组件实物照片。

图 8-40　集成旁路二极管光伏组件实物照片

集成旁路二极管组件虽然可有效减少组件被遮挡时的功率损失，并能使短路电流保持稳定，但其制造工艺复杂，成品率低，因而未能在市场上得到推广应用。

8.5.3　彩色光伏组件

随着 BAPV 和 BIPV 应用比例的提高，建筑对光伏组件美观的要求也越来越高。传统光伏组件一般都是呈现光伏电池片的深蓝色或黑色，但是不符合建筑的美观要求，因此对彩色光伏组件就提出了要求。目前一般通过彩色电池、彩色胶膜、彩色玻璃来实现光伏组件的色彩需求。

通常晶体硅太阳电池前表面采用折射率约为 2.0、厚度约 75nm 的 SiN_x 薄膜作为减反射层，此时电池呈现深蓝色甚至接近黑色，目的是最大程度吸收太阳光进行发电。通过调节 SiN_x 薄膜层的厚度，可以使电池呈现绿色、橙色、红色等，从而可以得到不同色彩的光伏组件，参考图 8-41。但如果采用单层减反射膜改变膜厚，将导致太阳电池的功率出现不同程度降低。为此，一般采用双层减反射膜来制作不同色彩的电池。

彩色胶膜是基于目前市场上一种成熟的光子晶体工艺与技术，利用合成的微纳米球组成阵列结构周期性超材料，通过调整微球的尺寸和排列得到不同的周期特征参数，基于布拉格衍射的原理，实现不同的光学颜色。这个技术可以和胶膜结合，特别是和共挤膜技术结合，形成高可见光透过率下的高选择性彩色胶膜，用于 BIPV 组件可同时满足建筑的美观需求和光伏组件的光老化需求，并且具有非常强的 ESG 效应。

目前彩色玻璃的应用是比较多的，除了实现不同颜色，还能做成仿石材花纹，例如嘉盛光电的琉璃瓦系列（图 8-42）、青砖系列，永臻科技的彩色 BIPV 系列和仿石材 BIPV 系列（图 8-43）都是市场上目前比较好的应用。

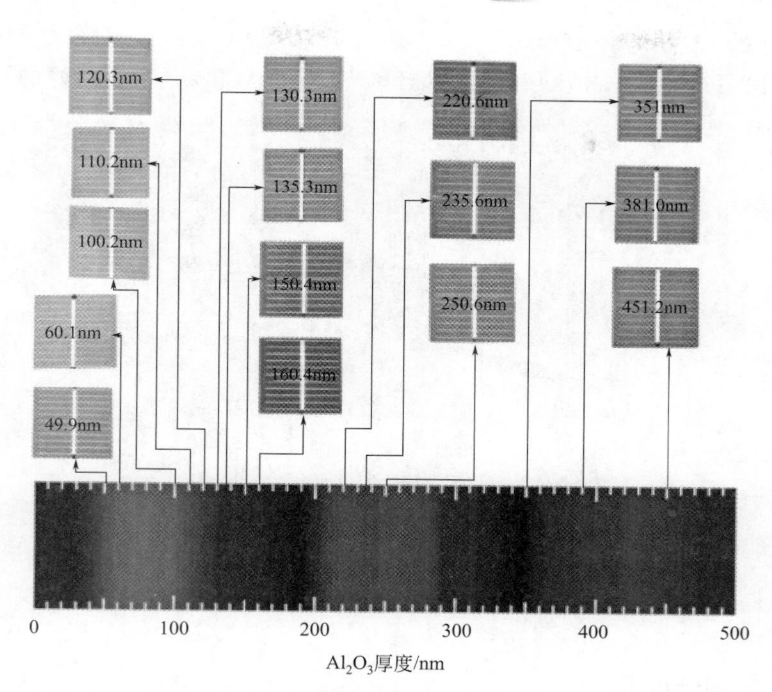

图 8-41 改变双层减反膜系中顶层 Al_2O_3 厚度使电池呈现出不同颜色

图 8-42 琉璃瓦系列

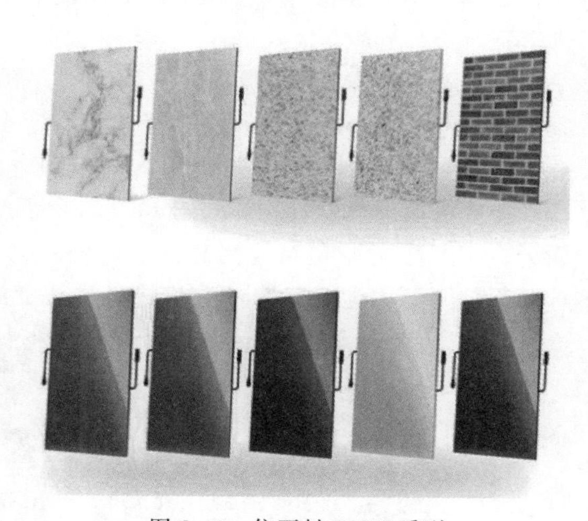

图 8-43 仿石材 BIPV 系列

8.6 高端组件和特殊应用

光伏组件还可应用在太阳能飞机、太阳能汽车及太阳能轮船上。2015 年 3 月 9 日，瑞士探险家安德烈·波许博格和贝特朗·皮卡尔轮流驾驶阳光动力 2 号（Solar Impulse 2，见图 8-44）太阳能飞机，从阿联酋首都阿布扎比起程，自西向东飞行，依次抵达阿曼首都马斯喀特、印度城市艾哈迈达巴德和瓦拉纳西、缅甸的曼德勒、中国的重庆和南京，然后经日本名古屋飞越太平洋，抵达夏威夷；从 2016 年 4 月开始飞越美国本土和大西洋，

抵达西班牙，然后从西班牙飞到埃及开罗，最后于 2016 年 7 月 24 日完成环球旅行，回到阿布扎比。这次飞行完全采用太阳能清洁能源，是对光伏能源的一次很好的展示。

图 8-44 阳光动力 2 号太阳能飞机

该飞机在两个长达 72m 的机翼上安装了 17248 片由 Sunpower 公司提供的高效 IBC 光伏电池，电池厚度只有 135μm，转换效率高达 23%，每天可以产生 340kW·h 的电量；飞机最高时速为 140km/h。

2015 年 8 月 1 日，全球最大的太阳能汽车赛——铃鹿 FIA 太阳能汽车赛在日本铃鹿圆满落幕。天合光能与大阪产业大学合作研制的太阳能赛车“OSU-Model-S”（见图 8-45）在 5 小时的赛事争夺中以 66 圈（5.8km/圈）、领先第二名 3 圈的绝对优势夺得冠军。比赛过程中，“OSU-Model-S” 太阳能赛车平均速度达到 78.5km/h。因此该赛车也被列入“梦想”级别，即 5 小时赛车车程的最高级别。该赛车顶部铺设了 565 片由天合光能研发的 IBC 高效电池，提供赛车的全部动力。该批次 IBC 电池的量产转换效率平均达 23.5%，而天合 IBC 实验室最高效率记录达到 25.04%，是于 2018 年 2 月 26 日在日本 JET 测试机构测得的，该电池是经第三方权威机构认证的中国本土首批效率超过 25% 的单结晶体硅

图 8-45 采用天合光能生产的 IBC 电池建成的赛车

电池，达到了当时世界上大面积6英寸晶体硅衬底上制备的晶体硅电池的最高转换效率。

未来太阳能将广泛用于各行各业，有权威机构预测，到2050年，太阳能发电将占全球能源供应的30%以上。

复习思考题

1. 简述光伏组件功率提升的过程。
2. 简述光伏组件的成本构成和发展趋势。
3. 简述半片电池组件的原理和优点。
4. 简述双面电池组件的原理和优点。
5. 简述多主栅组件的原理和优点。
6. 简述柔性组件的优缺点、应用场景和发展趋势。
7. 简述建筑构件型组件的应用市场和类型。
8. 简述高压组件的优点和发展趋势。
9. 简述智能型光伏组件的类型和特点。
10. 畅想下一代更新型的光伏组件设计。

附录

附录1 光伏组件外观检验标准（参考）

<table>
<tr><td>项目</td><td colspan="3">A级</td><td colspan="3">B级</td><td>C级</td></tr>
<tr><td colspan="8">4.1.1 电池</td></tr>
<tr><td>种类</td><td colspan="7">不允许单晶硅、多晶硅电池同时在一块组件内出现</td></tr>
<tr><td>颜色</td><td colspan="7">同一组件中的电池颜色必须均匀一致，颜色范围从黑色开始，经深蓝色、蓝色到淡蓝色，允许存在相近颜色，但不允许电池跳色</td></tr>
<tr><td rowspan="7">崩边、缺口、掉角</td><td>内容</td><td>长度</td><td>数量</td><td>内容</td><td>长度</td><td>数量</td><td rowspan="7">不影响电性能</td></tr>
<tr><td>崩边</td><td>≤3mm</td><td>Q≤6</td><td>崩边</td><td>≤5mm</td><td>Q≤6</td></tr>
<tr><td>崩边</td><td>3～8mm</td><td>Q≤6</td><td>崩边</td><td>5～10mm</td><td>Q≤10</td></tr>
<tr><td>C 型缺角</td><td>≤2mm</td><td>Q≤6</td><td>C 型缺角</td><td>≤3mm</td><td>Q≤10</td></tr>
<tr><td>C 型缺角</td><td>≤5mm</td><td>Q≤1</td><td>C 型缺角</td><td>≤5mm</td><td>Q≤3</td></tr>
<tr><td>V 型缺角</td><td colspan="2">不允许</td><td>V 型缺角</td><td>≤3mm</td><td>Q≤3</td></tr>
<tr><td>栅线</td><td colspan="3">栅线清晰，允许存在断线，其断开距离≤1mm，断开数量≤6处；允许有轻微虚印，面积小于电极总面积的5%；允许存在粗点，其面积≤0.3mm×0.3mm，数量≤2处</td><td colspan="3">栅线允许存在断线，其断开距离≤1.5mm，断开数量在6～10处之间；允许有轻微虚印，面积小于电极总面积的10%；允许存在粗点，其面积≤0.3mm×0.3mm，数量在2～5处</td><td>电性能合格</td></tr>
<tr><td>划伤</td><td colspan="3">总长度≤5mm，宽度≤0.2mm，每片电池要求≤1条，每块组件允许划伤电池数量≤2片</td><td colspan="3">总长度≤5mm，宽度≤0.2mm，每片电池要求≤5条，每块组件允许划伤电池数量≤5片</td><td>无质量隐患</td></tr>
<tr><td>漏浆</td><td colspan="3">漏浆单个面积小于0.2mm×0.2mm，单片电池漏浆数量≤2个，每块组件允许漏浆电池数量≤2片</td><td colspan="3">所有缺陷在1m处看不见，同时不存在质量隐患</td><td>无质量隐患</td></tr>
</table>

续表

项目	A级	B级	C级
斑点	允许有轻微缺陷（水痕印，手指印，未制绒、未镀膜），缺陷部分≤1个，总面积≤$5mm^2$，不允许有亮斑	允许有轻微缺陷（水痕印，手指印，未制绒、未镀膜），缺陷部分≤3个，总面积≤$8mm^2$，不允许有亮斑	无质量隐患

4.1.2 层压

表面清洁度	组件表面要求清洁无异物；除密封黏结部位，其余表面（玻璃、边框、导线、连接头）无可见的硅胶、胶带及EVA残留等异物残留		
色差、外观	同批组件不允许出现三种及以上颜色电池组件，无有色沉淀的水渍		
间距	所有电池之间的距离≥1mm（包括片距和串距）； 所有间距按相应的层压图纸检验； 所有片与片、串与串之间的距离不可背离平均值±1mm，电池串没有可见的弯曲或扭曲； 电池和边框之间的距离≥5mm，两边间距要相等，左右差距不得≥3mm	在同一个电池串上，片距≥0.5mm，串距≥0.5mm； 所有间距按相应的层压图纸检验； 电池和边框之间的距离≥3mm	在同一个电池串上，片距≥0.5mm，串距≥0.5mm； 电池和边框之间的距离≥2mm
气泡	a）电池上，允许存在≤$2mm^2$的气泡3个，并且不在同一片电池上； b）不在电池上，允许存在≤$2mm^2$的气泡2个，或者最多允许存在小于$2mm^2$总面积的气泡2个或者2组，2个或者2组气泡不得相连或者明显地临近； c）气泡不得使边框与电池之间形成连通	允许最大直径为2mm的气泡最多5个； 长度方向的气泡宽度小于1mm，长度小于5mm，数量小于3个； 气泡总数量少于8个	气泡不得造成脱层，不得使边框与电池之间形成连通
背面褶皱	允许有轻微褶皱以及由引线引起的轻微凸起，褶皱或凸起的高度不超过0.5mm、长度超过3cm的褶皱条数不超过3条；高度不超过0.5mm、长度不超过3cm的不超过5条	背面允许存在高度不超过1mm的褶皱，条数不可超过4条；允许存在由引线引起的凸起	不允许有超过7cm×7cm的长条褶皱；小于7cm×7cm的长条褶皱每平方米小于8个，不允许有明显手感的褶皱
背面鼓包	背面无鼓包	背面无鼓包	背面无鼓包
内部杂质	内部允许存在面积小于$4mm^2$的污垢，但是污垢不得引起内部短路，不多于3个	污垢不得引起内部短路，面积小于$6mm^2$；不得引起内部短路，允许存在长度≤20mm的头发状的污垢，不多于5个	污垢不得引起内部短路

续表

<table>
<tr><th colspan="2">项目</th><th>A级</th><th>B级</th><th>C级</th></tr>
<tr><td colspan="5">4.1.3 背板</td></tr>
<tr><td colspan="2">背板空洞、撕裂</td><td colspan="3">不允许</td></tr>
<tr><td colspan="2">划伤</td><td>不允许</td><td>有轻微划伤，没有划破聚酯薄膜层，没有明显手感</td><td>没有划破聚酯薄膜层，无明显手感</td></tr>
<tr><td colspan="2">背板鼓点</td><td>组件上鼓点高度超过1mm，数量不超过10个；鼓点高度低于1mm的数量不计；这种轻微鼓点状况不能加剧；不可以有尖锐结构</td><td>鼓点高度超过1mm，数量超过10个；不可以有尖锐结构</td><td>允许有</td></tr>
<tr><td colspan="2">背板凹陷</td><td>面积小于25mm²，深度不超过0.5mm，数量不超过5个</td><td>组件背面允许凹陷面积不超过50mm²，深度不超过1mm，数量不超过8个</td><td>组件背面允许凹陷面积不超过100mm²，深度不超过1mm，数量不超过8个</td></tr>
<tr><td>4.1.4</td><td>钢化玻璃</td><td>划痕：
<table>
<tr><td>长/mm</td><td><5</td><td>5～10</td><td>10～25</td></tr>
<tr><td>允许有宽<0.5mm</td><td>4</td><td>2</td><td>1</td></tr>
</table>
气泡：
<table>
<tr><td>ϕ</td><td>ϕ<2mm</td><td>2mm≤ϕ≤4mm</td></tr>
<tr><td>Q</td><td>Q≤10</td><td>Q≤1</td></tr>
</table>
表面无脏污，无彩虹斑纹，无凹点和凸点，镀膜玻璃膜色一致，不能有花色，亮斑；
a)任何100mm×100mm的面积内，3种类型缺陷分别<2个；
b)总缺陷数量≤3个；
c)没有任何内含颗粒物质；
d)不允许有凹坑</td><td>划痕宽度小于1mm，划痕总长度小于150mm；没有任何内含颗粒物质；不允许有凹坑</td><td>没有内含颗粒物，不影响机械性能和电性能；不允许有凹坑</td></tr>
<tr><td colspan="5">4.1.5 焊接</td></tr>
<tr><td colspan="2">电池的焊料、助焊剂、焊锡</td><td>无可见的焊锡或助焊剂；
焊料、助焊剂距互连条≤3mm，且焊锡、助焊剂、焊料导致的污染长度≤30mm</td><td>无可见的焊锡或助焊剂；
焊料、助焊剂距互连条>3mm或由于焊锡、助焊剂、焊料导致的污染长度>30mm</td><td>污染物的面积<电池表面积的4%</td></tr>
</table>

续表

项目		A级	B级	C级
焊接外观质量		距组件0.5m处目视，涂锡铜带（互连条、汇流条）表面光滑平整； 没有焊接毛刺、重叠、扭曲、脏污、缺口和涂层缺陷； 互连条和汇流条无铜层外露或颜色异常； 互连条与主栅线的偏移≤1/3主栅宽度	电性能合格的互连条与主栅线的偏移≤1/2主栅宽度	不影响电性能
4.1.6	铝合金边框	a)铝型材接缝配合良好，缝隙不超过0.3mm； b)表面清洁干净，不得有污垢与字迹； c)所有型材断缝处、安装口处不得有毛刺； d)允许有不明显的轻微划伤； e)组件长短边框安装上下错位：A面≤0.5mm，C面≤0.8mm； f)边框变形不大于2mm	a)铝型材接缝配合缝隙超过0.6mm； b)表面清洁干净，不得有污垢与字迹； c)所有型材断缝处、安装口处不得有可能引起人员伤害的毛刺； d)铝合金边框存在明显的划伤，组件短边框存在可以看出的弯曲； e)边框变形，不大于4mm	劣质边框：长期的机械不稳定性危险和水直入边框的危险
4.1.7	接线盒和电缆	a)允许位置偏移小于1cm，角度偏移小于5度； b)黏结胶溢出可见并且均匀； c)二极管极性一致，数量方向正确；接线端子完整； d)引出线焊接/卡接牢靠； e)灌封胶完全密封	a)允许位置偏移，角度偏移； b)黏结胶溢出可见并且均匀； c)二极管极性一致，数量方向正确；接线端子完整； d)引出线焊接/卡接牢靠； e)灌封胶完全密封	同B级要求

注：1. 一般来说，该标准由供需双方共同商量决定；
2. 该检验标准的条款仅供参考，因为各家标准要求不同，而且随着工艺技术的发展，标准也在不断更新中。

附录2 EL判定标准（参考）

缺陷类型	缺陷图片	不良描述	A级	B级	C级
隐裂		电池中存在深色的线条	贯穿电池：不良面积≤1/20电池面积，不良数量≤1/12单个组件电池数量；未贯穿电池：隐裂长度<1/2电池长度，不良数量≤1/8单个组件电池数量	不良数量≤1/3单个组件电池数量	OK

续表

缺陷类型	缺陷图片	不良描述	A级	B级	C级
破片、碎片		电池中存在有明显边界的黑色区域，并且与周围存在明显的碎痕和明暗对比	失效面积≤1/20单个电池面积，失效片数≤1/12单个组件电池数量	失效片数≤1/6单个组件电池数量	OK
黑心片		电池中间存在有明显边界的黑色喷墨状区域	失效面积≤1/10单个电池面积，失效片数≤1/12单个组件电池数量	失效面积≤1/10单个电池面积，失效片数≤1/3单个组件电池数量	OK
云片		电池中间存在明显的灰黑色云雾状区域	失效面积≤1/2单个电池面积，失效片数≤1/10单个组件电池数量	OK	OK
断栅		电池细栅线方向有条状黑色线条或区域	失效面积≤1/10单个电池面积，失效片数≤1/12单个组件电池数量	失效面积≤1/10单个电池面积，失效片数≤1/3单个组件电池数量	OK
死片		整片或一半以上整体的黑色区域	NG	NG	NG
明暗片	NG OK	电池整片颜色与同一组件的大部分电池颜色明暗不一	明暗区分不明显的允许，明显明暗不一致的不允许	OK	OK

注：一般来说，该标准由供需双方共同商量决定；该检验标准的条款仅供参考，因为各家标准要求不同，而且随着工艺技术的发展，标准也在不断更新中。

附录 3 晶体硅光伏组件部分 IEC 国际标准

序号	标准/技术规范名称	编号	版本(供参考)	对应国家标准
1	Solar photovoltaic energy systems-Terms,definitions and symbols 太阳光伏能源系统—术语,定义和符号	IEC/TS 61836	2016	GB/T 2297
2	Photovoltaic devices-Part 1:Measurement of photovoltaic current-voltage characteristics 光伏器件—第 1 部分:光伏电流—电压特性的测量	IEC 60904-1	2020	GB/T6495.1
3	Photovoltaic devices-Part 1-1:Measurement of current-voltage characteristics of multi-junction photovoltaic(PV)devices 光伏设备—第 1-1 部分:多接点光伏(PV)设备电流—电压特性的测量	IEC 60904-1-1	2017	
4	Photovoltaic devices-Part 1-2:Measurement of current-voltage characteristics of bifacial photovoltaic(PV)devices 光伏器件—第 1-2 部分:双面光伏(PV)器件电流—电压特性的测量	IEC TS 60904-1-2	2019	
5	Photovoltaic devices-Part 2:Requirements for reference solar devices 光伏器件—第 2 部分:标准太阳电池的要求	IEC 60904-2	2015	GB/T6495.2
6	Photovoltaic devices-Part 3:Measurement principles for terrestrial photovoltaic(PV)solar devices with reference spectral irradiance data 光伏器件—第 3 部分:具有标准光谱辐照度数据的地面用太阳光伏(PV)器件的测量原理	IEC 60904-3	2019	GB/T6495.3
7	Photovoltaic devices-Part 4:Reference solar devices-Procedures for establishing calibration traceability 光伏器件—第 4 部分:参加太阳能器件—建立校准可追溯的程序	IEC 60904-4	2019	GB/T6495.4
8	Photovoltaic devices-Part 5:Determination of the equivalent cell temperature(ECT)of photovoltaic(PV)devices by the open-circuit voltage method 光伏器件—第 5 部分:用开路电压法测定光伏(PV)器件的等效电池温度(ECT)	IEC 60904-5	2011	GB/T6495.5
9	Photovoltaic devices-Part 7:Computation of the spectral mismatch correction for measurements of photovoltaic devices 光电器件—第 7 部分:光电器件的测量用光谱错配修正的计算	IEC 60904-7	2019	GB/T6495.7
10	Photovoltaic devices-Part 8:Measurement of spectral responsivity of a photovoltaic(PV)device 光伏器件—第 8 部分:光伏器件光谱响应度的测量	IEC 60904-8	2014	GB/T6495.8

续表

序号	标准/技术规范名称	编号	版本(供参考)	对应国家标准
11	Photovoltaic devices-Part 8-1:Measurement of spectral responsivity of multi-junction photovoltaic(PV)devices 光伏设备—第 8-1 部分:多接点光伏(PV)设备光谱响应率的测量	IEC 60904-8-1	2014	
12	Photovoltaic devices-Part 9:Solar simulator performance requirements 光电器件—第 9 部分:太阳模拟器性能要求	IEC 60904-9	2020	GB/T6495.9
13	Photovoltaic devices-Part 10:Methods of linearity measurement 光伏器件—第 10 部分:线性测量方法	IEC 60904-10	2020	GB/T6495.10
14	Photovoltaic devices-Part 11:Test method for LID of crystalline silicon solar cells 光伏器件—第 11 部分:晶体硅太阳电池初始光致衰减测试方法	IEC 60904-11	2017	GB/T6495.11
15	Photovoltaic devices-Part 13:Electroluminescence of photovoltaic modules 光电器件—第 13 部分:光伏组件的电致发光	IEC TS 60904-13	2018	
16	Photovoltaic devices-Part 14:Guidelines for production line measurements of single-junction PV module maximum power output and reporting at standard test conditions 光电器件—第 14 部分:单结光伏组件产线功率测试指南	IEC TR 60904-14	2020	
17	Photovoltaic devices-Procedures for temperature and irradiance corrections to measured I-V characteristics 光伏器件—测定 *I-V* 特性的温度和辐照度校正方法用程序	IEC 60891	2021	
18	Photovoltaic(PV)module performance testing and energy rating-Part 1:Irradiance and temperature performance measurements and power rating 光电(PV)组件性能试验和额定功率—第 1 部分:辐照度和温度性能测量及额定功率	IEC 61853-1	2011	
19	Photovoltaic(PV)module performance testing and energy rating-Part 2:Spectral responsivity,incidence angle and module operating temperature measurements 光伏(PV)组件性能试验和能源评级—第 2 部分:光谱响应率、入射角和组件操作温度测量	IEC 61853-2	2016	
20	Photovoltaic(PV)module performance testing and energy rating-Part 3:Energy rating of PV modules 光伏(PV)组件性能试验和能源评级—第 3 部分:PV 组件的能量额定值	IEC 61853-3	2018	
21	Photovoltaic(PV)module performance testing and energy rating-Part 4:Standard reference climatic profiles 光伏(PV)组件性能测试和能量等级—第 4 部分:标准参考气候概况	IEC 61853-4	2018	

续表

序号	标准/技术规范名称	编号	版本(供参考)	对应国家标准
22	Photovoltaic(PV)modules and cells-Measurement of diode ideality factor by quantitative analysis of electroluminescence images 光伏(PV)组件和电池—通过电致发光图像的定量分析测量二极管理想因子	IEC TS 63109	2022	
23	Terrestrial photovoltaic(PV)modules-Design qualification and type approval-Part 1:Test requirements 陆地光伏(PV)组件—设计资格和型式认可—第 1 部分:测试要求	IEC 61215-1	2021	GB/T9535
24	Terrestrial photovoltaic(PV)modules-Design qualification and type approval-Part 1-1:Special requirements for testing of crystalline silicon photovoltaic(PV)modules 地面光伏(PV)组件—设计资格和型式认证—第 1-1 部分:晶体硅光伏(PV)组件测试的特殊要求	IEC 61215-1-1	2021	
25	Terrestrial photovoltaic(PV)modules-Design qualification and type approval-Part 1-2:Special requirements for testing of thin-film Cadmium Telluride(CdTe)based photovoltaic(PV)modules 地面光伏(PV)组件—设计资格和型式认证—第 1-2 部分:薄膜碲化镉(CdTe)基光伏(PV)组件测试的特殊要求	IEC 61215-1-2	2021	
26	Terrestrial photovoltaic(PV)modules-Design qualification and type approval-Part 1-3:Special requirements for testing of thin-film amorphous silicon based photovoltaic(PV)modules 地面光伏(PV)组件—设计资格和型式认证—第 1-3 部分:薄膜非晶硅基光伏(PV)组件测试的特殊要求	IEC 61215-1-3	2021	
27	Terrestrial photovoltaic(PV)modules-Design qualification and type approval-Part 1-4:Special requirements for testing of thin-film Cu(In,Ga)(S,Se)2 based photovoltaic(PV)modules 地面光伏(PV)组件—设计质量和型式批准—第 1-4 部分:检测薄膜 Cu(In,Ga)(S,Se)2 基电池光伏(PV)组件的特殊要求	IEC 61215-1-4	2021 (2023 CDV)	
28	Terrestrial photovoltaic(PV)modules-Design qualification and type approval-Part 2:Test procedures 地面光伏(PV)组件-设计质量和型式批准—第 2 部分:试验规程	IEC 61215-2	2021 (2023 CDV)	
29	Photovoltaic(PV)module safety qualification-Part 1:Requirements for construction 光电(PV)组件安全性鉴定—第 1 部分:构造要求	IEC 61730-1	2021 (2023 FDIS)	GB/T20047.1
30	Photovoltaic(PV)module safety qualification-Part 2:Requirements for testing Qualification 光伏(PV)组件的安全鉴定—第 2 部分:测试要求	IEC 61730-2	2021 (2023 FDIS)	GB/T20047.2
31	Photovoltaic(PV)modules-Type approval,design and safety qualification-Retesting 光伏(PV)组件—型式认可、设计和安全鉴定—复验	IEC TS 62915	2018	

续表

序号	标准/技术规范名称	编号	版本(供参考)	对应国家标准
32	Photovoltaic modules-Extended-stress testing-Part1:Modules 光伏组件加严测试—扩展应力测试—第 1 部分:组件	IEC TS 63209-1	2021	
33	Photovoltaic modules-Extended-stress testing-Part 2:Polymeric component materials 光伏组件—扩展应力试验—第 2 部分:聚合组件材料	IEC TS 63209-2	2022	
34	Extended stress testing of photovoltaic modules-Part 3:Comprehensive accelerated aging testing method 光伏组件扩展应力试验—第 3 部分:综合加速老化测试方法	IEC TS 63209-3	2022 CDV	
35	Guidelines for qualifying PV modules,components and materials for operation at high temperatures 高温运行用光伏组件、零部件和材料鉴定指南	IEC TS 63126	2020	
36	Extended thermal cycling of PV modules-Test procedure 光伏组件的延长热循环—试验程序	IEC 62892	2019	
37	UV test for photovoltaic(PV)modules 光伏(PV)组件的 UV 测试	IEC61345	2015	GB/T19394-2003
38	Photovoltaic(PV)modules-Salt mist corrosion testing 光伏组件—盐雾腐蚀试验	IEC 61701	2020	
39	Photovoltaic(PV)modules-Ammonia corrosion testing 光伏组件—氨气腐蚀试验	IEC 62716	2013	
40	Photovoltaic(PV)modules-Non-uniform snow load testing 光伏组件—非均匀雪荷载试验	IEC 62938	2020	
41	Photovoltaic(PV)modules-Cyclic(dynamic)mechanical load testing 光伏(PV)组件—循环(动态)机械负载测试	IEC TS 62782	2016	
42	Photovoltaic(PV)modules-Test methods for the detection of potential-induced degradation-Part 1:Crystalline silicon 光伏(PV)组件—用于检测潜在的降解的测试方法—第 1 部分:晶体硅	IEC TS 62804-1	2015	
43	Photovoltaic(PV)modules-Test methods for the detection of potential-induced degradation-Part 1-1:Crystalline silicon-Delamination 光伏(PV)组件—检测潜在诱发退化的试验方法—第 1-1 部分:晶体硅—分层	IEC TS 62804-1-1	2020	

续表

序号	标准/技术规范名称	编号	版本(供参考)	对应国家标准
44	Photovoltaic(PV)modules-Test methods for the detection of potential-induced degradation-Part 2:Thin-film 光伏(PV)组件—电位诱导退化检测的试验方法—第 2 部分:薄膜	IEC TS 62804-2	2022	
45	Photovoltaic(PV)modules-Transportation testing-Part 1:Transportation and shipping of module package units 光伏(PV)组件—运输测试—第 1 部分:组件包装单元的运输和运输	IEC 62759-1	2022	
46	Photovoltaic(PV)modules-Qualifying guidelines for increased hail resistance 光伏(PV)组件—冰雹加严测试序列	IEC TS 63397	2022	
47	C-Si photovoltaic(PV)modules-Light and elevated temperature induced degradation(LETID)test-Detection C-Si 光伏(PV)组件—光和高温诱导退化(LETID)试验—检测	IEC TS 63342	2022	
48	Photovoltaic(PV)modules and cells-Measurement of diode ideality factor by quantitative analysis of electroluminescence images 光伏(PV)组件和电池—通过电致发光图像的定量分析测量二极管理想因数	IEC TS 63109	2022	
49	Derisking photovoltaic modules-Sequential and combined accelerated stress testing 衍生光伏组件—顺序和组合加速应力试验	IEC TR 63279	2020	
50	Photovoltaics in buildings-Part 1:Requirements for building-integrated photovoltaic modules 建筑物中的光伏发电—第 1 部分:建筑物集成光伏组件的要求	IEC 63092-1	2020	
51	Photovoltaics in buildings-Part 2:Requirements for building-integrated photovoltaic systems 建筑物中的光伏发电—第 2 部分:建筑物集成光伏系统的要求	IEC 63092-2	2020	
52	Terrestrial photovoltaic(PV)modules-Quality system for PV module manufacturing 地面光伏组件—光伏组件制造的质量体系	IEC 62941	2019	
53	Measurement procedures for materials used in photovoltaic modules-Part 1-7:Encapsulants-Test procedure of optical durability 光伏组件用材料的测量程序—第 1-7 部分:封装材料—光学耐久性试验程序	IEC 62788-1-1	2021 FDIS	
54	Measurement procedures for materials used in photovoltaic modules-Part 1-2:Encapsulants-Measurement of volume resistivity of photovoltaic encapsulants and other polymeric materials 光伏组件用材料的测量程序—第 1-2 部分:封装—光伏封装材料和其他聚合材料的体积电阻率测量	IEC 62788-1-2	2016	
55	Measurement procedures for materials used in photovoltaic modules-Part 1-4:Encapsulants-Measurement of optical transmittance and calculation of the solar-weighted photon transmittance,yellowness index,and UV cut-off wavelength 光伏组件用材料的测量程序—第 1-4 部分:封装—光学透射率测量和太阳能加权光子透射率、黄度指数和 UV 截止波长的计算	IEC 62788-1-4	2020	

续表

序号	标准/技术规范名称	编号	版本(供参考)	对应国家标准
56	Measurement procedures for materials used in photovoltaic modules-Part 1-5:Encapsulants-Measurement of change in linear dimensions of sheet encapsulation material resulting from applied thermal conditions 光伏组件用材料的测量程序—第 1-5 部分:封装材料—由应用热条件引起的片状封装材料线性尺寸变化的测量	IEC 62788-1-5	2016	
57	Measurement procedures for materials used in photovoltaic modules-Part 1-6:Encapsulants-Test methods for determining the degree of cure in Ethylene-Vinyl Acetate 光伏组件用材料的测量程序—第 1-6 部分:封装材料—测定乙烯-醋酸乙烯酯固化度的试验方法	IEC 62788-1-6	2020	
58	Measurement procedures for materials used in photovoltaic modules-Part 1-7:Encapsulants-Test procedure of optical durability 光伏组件用材料的测量程序—第 1-7 部分:封装材料—光学耐久性试验程序	IEC 62788-1-7	2020	
59	Measurement procedures for materials used in photovoltaic modules-Part 2:Polymeric materials-Frontsheets and backsheets 光伏组件用材料的测量程序—第 2 部分:聚合材料—前板和后板	IEC TS 62788-2	2017	
60	Measurement procedures for materials used in photovoltaic modules-Part 2-1:Polymeric materials-Frontsheet and backsheet-Safety requirements 光伏组件用材料的测量程序—第 2-1 部分:聚合材料—前板和后板—安全要求	IEC 62788-2-1	2023 PRV	
61	Measurement procedures for materials used in photovoltaic modules-Part 5-1:Edge seals-Suggested test methods for use with edge seal materials 光伏组件用材料的测量程序—第 5-1 部分:边缘密封—与边缘密封材料一起使用的建议试验方法	IEC 62788-5-1	2020	
62	Measurement procedures for materials used in photovoltaic modules-Part 5-2:Edge seals-Durability evaluation guideline 光伏组件用材料的测量程序—第 5-2 部分:边缘密封—耐久性评估指南	IEC TS 62788-5-2	2020	
63	Measurement procedures for materials used in photovoltaic modules-Part 6-2:General tests-Moisture permeation testing of polymeric materials 光伏组件用材料的测量程序—第 6-2 部分:通用测试—聚合物材料的水分渗透测试	IEC 62788-6-2	2020	
64	Measurement procedures for materials used in photovoltaic modules-Part 6-3:Adhesion testing for PV module laminates using the single cantilevered beam(SCB) method 光伏组件用材料的测量程序—第 6-3 部分:用单悬臂梁(SCB)法对光伏组件层压板进行黏附试验	IEC TS 62788-6-3	2022	
65	Measurement procedures for materials used in photovoltaic modules-Part 7-2: Environmental exposures-Accelerated weathering tests of polymeric materials 光伏组件用材料的测量程序—第 7-2 部分:环境暴露—聚合材料加速风化试验	IEC TS 62788-7-2	2017	
66	Measurement procedures for materials used in photovoltaic modules-Part 7-3:Accelerated stress tests-Methods of abrasion of PV module external surfaces 光伏组件用材料的测量程序—第 7-3 部分:加速应力测试—光伏组件外表面磨损测试	IEC TS 62788-7-3	2022	

续表

序号	标准/技术规范名称	编号	版本(供参考)	对应国家标准
67	Measurement procedures for electrically conductive adhesive(ECA)used in crystalline silicon photovoltaic modules-Part 1:Measurement of material properties 晶体硅光伏组件用导电胶(ECA)的测试程序—第1部分:材料特性的测试	IEC TS 62788-8-1	2022 CDV	
68	Junction boxes for photovoltaic modules—Safety requirements and tests 光伏组件接线盒—安全要求及测试	IEC 62790	2020	
69	Photovoltaic module-Bypass diode-Thermal runaway test 光伏组件—旁路二极管—热失控测试	IEC 62979	2017	
70	Photovoltaic modules-Bypass diode electrostatic discharge susceptibility testing 光伏组件—旁路二极管静电放电敏感试验	IEC TS 62916	2017	
71	Connectors for DC-application in photovoltaic systems-Safety requirements and tests 光伏系统直流连接器—安全要求及测试	IEC 62852	2020	
72	Incompatibility of connectors for DC-application in photovoltaic systems 光伏系统直流连接器的匹配性问题	IEC TR 63225	2019	
73	Electric cables for photovoltaic systems with a voltage rating of 1.5kV DC 应用于直流1500V光伏系统的线缆测试	IEC 62930	2017	
74	Method for measuring photovoltaic(PV)glass-Part 1:Measurement of total haze and spectral distribution of haze 光伏(PV)玻璃的测量方法—第1部分:总烟雾和烟雾光谱分布的测量	IEC 62805-1	2017	
75	Method for measuring photovoltaic(PV)glass-Part 2:Measurement of transmittance and reflectance 光伏(PV)玻璃的测量方法—第2部分:透射率和反射率的测量	IEC 62805-2	2017	
76	Safety of power converters for use in photovoltaic power systems-Part 3:Particular requirements for electronic devices in combination with photovoltaic elements 光伏发电系统用功率转换器的安全——第3部分:与光伏元件组合的电子设备的特殊要求	IEC 62109-3	2020	
77	Terrestrial photovoltaic(PV)modules for consumer products-Design qualification and type approval 消费品级地面光伏组件—设计鉴定和型式认可	IEC TS 63163	2021	
78	Protection against electric shock-Common aspects for installations and equipment 电击防护—设施与设备的共同外观	IEC 61140	2016	

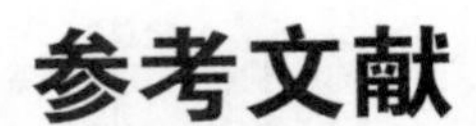

参考文献

[1] 沈辉，曾祖勤．太阳能光伏发电技术．北京:化学工业出版社，2005.

[2] 王炳忠等．我国太阳能辐射资源．太阳能，1998，(4)：19.

[3] 胡润青．太阳能光伏系统的能量回收期有多长．太阳能， 2008，(3)：6-10.

[4] Christensen，Elmer. Electricity from photovoltaic solar cells. Flat-plate Solar Array Project of the US Department of Energy's National Photovoltaics Program：10 Years of Progress，JPL400-279 (5101-279)，1985.

[5] [澳] 马丁·格林．太阳能电池工作原理、技术和系统应用．狄大卫，曹昭阳，李秀文，谢鸿礼译．上海：上海交通大学出版社，2010.

[6] Pern F. Ethylene-vinyl acetate (EVA) encapsulants for photovoltaic modules：degradation and discoloration mechanisms and formulation modifications for improved photostability. Die Angewandte Makromolekulare Chemie，1997，252 (1)：195-216.

[7] Jordan DC，Kurtz SR. Photovoltaic degradation rates-an analytical review. Progress in Photovoltaics：Research and Applications，2013，21 (1)：12-29.

[8] Takuya Doi. Izumi Tsuda，Hiroaki，et al. Experimental study on PV module recycling with organic solvent method. Solar Energy Materials & Solar Cells，2001，67 (1)：397-403.

[9] Yongjin Kim，Jaeryeong Lee. Dissolution of ethylene vinyl acetate in crystalline silicon PV modules using ultrasonic irradiation and organic solvent . Solar Energy Materials &Solar Cells，2012，(98)：317-322.

[10] Frisson L，Liten K. Bruton，T. T Bruton，et al. Recent improvement in industial module recycling. Proceedings of 16th European photovoltaic solar energy conference. Glasgow UK，2000：1-4.

[11] Bombach E，Rover L，Muller A，et al. Technical experience during thermal chemical recycling of a 23 year old PV generator formerly installed on Pellworm Island. Proceeding of 21th European photovoltaic solar energy conference. Dresden Germany，2006：2048-2053.

[12] Katsuva Yamashita，Akira Miyazawa，Hitoshi Sannomiya. Research and development on recycling and reuse treatment technologies for crystalline silicon photovoltaic modules. Proceeding of photovoltaic energy conversion. America：IEEE press，2006.

[13] Sukmin Kang，Sungyeol Yoo，Jina Lee，et al. Experimental investigation for recycling of silicon and glass from waste photovoltaic modules. Renewable Energy，2012，47：152-159.

[14] K. Wambach. PV module take back and recycling systems in Europe. The 21st international photovoltaic science and engineering conference. Fukuoka，2011.

[15] 董娴．光伏组件的性能分析与数值模拟 [D]．广州:中山大学，2011.

[16] 王宏磊．微环境下晶体硅光伏组件 EVA 与背板衰退研究 [D]．广州:中山大学，2015.

[17] 金叶义．光伏组件可靠性实例研究与分析［D］．广州：中山大学，2015.

[18] 沈辉，褚玉芳，王丹萍，张原．太阳能光伏建筑设计．北京：科学出版社，2010.

[19] Deline C，Sekulic B，Stein J，et al. Evaluation of maxim module-Integrated electronics at the DOE regional test centers. Photovoltaic Specialist Conference. IEEE，2014：0986-0991.

[20] 陈开汉．集成旁路二极管晶体硅太阳电池的制备和应用研究［D］．广州：中山大学，2012.

[21] 陈奕峰．晶体硅太阳电池的数值模拟与损失分析［D］．广州：中山大学，2013.

[22] 刘斌辉．晶体硅太阳电池复合表征分析与效率优化［D］．广州：中山大学，2016.

[23] IEC 61215-1 Terrestrial photovoltaic（PV）modules-Design qualification and type approval-Part 1：Test requirements. Edition 2.0 2021-02 & Edition CDV 2023.02

[24] IEC 61215-2 Terrestrial photovoltaic（PV）modules-Design qualification and type approval-Part2：Test procedures. Edition 2.0 2021-02 & Edition CDV 2023.02

[25] IEC 61215-1-1 Terrestrial photovoltaic（PV）modules-Design qualification and type approval-Part 1-1：Special requirements for testing of crystalline silicon photovoltaic（PV）modules Edition 2.0 2021-02 & Edition CDV 2023.02

[26] IEC 61730-1 Photovoltaic（PV）module safety qualification-Part 1：Requirements for construction. Edition 2.0 2021 & Edition FDIS 2023.02

[27] IEC 61730-2 Photovoltaic（PV）module safety qualification-Part 1：Requirements for construction Edition 2.0 2021 & Edition FDIS 2023.02

[28] IEC/TS 62915 Photovoltaic（PV）modules-Type approval，design and safety qualification Retesting Edition 1.0 2018-10 & Edition CDV 2023.02

[29] 中国光伏产业发展路线图（2022-2023 年）. 中国光伏行业协会．2023.

[30] 中国光伏组件回收和循环利用白皮书．中国绿色供应链联盟光伏专委会光伏回收产业发展合作中心．2023.

[31] 中国 2050 年光伏发展展望．国家发展和改革委员会能源研究所．2021.

[32] ［美］Jeremy Rifkin. 第三次工业革命．北京：中信出版社，2012.